Automobilrecycling

Springer
Berlin
Heidelberg
New York
Barcelona
Budapest
Hong Kong
London
Mailand
Paris
Tokyo

Joachim Schmidt Reinhard Leithner (Hrsg.)

Automobilrecycling

Stoffliche, rohstoffliche und thermische Verwertung bei Automobilproduktion und Altautorecycling

Mit 113 Abbildungen

Springer

Herausgeber

Professor Dr.-Ing. Joachim Schmidt
Institut für Recycling
Fachhochschule Braunschweig/Wolfenbüttel
Salzdahlumer Straße 46/48
38302 Wolfenbüttel
und
Deutsche Automobilgesellschaft mbH
Julius-Konegen-Straße 24
38114 Braunschweig

Professor Dr. techn. Reinhard Leithner
Institut für Wärme- und Brennstofftechnik
Technische Universität Braunschweig
Franz-Liszt-Straße 35
38104 Braunschweig

Erstveröffentlichung anläßlich der
PRAXIS-FORUM-Fachtagung
am 25./26. April 1994 in Bad Nauheim

ISBN 3-540-58945-7 Springer-Verlag Berlin Heidelberg New York

Die Deutsche Bibliothek – CIP-Einheitsaufnahme
Automobilrecycling : stoffliche, rohstoffliche und thermische Verwertung bei Automobilprodukten und Altautorecycling ; [anlässlich der Praxis-Forum-Fachtagung am 25./26. April 1994 in Bad Nauheim] / Joachim Schmidt ; Reinhard Leithner (Hrsg.). – Erstveröffentlichung. – Berlin ; Heidelberg ; New York ; Barcelona ; Budapest ; Hong Kong ; London ; Mailand ; Paris ; Tokyo : Springer, 1995
ISBN 3-540-58945-7
NE: Schmidt, Joachim [Hrsg.]; Technik-und-Kommunikation-Verlags-GmbH <Berlin>

Satz: Reproduktionsfertige Vorlage von den Herausgebern
Gedruckt auf säurefreiem Papier
SPIN: 10492770 30/3136-543210

Vorwort

Im Zuge eines zunehmenden Umweltbewußtseins in der Bevölkerung ist in den letzten Jahren das Automobil und seine Auswirkungen auf die Umwelt in das öffentliche Interesse geraten. Dabei wird insbesondere der Verbrauch an Ressourcen für Kraftstoffe und zur Materialbereitstellung sowie das derzeit praktizierte Altautomobilrecycling diskutiert.

In Anbetracht dieser Diskussionen und infolge einer sich verschärfenden Gesetzeslage wurden in den vergangenen Jahren sowohl von der Automobilindustrie als auch von beteiligten Industriezweigen verstärkt Anstrengungen unternommen, ein ökologisch ausgerichtetes Automobilrecycling zu realisieren. Darüber hinaus wird - schon aus wirtschaftlichen Gesichtspunkten - verstärkt daran gearbeitet, Produktionsprozesse im Hinblick auf Energieeinsatz und Produktionsabfallaufkommen zu minimieren und unvermeidbare Produktionsabfälle einer Wiederverwertung zuzuführen.

Die an sich gut organisierte Altautoverwertung über Altautoverwerter und Shredderbetriebe wird zunehmend kritisch betrachtet, weil sie primär auf die Gewinnung von Bauteilen als Ersatzteil und auf die Gewinnung von metallischen Werkstoffen ausgerichtet ist. Alle nichtmetallischen Werkstoffe, wie Kunststoffe, Elastomere und Glas, werden nahezu ausnahmslos deponiert und belasten unsere Deponien mit ca. 0,5 Millionen Tonnen pro Jahr.

Als Ausweg bieten sich stoffliche, rohstoffliche (chemische) und thermische Verfahren an, mit deren Hilfe die Abfälle verwertet bzw. behandelt werden können. Stoffliche und rohstoffliche Verfahren bedingen dabei i. a. eine Demontage von Bauteilen und -gruppen. Am Aufbau von Verwertungsnetzen und an der Entwicklung von Demontagetechniken und -einrichtungen wird derzeit intensiv gearbeitet. Unklar ist nach wie vor, wer die Kosten zur Finanzierung des gesamten Rücknahme-, Demontage- und Verwertungssystems tragen soll. Entsprechend verhalten werden Investitionen in den betreffenden Industriezweigen getätigt.

Obwohl die stoffliche Verwertung nach der Vermeidung und Verminderung von Abfällen die oberste Priorität haben sollte, mußte man aufgrund zahlreicher Versuche in den letzten Jahren erkennen, daß ihr technische und wirtschaftliche Grenzen gesetzt sind und die Abfallproblematik allein auf diesem Wege nicht zu bewältigen ist. Konsequenterweise sollten daher thermische Verfahren zum Einsatz kommen, wenn sich eine stoffliche und / oder rohstoffliche Verwertung als ökonomisch und ökologisch nicht tragfähig erweisen. Entsprechende Verfahren sind größtenteils am Markt verfügbar; für spezielle Einsatzfälle und aufgrund strenger Emissionsgrenzwerte werden die verschiedenen Technologien der Verbrennung, Pyrolyse und Vergasung fortlaufend weiterentwickelt.

Die Inhalte der vorliegenden 17 Fachaufsätze beschäftigen sich mit der oben dargestellten Problematik. Sie waren Thema einer Fachtagung, die von der "TECHNIK + KOMMUNIKATION VERLAGS GmbH" (Praxis Forum Berlin) veranstaltet wurde.

An dieser Stelle möchten wir Frau Gabriele Schmidt für die Reinschrift der Manuskripte herzlich danken, welche uns freundlicherweise von den Autoren in teilweise aktualisierter Form zur Verfügung gestellt wurden. Ebenso bedanken wir uns beim Springer - Verlag für die gute und unkomplizierte Zusammenarbeit.

Möge dieses Buch dem Leser einige neue und interessante Aspekte zum Thema "Verwertung und Behandlung von Abfällen bei Automobilproduktion und Altautorecycling" liefern.

Braunschweig, im Februar 1995 Joachim Schmidt und Reinhard Leithner

Inhaltsverzeichnis

Grundlagen, Automobil und Recycling

1 Ökologische, ökonomische und technische Grenzen der stofflichen Verwertung von Produktions- und Verwertungsrückständen

Bei sehr dynamischen Entwicklungen ist mit unerwarteten Verläufen zu rechnen.

Es ist ein anspruchsvolles - um nicht zu sagen: kühnes - Unterfangen, aus heutiger Sicht klare und „gesicherte" Grenzen ziehen zu wollen zwischen den Potentialen und den Möglichkeiten der stofflichen und der thermischen Verwertung von Produktions- und Verwertungsrückständen.

In einer Zeit, in der die Dringlichkeit und die Schwierigkeit zu schließender Stoffkreisläufe gerade erst in ihrem ganzen Ausmaß zutage tritt und noch keineswegs in allen Ausprägungen deutlich geworden sein kann, stehen sowohl ungeheure Aufgabenfelder als auch interessante technische und wirtschaftliche Entwicklungsperspektiven zur Erschließung an.

In den Entsorgungsmärkten herrscht eine bemerkenswerte Aufbruchstimmung, wobei salopp formuliert „Goldgräberstimmung" und auch „Wild-West"-Manieren durchaus dicht beieinander anzutreffen sind. Die Geschichte lehrt, daß solche Phasen einer sehr dynamischen Entwicklung oft erdrutschartige Verschiebungen auslösen und stets auch unvorhergesehene Blüten treiben, die sich nachher als durchaus dauerhaft und auch vorteilhaft erweisen können.

Dies gilt es gerade dort im Bewußtsein zu behalten, wo versucht wird, bereits zum jetzigen Zeitpunkt die Claims fest abzustecken, die zukünftig der stofflichen und thermischen Verwertung zufallen werden. Somit sind auch vermeintliche Randerscheinungen, bzw. die sichtbaren und unsichtbaren Keime heute noch als unwahrscheinlich angesehener Entwicklungen, welche nachfolgend auch angesprochen werden sollen, stets im Auge zu behalten, um den Blick für zukünftige Entwicklungen ausreichend zu schärfen.

Klassische Recyclingverfahren sind an scheinbar unüberwindbare Grenzen gestoßen.

Wer anschauliche Vergleiche anstellt, um seiner gegenüber Millionen und Milliarden Mülltonnen längst abgestumpften Vorstellungskraft auf die Sprünge zu helfen, könnte leicht wieder erschauern: Eine gedachte europäische Schrottautoschlange (Abbildung 1.1), die schon bis zur Jahrtausendwende den Mond erreicht, der inländische Müllberge von jährlich über 1 Millionen Tonnen Computer- und Elektronikschrott, der aufgeschichtet jeden Wolkenkratzer zum Bauklötzchen erniedrigt, oder auch die alten Waschmaschinen und Herde nur aus deutschen Haushalten, die aneinandergereiht jedes Jahr vom Nordkap bis Sizilien reichen würden: all das muß jetzt von der Straße - gerade jetzt, wo die ersten Kommunen die klassische Sperrmüllabfuhr schon abgeschafft haben, da die Deponien randvoll sind.

Abb. 1.1. Von der Erde bis zum Mond - in Europa zu entsorgende Autos in den 90er Jahren

In zwei Jahren, also schon morgen, rechnen Insider mit Entsorgungsengpässen von mengenmäßig 30 % quer durch alle Abfallarten. Und übermorgen? Ein Siemens-Experte formulierte es so: „Übermorgen wird man für wenig Geld (fast) nichts mehr loswerden." Dann wird auch Otto Normalverbraucher die oben zitierten Vorstellungsbilder vor Augen haben. Er wird nur noch dort kaufen, wo wie bisher Preis und Qualität stimmen: Bei der Versorgung mit dem neuen Produkt wie auch bei der Entsorgung seines Altgeräts. Dazu bedarf es dann nicht einmal einer Verordnung. Schon heute - die Schrottpreise sind auf dem niedrigsten Niveau seit Kriegsende - zahlt der Käufer einer Einbauküche in Ballungsräumen 30 DM Entsorgungsbeitrag für seinen simplen alten Küchenherd - auch wenn er ein halbes Dutzend Händler abfragt. Aus dem einstigen Altmetall-Sammlerwert wurde über Nacht ein Entsorgungspreis von 600 DM pro Tonne, der schon die Kosten der Hausmüllentsorgung in den Schatten stellt. Solch erdrutschartige Kostenverschiebungen vom Plus ins Minus treiben besondere Blüten, wenn High-Tech im Spiel ist.

Wichtigste Ursachengruppen dieser hohen Kosten sind

- einerseits der zu treibende Aufwand zur Trennung und Separierung unterschiedlicher Werkstoffarten und Werkstofftypen für die spätere Verwertung,
- andererseits die steigenden Aufwendungen zur Entsorgung der nicht verwertbaren Rückstände beim Pkw-Recycling insbesondere des Shredderleichtmülls, durch Deponie bzw. Verbrennung.

Die Abbildungen 1.2 und 1.3 zeigen die Größenordnungen der Stoffflüsse sowie die überwiegend angewandten Verfahren zum Recycling von Alt-PKW bzw. von Computern, welche durch die Diskussion zur Altautoverordnung sowie Elektronikschrottverordnung heute gleichermaßen stark im Blickpunkt stehen.

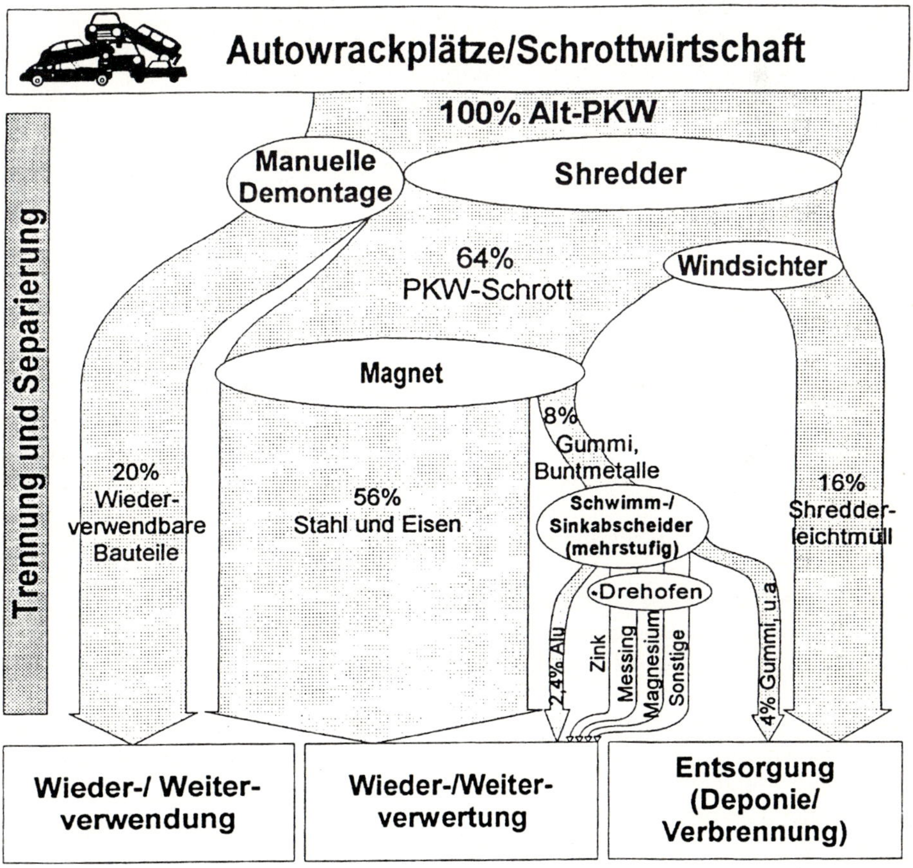

Abb. 1.2. Verfahrensschritte beim Kraftfahrzeug - Recycling

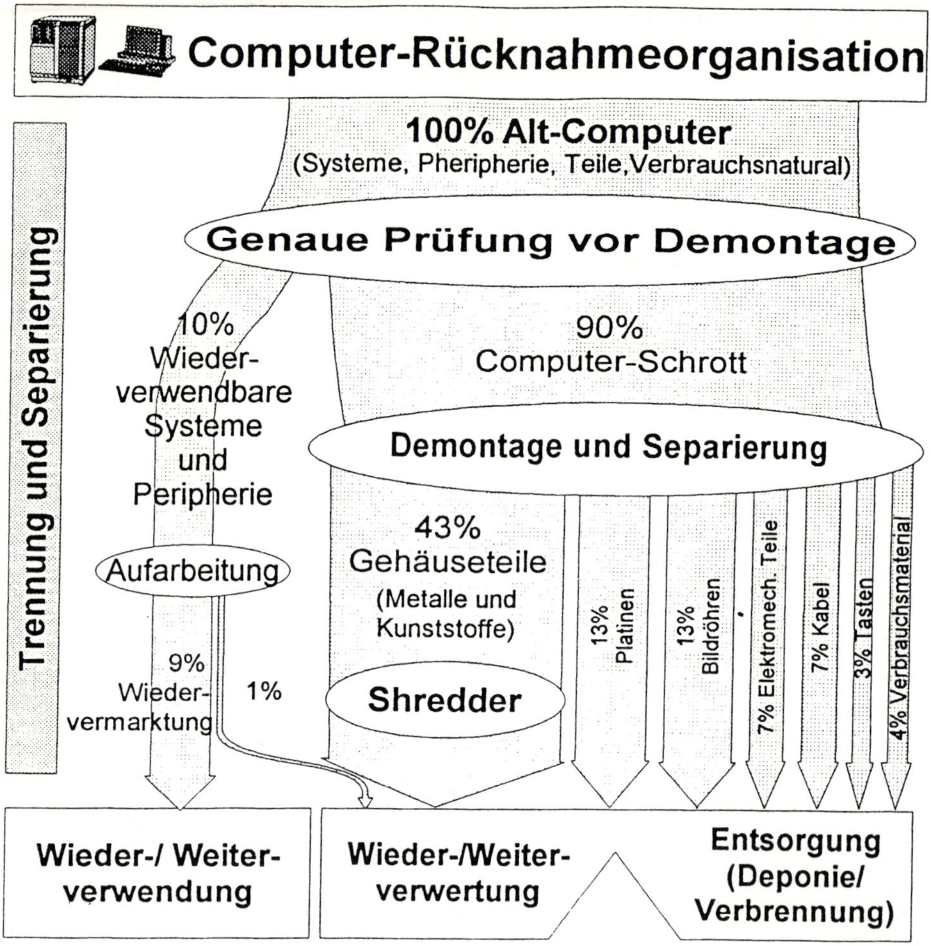

Abb. 1.3. Verfahrensschritte beim Computer-Hardware-Recycling

Klassische Recyclingverfahren versagen bei komplexen Produkten mit sehr heterogener Werkstückzusammensetzung sowie bei wachsendem Anteil von Kunststoffen und/oder Umweltschadstoffen in den Produkten zunehmend:

Sie stützen sich traditionell ausschließlich auf großtechnische, verfahrenstechnische Zerkleinerungs- und Aufbereitungsverfahren zur stofflichen Verwertung der wichtigsten Metalle aus Fahrzeugen und Maschinen: Zur Massenschrottverarbeitung ist die Shredderanlage Stand der Technik. Hierbei werden vollständige Fahrzeuge, elektrische oder elektronische Maschinen zunächst in ein kleinstückiges Schüttgut zerkleinert. Nachfolgend werden Windsichtanlagen, Magnetschneider, Schwimm-/Sinkanlagen sowie in großem Umfang auch Handauslese zur Sortierung von Nichtmetallen, Eisen/Stahl, Leicht- und Buntmetallen eingesetzt.

Die Shreddertechnik erlaubt jedoch nur ein Recycling der wichtigsten metallischen Werkstoffe. Für den wachsenden Anteil der verschiedenen z.B. in Fahrzeugen verwendeten Kunststoffe, für organische Stoffe wie Leder und Fasern, leichte Gummi- und Metallfragmente, Glas, Schmutz, Lack, Beschichtungen und Betriebsflüssigkeiten gelingt auf diesem Weg keine Verwertung.

Ohne eine zumindest partielle fertigungstechnisch geprägte Demontage wird man nicht auskommen, bevor das einst teure Stückgut dann als schlichtes Schüttgut verfahrenstechnisch weiterverarbeitet werden kann. Zumindest die wichtigsten Kunststoffe und die Elektronik - und auch die Flüssigkeiten und Schadstoffe - müssen entnommen werden, bevor die Mühlen der 47 Shredderanlagen in Deutschland mahlen dürfen - sonst wird die ganze „Shredderleichtfraktion „ - der nichtmetallische/ nicht recyclingfähige „Rest" - und das sind leicht 30 Gewichtsprozent - zum kontaminierten und kostspieligen Sondermüll (Abbildung 1.4). Bei den Automobilbauern heißt es - ganz ernst gemeint - „Trockenlegung", womit das Entleeren von Benzin und Ölen, Bremsflüssigkeit und Kühlsysteminhalt, aber auch FCKW aus der Klimaanlage und Feuerwerkschemie aus dem Airbag vor dem Recycling des Fahrzeugs bezeichnet wird.

Zwar bemüht sich auch die Forschung zu den klassischen Recyclingtechniken intensiv, neue verfahrenstechnische Lösungen zur sortenreinen Trennung verwertba-

Abb. 1.4. Shredderleichtfraktion

rer Nichtmetallfraktionen zu entwickeln, dabei ist jedoch unbestritten, daß auch neue Verfahrenstechniken zur Separierung von Werkstoffen zukünftig in weiteren Bereichen einer Ergänzung

- einerseits um konstruktive und produktgestalterische Bemühungen in Richtung recyclingfähige Werkstoffe, Verringerung der Werkstoffvielfalt, Vermeidung von Schadstoffen, Erleichterung der Trenn- und Separierbarkeit durch zerlegefreundliche Baustruktur, lösbare Verbindungen usw.,
- andererseits um Entsorgungsmöglichkeiten für nicht verwertbare Reststoffe nicht nur auf Deponien, sondern auch mittels thermischer Verfahren

bedürfen.

Nicht ganz so dramatisch zeigt sich die Situation bzw. der Ruf nach thermischen Verwertungsverfahren bei Produktionsrückständen. Da die gewissermaßen „an der Quelle" und somit leichter sortenrein erfaßt werden können, lassen sie sich in weiter gezogenen Grenzen auch stofflich verwerten. Dennoch zeigt ein Blick auf die Entsorgungsstruktur bei Kunststoffabfällen, daß auch dort ein dringender Bedarf zur Entlastung der heute noch vorherrschenden Deponien besteht (Abbildung 1.5).

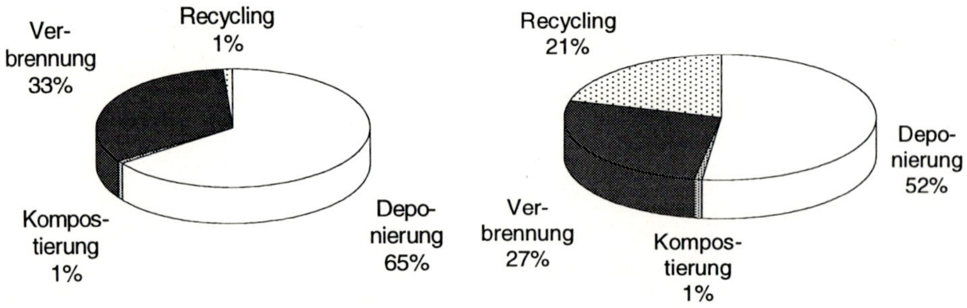

Abb. 1.5. Entsorgungsstruktur bei Kunststoffen unter (links) und ohne (rechts) Einbeziehung der Produktionsabfälle (1991)

Die heutigen Kriterien und Grenzen der stofflichen Verwertung sind (zu) vielfältig und zerrissen.

Sie vielfältig die stoffliche Zusammensetzung heutiger High-Tech Produkte sich darstellt, so vielfältig sind auch die Kriterien, die bei der Entscheidung über eine stoffliche Verwertbarkeit im Materialrecycling zu betrachten sind.

Abbildung 1.6 zeigt eine Eingruppierung der wichtigsten Kriterien beim Materialrecycling nach technischen, ökonomischen sowie ökologischen Gesichtspunkten,

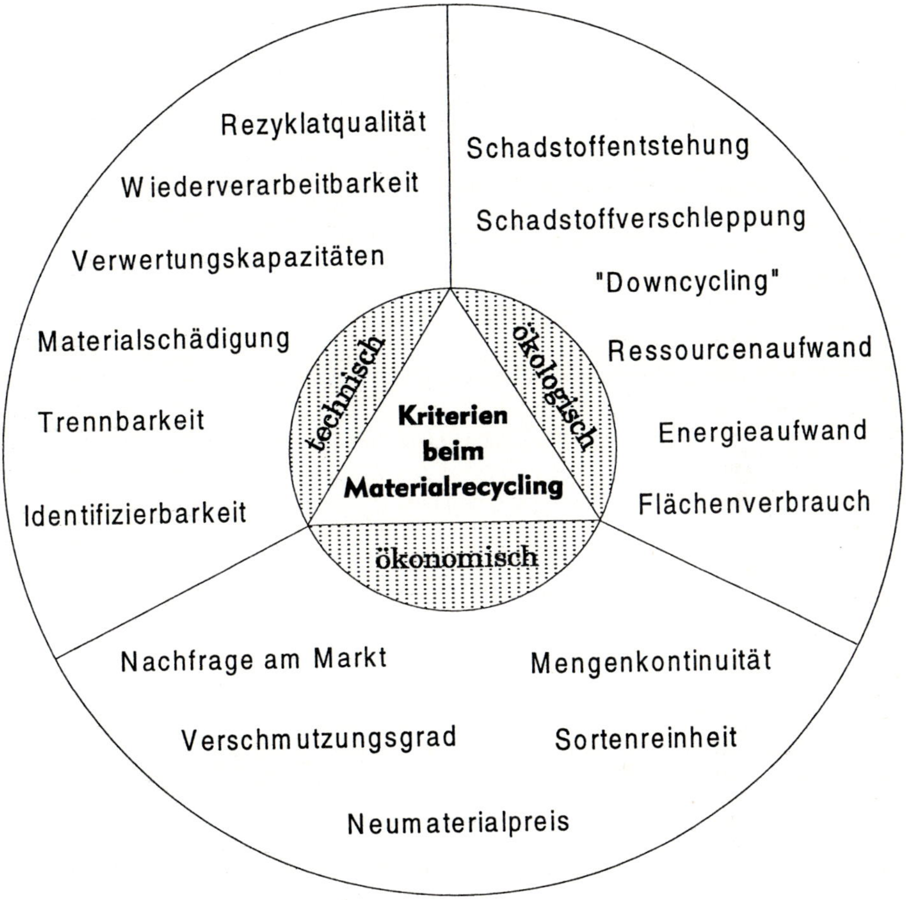

Abb. 1.6. Kriterien beim Materialrecycling

Unternimmt man den Versuch, diese Kriterien einerseits zu bewerten, andererseits auch untereinander und gegeneinander abzuwägen, kommt man zu zweierlei Erkenntnissen

- einerseits sind die Bewertungsmaßstäbe nahezu aller Kriterien noch verbesserungswürdig, hochgradig abhängig von Verfahrensentwicklungen, häufig noch strittig oder gar noch weitgehend unerforscht,
- andererseits zeigt sich eine multidimensionale und auch multivariable Matrix von gegenseitigen Abhängigkeiten, Interdependenzen bzw. auch massiven Zielkonflikten zwischen diesen Kriterien.

Zieht man darüber hinaus in Betracht, daß einzelne Kriterien auch quasi als „Killer-Kriterien" die Entscheidung Pro und Kontra stoffliche Verwertung bereits alleine prägen, so überrascht es nicht mehr, daß in der derzeitigen Situation - auch bei ernsthaften und umfassenden Bemühungen und einem objektiven Bewertungsprozeß - nur sehr wenige Werkstoffe und mengenmäßig nur sehr geringe Stoffströme den Entscheidungsfilter zugunsten einer stofflichen Verwertung passieren.

Meist ist die Entscheidung ohnehin durch eine dominante Kriteriengruppe geprägt, z.B.

- werden ordnungsrechtliche Auflagen ein Ausreizen der technischen Möglichkeiten nahelegen (unter Vernachlässigung ökonomischer, gegebenenfalls sogar ökologischer Kriterien),
- werden unter rein wirtschaftlichen Gesichtspunkten die ökonomischen Kriterien die Entscheidung dominieren,
- werden unter Marketing- bzw. Marktaspekten zuweilen auch ökologische Kriterien den Ausschlag geben, Produkte aus Rezyklatwerkstoffen herzustellen und anzubieten, wenn der Kunde dies wünscht (und bezahlt).

Technisch ginge (fast) alles, wirtschaftlich geht (fast) nichts - helfen ökologische Bilanzierungen?

Das Methodenrepertoire und der Erkenntnisschatz zur technischen Machbarkeit von stofflichen Verwertungsverfahren sowie zur Qualität erzielbarer Rezyklate nimmt rasch zu bzw. hat in nur kurzer Zeit bereits einen bemerkenswerten Stand erreicht [1 - 4].

Betrachtet man stellvertretend für den hier zu verzeichnenden technischen Fortschritt die in Tabelle 1.1 dargestellten, grundsätzlich gegebenen Verwertungs- und Entsorgungsvarianten für Kunststoffe, sowie die in Tabelle 1.2 gezeigten Tendenzen bzw. Qualitätseigenschaften von Rezyklaten, so läßt sich der technischen Durchführbarkeit von stofflichen Verwertungsverfahren durchaus bereits ein gutes Zeugnis ausstellen.

Weniger ermutigend, vielfach sogar entmutigend, stellt sich die Situation unter wirtschaftlicher Betrachtung dar. Insbesondere die Kosten der Kunststoffaufbereitung, die Abbildung 1.7 illustriert, lassen das Kunststoffrecycling sehr rasch an einschneidende wirtschaftliche Grenzen stoßen.

Tabelle 1.1. Verwertungs- und Entsorgungsvarianten für Kunststoffe

Kunststoff	a	Chemische Verwertung			Thermische Verwertung			h
		b	c	d	e	f	g	
PP	x			x	x	x	x	x
PP TV 40	x				x	x	x	x
PP GF 30	x				x	x	x	x
PVC	x			x	x	x	x	x
ABS	x			x	x	x	x	x
PA 6	x	x	x	x	x	x	x	x
PA 6 GF 30	x				x	x	x	x
PA 66	x	x	x	x	x	x	x	x
PA 66 GF 30	x				x	x	x	x
POM	x	x		x	x	x	x	x
PC	x	x	x	x	x	x	x	x
PPE	x			x	x	x	x	x
EPDM				x	x	x	x	x
CR				x	x	x	x	x
SBR				x	x	x	x	x
PU		x	x	x	x	x	x	x
VMQ				x	x	x	x	x
UP		x	x	x	x	x	x	x
PF				x	x	x	x	x
MF		x	x	x	x	x	x	x
EP		x	x	x	x	x	x	x

a: Werkstoffliche Verwertung, b: Hydrolyse/Acidolyse*, c: Alkoholyse/Glykolyse, d: Hydrierung, e: Vergasung, f: Pyrolyse, g: Verbrennung, h: Deponierung

Tabelle 1.2. Eigenschaftsänderungen bei der Mehrfachverarbeitung von Kunststoffen

Eigenschaften	Verhalten
Streckspannung/-dehnung	→
Reißdehnung	↓
E-Modul	→
(Kerb-) Schlagzähigkeit	↓
Optische Eigenschaften	↓
Schwindung	↓
Bauteilgewicht	↑
Fließverhalten	↑
Langzeitgebrauchseigenschaften	(↓)*
Schwankung der Eigenschaftskennwerte	↑
Unproblematischer Altwareanteil	20 (50) %

* abhängig vom Basispolymer

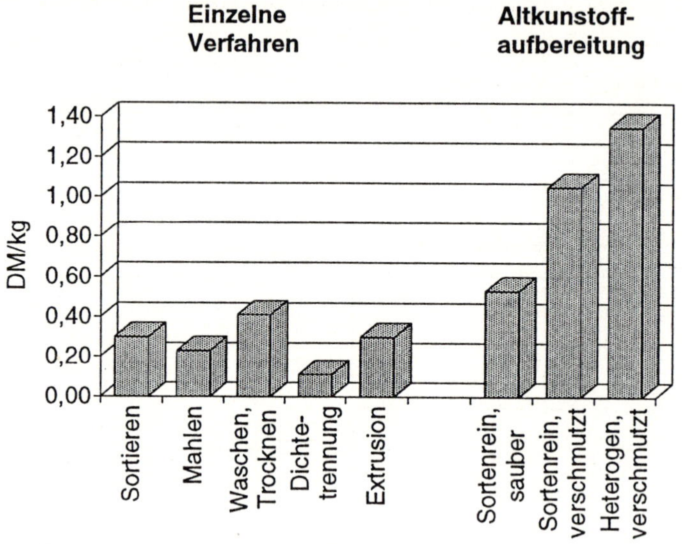

Abb. 1.7. Kosten der Kunststoffaufbereitung

Als Zünglein an der Waage - teils aus gestiegenem Umweltbewußtsein, teils aus gesetzlichen Anforderungen heraus -, wirken oft ökologische Gesichtspunkte. Hierbei darf jedoch nicht vernachlässigt werden, daß ökologische Kriterien häufig nicht nur für, sondern auch gerade gegen Recycling sprechen können:

Ursache hierfür sind oft Emissionen oder Schadstoffverschleppungen, die sich beim Recycling sowohl von Metallen als auch von Kunststoffen oft schwer kontrollierbar auf die Umwelt auswirken können. Die Tabelle 1.3 und 1.4 geben hierfür Anhaltspunkte.

Tabelle 1.3. Emissionen beim Stahlschrottrecycling (Quelle: Öko-Institut Darmstadt)

Schadstoff	Eintragsursache	Emissionen bei der Stahlerzeugung**	Grenzwert TA Luft
Blei	Farbinhaltsstoffe, PVC	5.500,0 t/a	0,002 mg/m³ bei 0,5 kg/h
Cadmium	galv. Überzüge. PVC	210,3 t/a	0,00004 mg/m³ bei 0,01 kg/h
Zink	metallische Überzüge	31.240,0 t/a	20 mg/m³ Gesamtstaub
PCDD/PCDF*	chlororg. Überzüge	250,3 g TE(BGA)/a***	nicht vorhanden

* Dioxine und Furane
** Werte gelten für die BRD 1988
*** Toxische Einheit (lt. Bundesgesundheitsamt)

Um alle diese vielfältigen Einflüsse und Kriterien zu berücksichtigen, werden große Hoffnungen in die sogenannte Ökobilanzierung gesetzt. Doch gerade hier scheiden sich die Geister. Verallgemeinerungsfähige und übertragbare Richtwerte und Aussagen existieren nicht einmal auf dem Niveau „Aluminium ist recyclingfreundlicher als Kunststoff" oder umgekehrt. Für Aussagen in jede der beiden Richtungen gibt es Argumente zuhauf. Wer es daher unternimmt, die Umweltfreundlichkeit von Recyclingverfahren oder komplexer High-Tech-Produkte in unterschiedlichen Alternativen zu beurteilen und abwägen zu wollen, erlebt die von der simplen Milchtüte bekannte, bis heute jedoch nicht beendete Verpackungsdiskussion einschließlich Einweg kontra Mehrweg in einer ungeahnten und unbeherrschbaren Tausendfältigkeit.

Tabelle 1.4. Zusatzstoffe in Thermoplasten [1]

	PC	PP	PVC	PS	PA	ABS	PBT	PMMA	POM	PC	PPE
Antioxidantien	o	o	o		o	o	o		o	o	o
Metalldesaktivatoren	o	o									
Lichtschutzmittel	o	o	o	o	o		o	o	o	o	
Biostabilisatoren			o								
Flammschutzmittel	o	o	o	o	o	o	o			o	o
Farbpigmente	o	o	o	o	o	o	o	o	o	o	o
Füllstoffe	o	o	o		o	o	o		o	o	o
Verstärkungsstoffe	o	o			o	o	o		o	o	o
Antistatika	o	o				o					
Optische Aufheller	o	o	o	o		o				o	
Gleitmittel	o	o	o	o	o	o	o	o	o	o	o
Weichmacher			o		o						
Chemische Treibmittel	o	o	o	o	o	o	o			o	o
Organische Perioxide	o		o								
Keimbildner		o			o		o				

Als besondere Fleißarbeit werden Ökobilanzierungen mit Rechnerunterstützung angestrengt, um aus dem mehrdimensionalen Entscheidungsdilemma herauszukommen. Doch auch da gibt es nur Scheinsieger: Je nachdem, ob man die Bilanzierungs-Systemgrenze um die Deponie vor der Haustür oder bei der Erzgrube im fernen Chile zieht, landet der jeweils eigene Favorit ganz vorne auf der Umweltskala.

Natürlich bietet das Denken in Kosten - das monetäre Quantifizieren auch der zukünftigen Tribute an die Umwelt - auch hier einen gewissen Anhaltspunkt. Doch ob mit oder ohne Ökobilanzen: Dieser kleinste gemeinsame Nenner wird nachher sicher nicht der Renner am Markt sein. Sonst würden ja auch 90 Prozent der Führerscheininhaber einen 40-PS-Kleinwagen fahren, da er ihre Transportaufgaben eigentlich erfüllt. Die Wirklichkeit und die Marktgesetze sind anders. Auch beim Recycling wird es künftig „Mini"- und es wird „Rolls-Royce"-Lösungen geben - wichtig ist, daß der Kunde die Botschaft auch zum Recycling versteht und sich mit ihr identifiziert. Diese Botschaft darf weder kompliziert noch mehrdimensional sein. KISS (Keep It Simple and Stupid) formulierte kürzlich ein Rover-Manager in Brüssel, als Europäer, Amerikaner und Japaner über Inhalte möglicher weltumspannender Kooperationen zum Thema „Intelligent Manufacturing Systems" IMS diskutierten. KISS sollte auch für ein klares Recyclingkonzept gelten.

Vorsicht vor der Extrapolationsfalle -
Innovationen könnten geläufige Grenzen wegfegen.

Die Grenzen zwischen stofflicher und thermischer Verwertung allein aufgrund heutiger Marktdaten und technischer Gesetzmäßigkeiten ziehen zu wollen bzw. diese akribisch fortzuschreiben, setzt zugehörige Entscheidungsträger und Entscheidungsschritte der bekannten Extrapolationsfalle aus, die durch unvorhersehbare Innovationen jederzeit unvermutet zuschnappen kann.

Umwälzende Innovationen, die die heutigen Gegebenheiten nachhaltig beeinflussen und mancherlei scheinbar unumstößliches Prinzip sogar in sein Gegenteil verkehren könnten, sind nicht auszuschließen bzw. sogar wahrscheinlich in den Feldern

- Recyclinggerechte Produktentwicklung,
- Neue Zerlege- und Trenntechniken,
- Neue Verwertungstechniken,
- Marktakzeptanz für Verwendungszyklen,
- („Upcycling statt Downcycling").

Hier lassen sich zwar keine Prognosen wagen, doch sind durchaus Anhaltspunkte, Analogien und auch erste Ansätze erkennbar, die eine aufmerksame Beachtung und Beobachtung verdienen.

Recyclinggerechte Produktentwicklung setzt auf Einfachheit.

In dem neuen und schwierigen Terrain, das der Konstrukteur hier zu bewältigen hat, sind vier - gleichzeitig zu beschreitende - Wege zu verfolgen: recyclinggerechte Werkstoffwahl, umweltgerechte Hilfsstoffwahl bzw. Schadstoffvermeidung, zerlegefreundliche Baustruktur, schnell lösbare Verbindungstechniken.

Auf den ersten beiden Feldern haben bereits mannigfache Bemühungen eingesetzt bzw. tragen schon erste Früchte. Gerade auch Automobilhersteller haben vermehrt auf recyclingfähige Kunststoffe umgestellt. Die sich hier mittelfristig abzeichnende und durchaus nicht als utopisch anzusehende Entwicklung veranschaulicht Abbildung 1.8. Sie wird die Verwertbarkeit von Produkten nachhaltig beeinflussen bzw. verbessern.

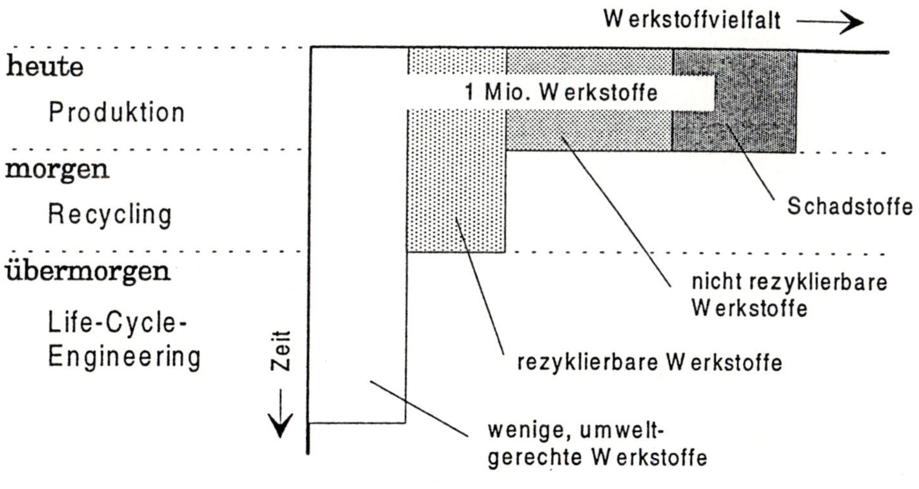

Abb. 1.8. Die Werkstoffvielfalt wird sich verringern

Hinzu kommt, daß neben den heute zur Wahl stehenden Werkstoffen auch Zukunftswerkstoffe bald Eingang in die Praxis finden werden, die ebenfalls neue Umwelt- bzw. Recyclingbeiträge leisten werden, Abbildung 1.9.

Auf den Feldern zerlegefreundliche Baustruktur und lösbare Verbindungstechniken hat die Entwicklung ebenfalls gerade erst eingesetzt. Schon gibt es die Siemens-Kaffeemaschine, die mit einem einzigen gezielten Hammerschlag in ihre verwertbaren Materialfraktionen zerfällt. Unter dem Motto „Schäumen statt Schrauben“ hat Hewlett-Packard ein geschäumtes Chassis für Computer entwickelt, das wesentlich weniger Teile und Verbindungselemente benötigt und dazu noch leiser und stoßfester ist. Wann kommt die geklebte Stereoanlage, die sich in der Mikrowelle in Einzelteile auflöst? Wann die Reißleine, die das Kfz-Armaturenbrett in Bauteile

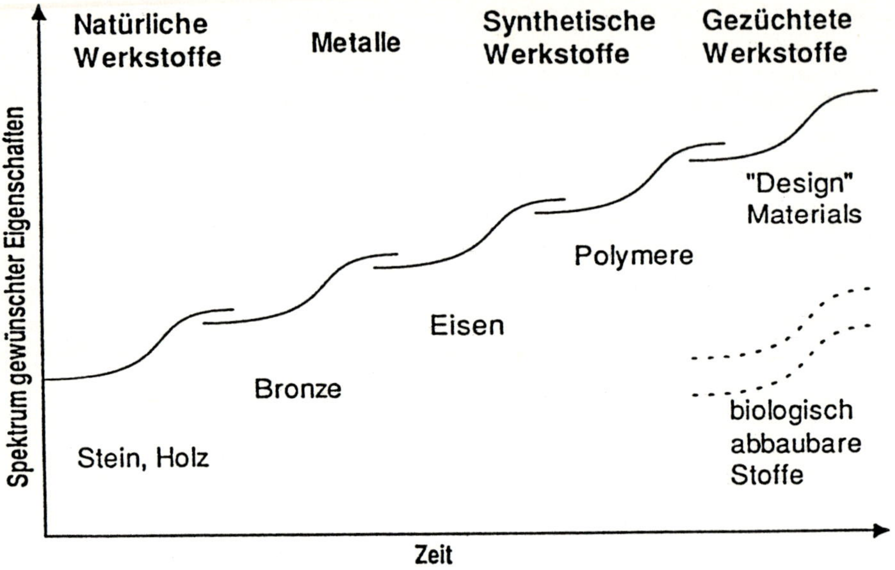

Abb. 1.9. Künftige Werkstoffentwicklungen werden auch Umweltbeiträge leisten können

zerlegt? Faszinierende Anforderungen für innovative Konstrukteure und Designer, deren Lösungen auch die Grenzen des Recycling neu ziehen werden.

Der Blick über den Zaun eröffnet Chancen für neue Zerlege- und Trenntechniken.

Kommt ein neuer Wirtschaftszweig mit Zerlegefabriken und industrieller Demontage? Einige Verwerter sagen auch „Rückbau" dazu. In der Elektronik spricht man eher vornehm von „Schadstoffentfrachtung", wenn Demontagewerker toxische Bauteile von Leiterplatten per Handwerkzeug abnehmen.

Sie vielfältig die klangvollen Namen, so einfältig sind oft noch die Vorstellungen. Demontage fürs Recycling ist nämlich nur selten eine Montage rückwärts. Der heute schon vereinzelt praktizierte, handwerklich geprägte „Rückbau" im großen Stil würde zwar Millionen Arbeitsplätze schaffen, wäre aber weder bezahlbar noch für die dort Tätigen auf Dauer zumutbar.

Denken wir ruhig einmal fast 100 Jahre zurück - an die Pionierzeit der Montage in wirtschaftlichen Maßstäben: Die Montage von Automobilen der Gründerzeit ähnelte 29 Jahre lang eher der Herstellung von Pferdekutschen (so sahen die ersten „Benzinkutschen" ja auch noch aus): traditionelles Wagnerhandwerk, kunstfertige Handarbeit, aber unwirtschaftlich und unerschwinglich für Produzent und Konsu-

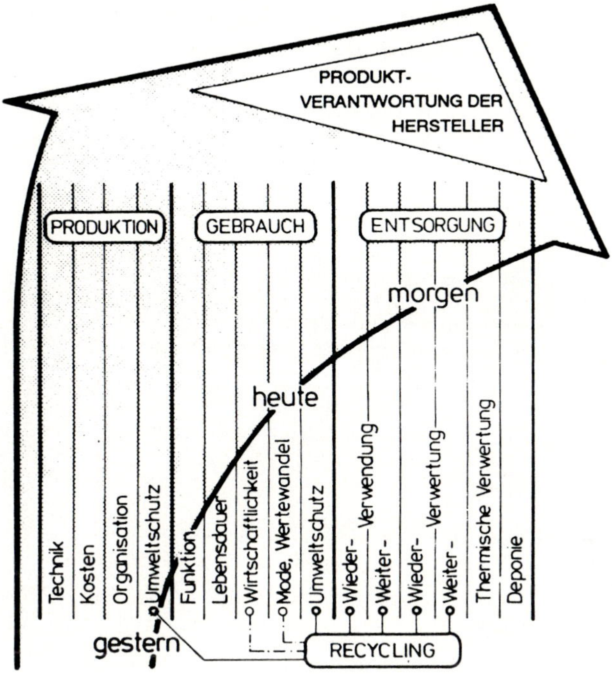

Abb. 1.10. Anforderungen an Produkte und Hersteller im Laufe der industriellen Entwicklung.

ment. Die „Technik" für das Automobil, erste Anforderung im Abbildung 1.10, war zwar da - doch für das zweite Thema „Kosten" fehlte es an Lösungen.

Henry Fords simples T-Modell und die Idee des Fließbandes brachten dann den Umschwung: Plötzlich war das Unmögliche möglich geworden und schon ab 1915 kamen 15 Millionen Fahrzeuge mit einem Kosten- und Produktivitätsfortschritt daher, den man sich heute für die Entsorgungsaufgaben bei 15 Millionen in Deutschland bis zum Jahr 2000 zu verschrottenden Fahrzeuge nur wünschen kann. Auch wenn Ford nicht „das Rad neu erfunden" hatte (das T-Modell rollte auf den von der Kutsche bekannten Holzspeichenrädern), war ihm eine Montage-Innovation gelungen, von der man auch heute - fast 100 Jahre später - noch spricht. Von welcher Demontage- und Recycling-Innovation wird man morgen - auch in 100 Jahren - noch sprechen? Wer für die neuen Anforderungen seitens des Recycling Lösungen entwickelt, sollte sich gleichfalls vom „Pferdekutschen-Denken" lösen können. Hier eröffnet sich ein weites Feld für Innovationen auf dem Gebiet neuer Zerlege- und Trenntechniken.

Erste Erfolge eines bezüglich rationeller Demontagetechniken erweiterten Horizonts sind schon zu vermelden - und sei es nur durch den Blick über den Zaun: Seit man entdeckt hat, wie schnell die Feuerwehr bei der Unfallrettung Verletzte aus den Autowracks herausschneidet, fördern auch die Vorzeigebetriebe der PRAVDA (Projektgruppe Altautoverwertung deutscher Automobilhersteller) die Einzelteile eines Altautos mittels Hydraulikschere schneller zutage. Von der noch handgeführten Hydraulik bis zum programmgesteuerten Zerlegeautomaten, von Schraubendreher und Kneifzange bis zur Demontage-Werkzeugmaschine sollten die Wege nicht allzu weit sein.

Abb. 1.11. Massengeflügelhaltung und -verarbeitung

Bei aller Innovation braucht auch hier das Rad meist nicht neu erfunden zu werden: Das bedauernswerte Brathähnchen, das für 5,90 DM im Tiefkühlregal des Supermarkts liegt, hat auf den vielen Stationen vom Ei Legen übers Ausbrüten, Aufzucht, Mast, Schlachthof, Verpackung bis hin zum Kühlhaus auch nur höchstens drei Lohnminuten verschlungen (Abbildung 1.11). Es ist daher wohl auf einer Anlage gerupft und ausgenommen worden, die sich vielleicht auch für das Ausbeinen alter Autoradios oder ABS-Steuergeräte in Serie umrüsten läßt? Hier bietet sich ein Entwicklungsfeld, das manchen Maschinen- und Anlagenbauer die Flaute im herkömmlichen Geschäft zumindest leichter verdauen läßt.

Upcycling statt Downcycling.

Trotz aller „Zerstörungskraft" neuer rationeller Demontageanlagen ist jedoch alles andere als „Zerstörungswut" angebracht: Die zukünftigen Potentiale beim Recycling demontierter Produkte liegen in der erneuten Verwendung zerstörungsfrei demontierter Bauteile - sei es im Ersatzteilgeschäft oder in aufgearbeiteten Produkten für zusätzliche, besonders entwicklungsfähige Märkte. Auch hier hat ein Umdenken in großem Stil eingesetzt. Nicht nur beim Automobil- Austauschmotor, wo das „Aus Alt mach Neu" längst gängige Praxis ist, eröffnen sich solche Perspektiven.

Mittelständische Unternehmen, seit jeher findig und fündig im Aufspüren von Marktnischen, lassen beim High-Tech-Recycling inzwischen selbst manchen Großen aufhorchen: Auf dem Markt findet man inzwischen aus Second-hand-Baugruppen in Serie gefertigte Speichererweiterungen für PCs, die - mit voller Garantie ausgestattet - sowohl umweltbewußte als auch preisbewußte Kunden ansprechen und reißenden Absatz finden, Abbildung 1.12.

Abb. 1.12. Speichererweiterungsmodul für PC, in Serie gefertigt aus Second-hand-Baugruppen

Siebenstellige Umsätze aus „USED-electronics"-Katalogen, wie Mittelständler sie heute erzielen, können auch die Computerhersteller selbst nicht ganz links liegen lassen. IBM im hessischen Rodgau, HP im französischen Grenoble, DEC im holländischen Nijmegen oder Siemens-Nixdorf im niedersächsischen Paderborn: Jedes dieser europäischen Recycling-Centers der Computerhersteller pflegt auch einen lukrativen Geschäftszweig „Wiedervermarktung", wie dieses erneute Verkaufen oder Vermieten genutzter und im Werk modernisierter, häufig uprecycelter Systeme bezeichnet wird. Die Abbildungen 1.13 und 1.14 zeigen hierfür Beispiele.

Abb. 1.13. Monitore zur Wiederverwendung

Abb. 1.14. Elektronische Ladenkassen bei der Aufarbeitung zur Wiederverwendung

Die richtige, auf die Rücklauflogistik eingespielte Synthese von Wiedervermarktung, Wiederverwendung, Verwertung oder Entsorgung demontierter Produkte und Bauteile führt beim Recycling langfristig weg von der Kostenbelastung hin zum neuen Geschäftsfeld mit wirtschaftlichem Erfolg.

Auch diese Entwicklung wird den Markt und damit auch die Technologie für Sekundärprodukte und Werkstoffe möglicherweise nachhaltiger verändern, als dies heute wahrscheinlich erscheint.

Entwicklung technischer und logistischer Gesamtkonzepte zum Produktrecycling.

Die Herstellung von Gütern wurde so mit dem gesamten Methodenrepertoire der Produktionstechnik - CIM war das Schlagwort der 80er Jahre - stetig verfeinert und verbessert: Die Produkte und Dienstleistungen am Kunden wurden besser und dennoch meist billiger. Vieles spricht dafür, die Herausforderung der 90er Jahre mit neuen Konzepten des CIR, gleich Computer Integrated Recycling, zu meistern. Am Fraunhofer-Institut für Produktionstechnik und Automatisierung (IPA), das sein Leistungsangebot als „Denkfabrik" der produzierenden Fabriken zeitig auf die Erarbeitung von branchenbezogenen Lösungen für geschlossene Produktrecycling-Konzepte ausgedehnt hat, ist eine solche Neuorientierung des Bedarfs an manch klassischer Forschungsdienstleistung seit 1990 deutlich ablesbar: schon 1991 stieg die Nachfrage der Industrie nach Methodenwissen und Unterstützung für Logistik und Technik des Produktrecycling um 300 % ,seit 1992 nochmals um 400 %!

Hierbei hat sich - in der Zusammenarbeit mit der Computerbranche, der Hausgeräteherstellung wie auch der Automobil- und Zulieferindustrie - ein Projektplan mit fünf Schritten als hilfreich erwiesen:

- Erfassung und Analyse von Produktprogramm und Recyclingaufgaben,
- Präzisierung des Handlungsbedarfs, der Recyclingfähigkeit der Produkte im jeweiligen Anwendungsfall,
- Planung der Rückführlogistik und der Informationsflüsse zwischen Herstellungs- und Recyclingprozeß,
- Auslegung und Dimensionierung von zukunftssicheren Demontage- und Recyclingkapazitäten (Make or Buy),
- Recyclinggerechte Konstruktion künftiger Produktprogramme.

Viele Methoden und Hilfsmittel, auch manche Zwischenergebnisse, um die fünf Schritte dieser Projektstufenleiter schnell zu nehmen, profitieren vom Repertoire der modernen Fabrikplanung, Fertigungs- und Verfahrenstechnik. Einiges ist jedoch auch neu in Angriff zu nehmen, zu interpretieren oder gar gegenteilig zu beurteilen als gewohnt.

RONDA	Recyclingorientierte Datenbank-Analyse
VERANDA	Verfahrens- und Anbieter-Datenbank
RECOVERY	Rechenprogramm zur optimierten Verwendung rezyklierter Bauteile
ROUTING	Rückführ - Organisations- und Transportmittelplanung im Recycling

Abb. 1.15. Rechnergestützte Hilfsmittel beim Erstellen ganzheitlicher Recyclingkonzepte

Hierbei hilft eine Reihe neuentwickelter rechnergestützter Hilfsmittel am IPA (Abbildung 1.15).

Die Recycling-Datenbank VERANDA (Verfahrens- und Anbieter-Datenbank), enthält alle gängigen Recyclingverfahren mitsamt ihren Vor- und Nachteilen, Kosten, Kapazitäten und Anbietern auf dem aktuellsten Stand (Abbildung 1.16).

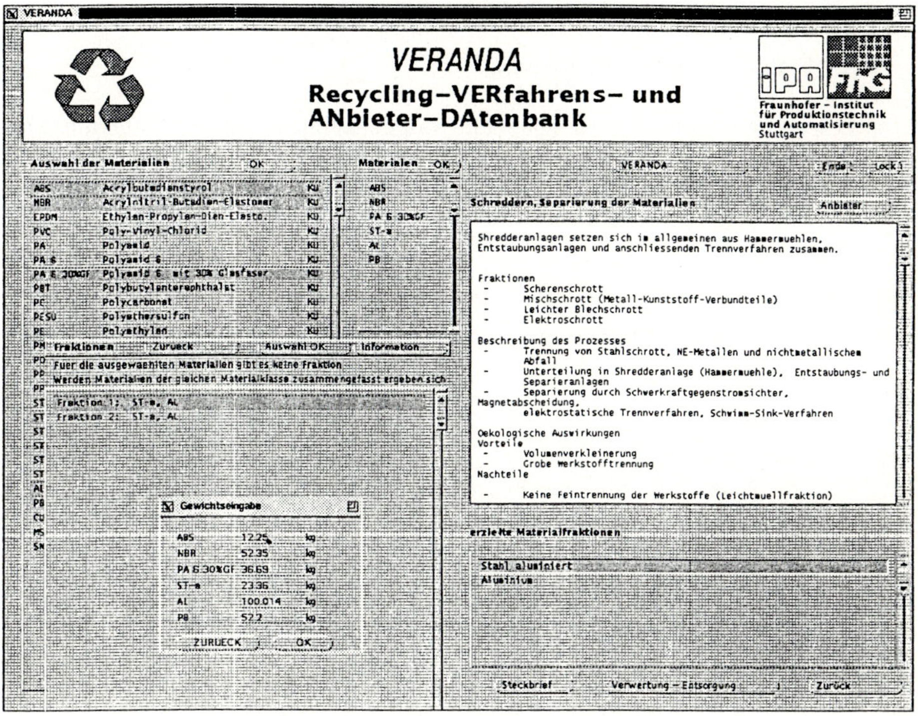

Abb. 1.16. VERANDA: Verfahrens- und Anbieterdatenbank

Systematisch entwickelte Recyclingkreisläufe setzen auch zukünftig auf eine gezielte Kombination von stofflichen und thermischen Verwertungsverfahren.

VERANDA ist eine am IPA entwickelte rechnergestützte, menügeführte Datenbank für Recycling- und Entsorgungsverfahren. Sie bietet die Möglichkeit, für Produkte in allen drei Lebenszyklus-Phasen (Produktion, Produktgebrauch und Entsorgung) Maßnahmen zur Abfallvermeidung, Abfallverminderung und zu Recycling zu prüfen, gegeneinander abzuwägen und auszuwählen. In VERANDA sind die industriell oder in Pilotanlagen verfügbaren Zerlegungsverfahren (mechanisch, thermisch, chemisch/physikalisch) für Materialfraktionen unterschiedlicher Zusammensetzung, die Recycling- bzw. Verwertungsverfahren und die Entsorgungsverfahren abrufbar. Darüber hinaus sind zu den einzelnen Verfahren auch Anbieter und Kapazitäten in VERANDA hinterlegt.

Für eine Vielzahl hierbei zu treffender Entscheidungen sind Umweltgrenzwerte abgelegt. Hierzu gehören u.a.:

- Toxität,
- BImSch- (Bundes-Immissionsschutz) Verordnung,
- MAK-Werke (Maximale Arbeitsplatzkonzentrationen),
- TA-Luft (Technische Anleitung),
- TA-Abfall (Technische Anleitung).

Mit dieser Datengrundlage ist auch die Möglichkeit geschaffen, nicht nur über Recyclingverfahren zu entscheiden, sondern auch im Sinne einer Vorsorge bei der Produktentwicklung umwelt- und recyclingfreundlichere Werkstoffe auszuwählen.

Kunststoffverwertung und -entsorgung: Situation

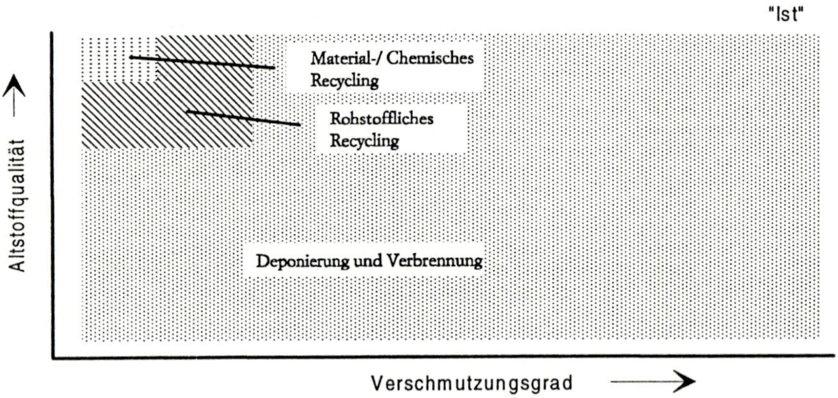

Bestimmungsgrößen für eine wirtschaftliche Verwertung

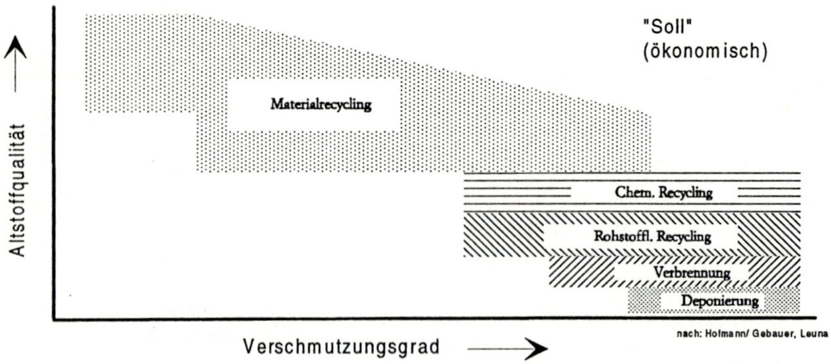

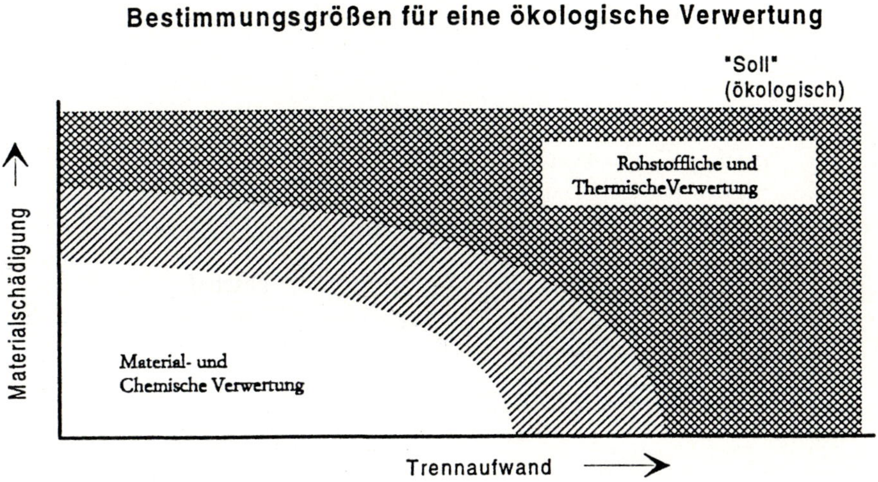

Abb. 1.17. Orientierungshilfen für eine Verwertung von thermoplastischen Kunststoffen

Nutzt man dieses umfangreiche Instrumentarium für eine Ermittlung der - ineinander übergehenden - Grenzen zwischen stofflicher und thermischer Verwertung für das Anwendungsfeld Thermoplastische Kunststoffe, so zeigt sich, daß

- einerseits zwischen „Ist" und „Soll",
- andererseits zwischen ökonomischer und ökologischer Bewertung.

noch erhebliche Entwicklungsmöglichkeiten und Verfahrenskombinationsmöglichkeiten bestehen. Die Abbildung 1.17 gibt hierfür eine Orientierungshilfe.

Literatur

[1] Brinkmann, T.; Ehrenstein, G. W.; Steinhilper, R.: Umwelt- und recyclinggerechte Produktentwicklung. Augsburg: WEKA 1994.

[2] Steinhilper, R.: Sechsteilige Serie „Produktrecycling". VDI Nachrichten, NT. 28-33 (1993).

[3] Steinhilper, R.; Hudelmaier, U.: Erfolgreiches Produktrecycling zur erneuten Verwendung oder Verwertung. Ein Leitfaden für Unternehmen. Eschborn: Rationalisierungs-Kuratorium der Deutschen Wirtschaft (RWK) 1993.

[4] Steinhilper, R.: Produktrecycling im Maschinenbau. IPA-IOA Forschung und Praxis Nr. 115. Berlin: Springer 1988.

2 Stand und Perspektiven des Automobilrecycling

2.1 Einleitung und Überblick

Spricht man allgemein vom Automobilrecycling, so müssen alle Lebensstationen eines Fahrzeugs - von der Rohstoffbeschaffung über die Produktion und den Betrieb bis hin zur Verwertung/Entsorgung des Altautos - betrachtet werden. Erste, wenn auch grobe, Lebenswegbilanzen für ein Automobil liegen vor. Danach fallen im gesamten Lebenszyklus eines Automobils ca. 26 t Abfälle verschiedenster „Qualität“ an.

Zur Vermeidung und Verminderung von Abfällen im Lebenszyklus eines Automobils sind entsprechend der Komplexität des Produktes verschiedene Ansätze denkbar. Genannt seien:

- verbesserte Technologien zur Rohstoffbeschaffung und Halbzeugherstellung,
- energiesparende und abfallarme Produktionstechnologien bei den Automobilherstellern und den Zulieferer,
- konstruktive Veränderungen der Fahrzeuge im Sinne einer demontage- und zerlegegerechten Gestaltung.

Neben den genannten „Präventivmaßnahmen“ können insbesondere „End of pipe-Technologien“, d. h. Technologien, mit denen die bereits bei der Produktion und der Verwertung entstandenen Abfälle behandelt werden können, einen wesentlichen Beitrag zur Abfallreduzierung leisten.

Seit Beginn der 90er Jahre steht die Altautoverwertung und -entsorgung im Mittelpunkt des öffentlichen Interesses, obwohl die entstehenden Abfallmengen vergleichsweise gering sind (ca. 200 - 250 kg pro Altfahrzeug). Dieses mag verschiedene Ursachen haben, wobei die Gesamtabfallproblematik in der BRD und sicherlich auch die „Haßliebe“ zum Automobil als emotionale Komponente eine Rolle spielen.

Im vorliegenden Beitrag wird insbesondere der Stand der Altautoverwertung und Altautoentsorgung zusammengefaßt und einige Aspekte einer zukunftsorientierten Altautoverwertung aufgezeigt.

2.2 Abfallmengen bei Produktion und Recycling

Bei keinem anderen Konsumgut als dem Produkt „Automobil“ dürfte offensichtlich werden, wie schwierig und umfangreich sich eine Lebenswegbilanz gestalten kann. die Vielfalt der Werkstoffe und die geringe Fertigungstiefe bei den Automobilherstellern haben u. a. zur Folge, daß die Bilanzgrenzen eine entsprechende Unsicherheit aufweisen und die Ergebnisse immer angezweifelt werden können.

Dennoch liegen seit einigen Jahren erste Massen- und Energiebilanzen vor, die zumindest ein Gefühl dafür liefen, welche Abfall- und Energiemengen mit der Produktion, dem Betrieb und der Verwertung / Entsorgung eines Automobils verbunden sind [1 - 4].

In Tabelle 2.1 sind einige Ergebnisse aus den vorliegenden Studien zusammengestellt.

Tabelle 2.1. Energie- und Abfallbilanz eines Automobils

Phase	**Energie**	**Abfall**
Rohstoffgewinnung	105,5 GJ	1.600 kg Schlacke 23.400 kg Abraum
Rohstofftransport	23,4 GJ	13 kg Rohöl
Automobilproduktion	61,5 GJ	1.500 kg Abfälle
Betrieb	477,7 GJ	100 kg aus Wartung, Reparatur 110 kg Reifen
Verwertung / Entsorgung	4,1 GJ	200 kg Schredderabfall 25 kg Betriebsflüssigkeiten
Summe	**672,2 GJ**	**26.984 kg**

Tabelle 2.1 macht u. a. folgende Sachverhalte deutlich:

1. Die weitaus meiste Energie wird während des Betriebs eines Fahrzeugs umgesetzt. Eine Verbesserung der Energiebilanz ist insbesondere durch verbrauchsärmere Antriebsaggregate und leichtere Fahrzeuge möglich. Der Gewichtseinfluß auf den Kraftstoffverbrauch wird aus Abbildung 2.1 deutlich: Durch eine Reduzierung der Fahrzeugmasse um 100 kg lassen sich etwa 0,7 Liter Kraftstoff auf 100 km Fahrweg einsparen.

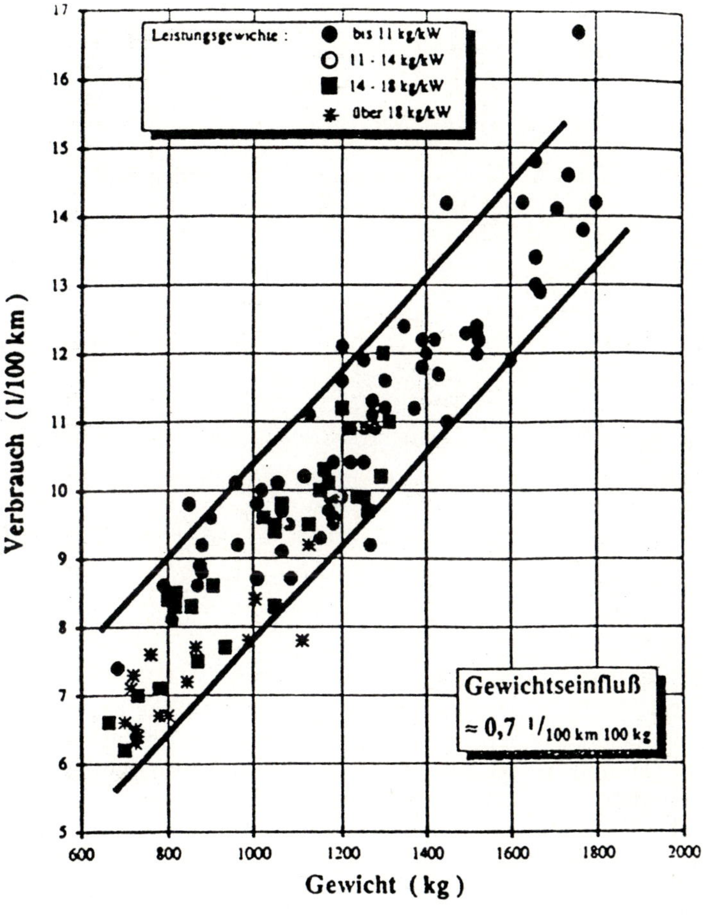

Abb. 2.1. Einfluß der Masse eines PKW auf den Kraftstoffverbrauch

Durch Leichtbauweise - und hier stehen für Großserienfahrzeuge insbesondere die technischen Thermoplaste und in den letzten Jahren zunehmend faserverstärkte Duroplaste (SMC) im Vordergrund - läßt sich der Kraftstoffverbrauch reduzieren. Allerdings wird dieser Effekt bei vielen Modellen durch einen höheren Fahrzeugkomfort und zusätzliche Sicherheitstechnik (Seitenaufprallschutz, Airbag, Gurtstraffer usw.) kompensiert.

Ein weiterer Konflikt resultiert daraus, daß sich die metallischen Werkstoffe, die zunehmend durch Polymerwerkstoffe substituiert werden (Abbildung 2.2) aus technischer und wirtschaftlicher Sicht für ein Recycling am besten eignen.

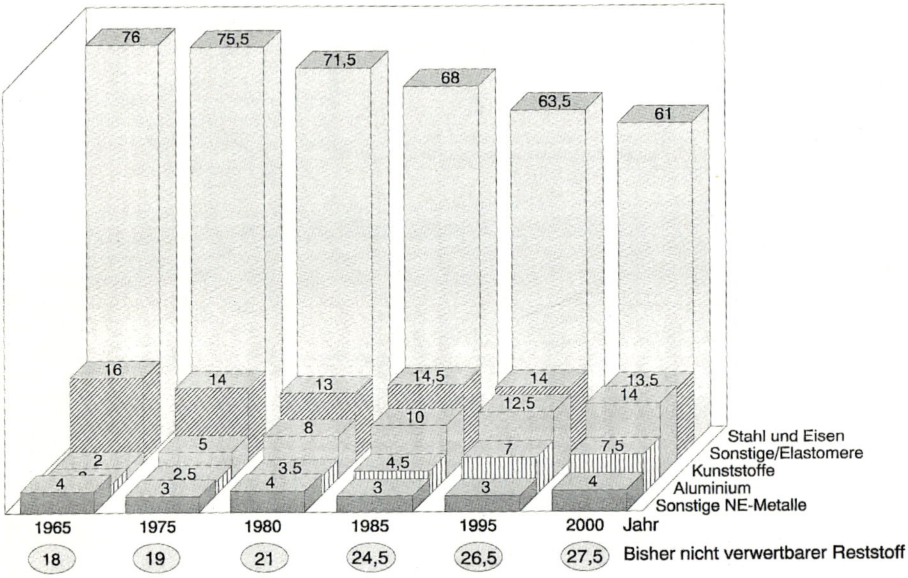

Abb. 2.2. Stoffliche Zusammensetzung eines PKW (Angaben in Gewichtsprozent, nach verschiedenen Autoren)

2. Die in den letzten Jahren in das öffentlichen Interesse geratene Altautoverwertung und -entsorgung macht nur einen Bruchteil des Energie- und Massenumsatzes im Gesamtlebenszyklus eines PKW aus. Dennoch bereiten die Shredderabfälle Probleme, weil sie - im Gegensatz zu den Abraummengen bei der Rohstoffgewinnung - umweltrelevante Schadstoffe enthalten.

   Für die Bundesrepublik Deutschland ergibt sich gegenwärtig ein Shredderabfallaufkommen von ca. 0,6 Mio. t/Jahr; durch abgenutzte Reifen kommt eine Abfallmenge in gleicher Größenordnung hinzu. Schätzungen für Westeuropa gehen von einer Shredderabfallmenge von gegenwärtig etwa 3 Mio. t/Jahr aus (Tabelle 2.2).

Tabelle 2.2. Abfälle bei der Altautoverwertung und -entsorgung

Abfallmenge / Mio. t	BRD	Westeuropa	Welt
Shreddermüll	0,60	2,60	7,00
davon Kunststoffe	0,17	0,71	2,00
Reifen	0,30	1,30	3,80
Betriebsstoffe	0,07	0,30	0,80
Rückstände aus Reparatur u. Wartung	0,30	1,50	4,00
Summe	1,27	5,70	15,60

2.3 Status Quo bei der Altautoverwertung und -entsorgung

Das Recycling von Altautos blickt in der BRD auf eine alte Tradition zurück. Mit dem Einzug der Shreddertechnologie um das Jahr 1970 wurde der Shredder die zentrale Aufbereitungsanlage für Altfahrzeuge. Heute arbeiten bundesweit über 40 Shredderanlagen, wobei die Shredderindustrie vorrangig gegen zwei Probleme zu kämpfen hat:

- Die mit der Wiedervereinigung der beiden Deutschen Staaten verbundene Öffnung zu den Ostblockstaaten führt zu einem starken Abfluß von Fahrzeugen in diese Länder. Beispielsweise sah sich die polnische Regierung, insbesondere wegen langer Warteschlangen an den Grenzen, im Januar 1995 gezwungen, die Einfuhr von fahruntüchtigen Autos per Erlaß zu stoppen.
- Aufgrund relativ hoher Deponierungsgebühren in der BRD im Vergleich zum benachbarten Ausland ist ein starker Export von Shreddervormaterial festzustellen. Sowohl die Weigerung von Kommunen, Shreddermüll anzunehmen, als auch lokal hohe Deponierungsgebühren, führten bereits zur Stillegung von Shredderanlagen.

Die an sich gut organisierte Altautoverwertung über Altautoverwerter, Shredderbetriebe und Schwimm-Sink-Anlagen ist aus zweierlei Hinsicht kritisch zu bewerten:

- Die gegenwärtige Altautoverwertung zielt auf die Verwertung der metallischen Werkstoffe ab (Abbildung 2.3). Nichtmetallische Werkstoffe wie Polymerwerkstoffe und Glas fallen als Shredderabfälle an, die gegenwärtig deponiert werden und dadurch die Deponien mit den schon genannten 0,6 Millionen Tonnen Abfällen pro Jahr belasten.
- In den Shredderrückständen wurden zum Teil bedenklich hohe Werte an PCB und Kohlenwasserstoffen festgestellt. Diese Werte führten letztendlich dazu, daß die Shredderabfälle in der Abfallbestimmungs-Verordnung (AbfBestV) als besonders überwachungsbedürftige Abfälle eingestuft wurden.

Diese beiden Problembereiche - Menge des Abfalls und Kontamination des Abfalls mit organischen Flüssigkeiten - haben verschiedene Länder in Europa dazu veranlaßt, gesetzliche Regelwerke zur Mengenbegrenzung und zur Schadstoffentfrachtung der Rückstände vorzulegen.

In der BRD soll in die dargestellte Problematik im wesentlichen durch zwei Verordnungen eingegriffen werden:

- durch die „Verordnung über die Vermeidung, Verringerung und Verwertung von Abfällen aus der Kraftfahrzeugentsorgung (AltautoV)",
- durch die „Technische Anleitung zur Verwertung und sonstigen Entsorgung von Shredderrückständen (TA Shredderrückstände)".

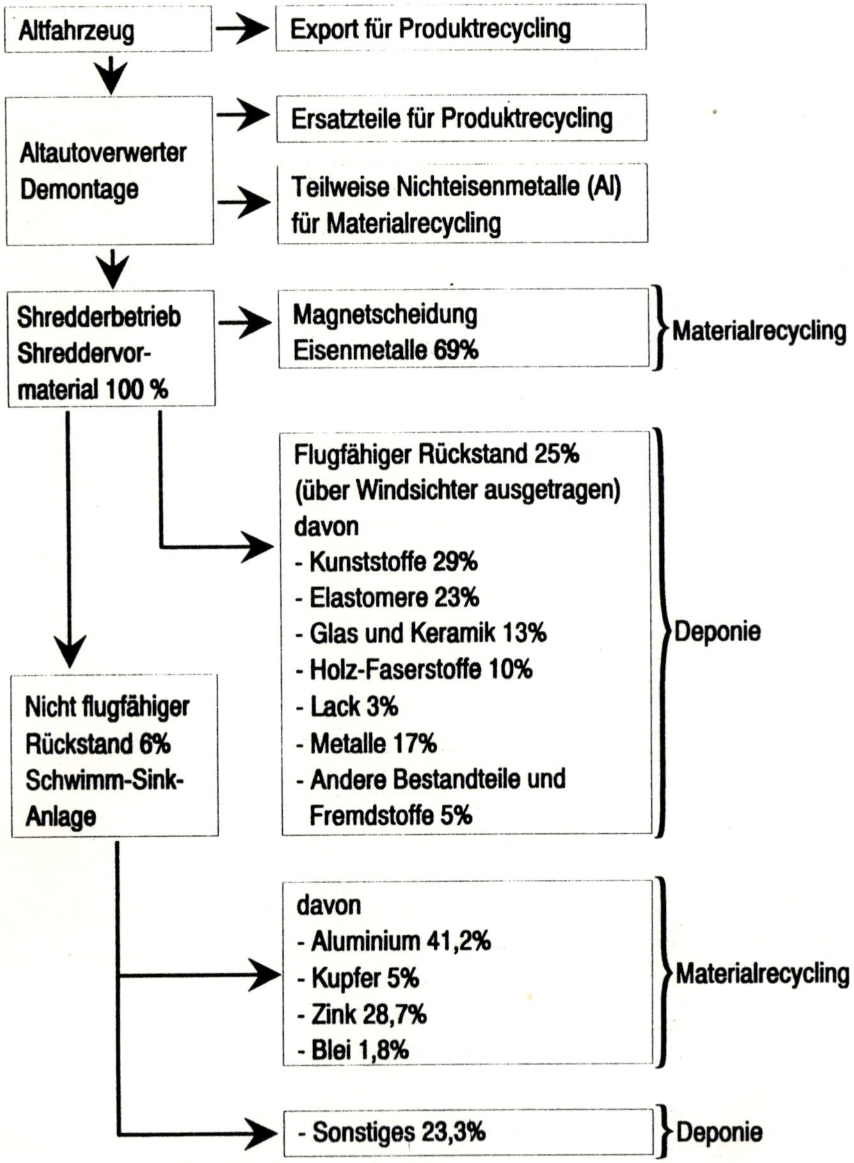

Abb. 2.3. Materialströme bei der gegenwärtigen Altautoverwertung

In Tabelle 2.3 ist der gegenwärtige Stand der Gesetzeslage für die BRD zusammengestellt.

Tabelle 2.3. Gesetzliche Regelwerke zur Altautoverwertung in der BRD

Gesetzeswerk	Bemerkung
Abfallbestimmungs-Verordnung AbfBestV (Verordnung nach § 2 AbfG)	Festlegung der besonders überwachungsbedürftigen Abfälle (Sonderabfälle), Shredderabfälle sind dort mit Abfallschlüsselnummer (67801), der genauen Abfallbezeichnung und der möglichen Herkunft aufgeführt.
TA (Sonder-)Abfall (Verwaltungsvorschrift nach § 4 AbfG)	Legt in Teil 1 die Anforderungen an die Verwertung und Entsorgung von Sonderabfällen nach dem Stand der Technik fest, enthält einen Katalog der besonders überwachungsbedürftigen Abfälle, Shredderrückstände sind danach wie folgt zu behandeln: Priorität 1: Sonderabfallverbrennung Priorität 2: Sonderabfall- oder Hausmülldeponierung.
Bundesimmissionsschutzgesetz BImSchG	Altautomontageanlagen werden, wie alle Abfallentsorgungsanlagen, seit dem 01.05.1993 nach BImSchG und nicht mehr nach AbfG genehmigt (vereinfachtes Verfahren nach § 19 BImSchG).
LAGA-Merkblatt (Länderarbeitsgemeinschaft Abfall)	Merkblatt über die Errichtung und den Betrieb von Anlagen zur Lagerung und Behandlung von Autowracks, Empfehlung der Arbeitsgemeinschaft an die einzelnen Bundesländer.
TA Shredderrückstände (Verwaltungsvorschrift nach § 4 AbfG im Entwurf)	Ergänzung der TA Abfall Kernaussage: Ablagerung von Shredderrückständen nur dann, wenn 1. stoffliche Verwertung oder 2. thermische Verwertung nicht möglich ist. Für die Übergangszeit ist Deponierung zugelassen, wenn zusätzlich zu den Vorschriften der TA Abfall Grenzwerte für PCB (10 mg/kg) und Kohlenwasserstoffe (4 Gew.-%) eingehalten werden.
Altautoverordnung (Verordnung nach § 4 AbfG im Entwurf)	Regelt u. a. Rücknahme (kostenlos für Letztbesitzer, Hersteller müssen geeignete Rücknahmesysteme sicherstellen), Nachweispflichen (Automobil- und Reifenhersteller sind nachweispflichtig, Überwachung durch unabhängige Gutachter) und Verwertungsziele (gestaffelt für 1997 und 2000), Automobilhersteller und Vertreiber können Dritte beauftragen, regelmäßige Überprüfung der Recyclinganlagen durch unabhängige Sachverständige.

Aufgrund der Verwertungs- und Entsorgungsproblematik und in Anbetracht einer sich verschärfenden Gesetzeslage wurden seit 1990 zahlreiche Projekte und Aktivitäten zur Umsetzung einer umweltfreundlichen und flächendeckenden Altautoverwertung und -entsorgung durchgeführt [5-10]. Endziel ist eine flächendeckende Sammlung und Verwertung von Alt- und Unfallfahrzeugen, wobei neben der Ersatzteildemontage (Produktrecycling) und der Metallrückgewinnung (Materialrecycling) die Trockenlegung der Fahrzeuge und die Demontage nichtmetallischer Werkstoffe zum Zweck einer stofflichen Verwertung wesentliche Bedeutung haben werden.

Die bisher durchgeführten Projekte und Aktivitäten lassen sich wie folgt charakterisieren:

- Versuche zur stofflichen, rohstofflichen (chemischen) und thermischen Verwertung von Materialien aus Altfahrzeugen,
- Versuche zur schmelzmetallurgischen Behandlung von Karosseriepaketen (Metallurgisches Recycling),
- Projekte zur Entwicklung und Optimierung von Demontagetechniken,
- Entwicklung von Demontageeinrichtungen, Demontagewerkzeugen und Trokkenlegungseinrichtungen,
- Projekte zum Aufbau von flächendeckenden Rücknahme- und Verwertungssystemen für Alt- und Unfallfahrzeuge.

In Tabelle 2.4 sind einige wesentliche Projekte und Aktivitäten der letzten Jahre in chronologischer Reihenfolge zusammengefaßt.

Tabelle 2.4. Auswahl von Projekten und Aktivitäten zum Automobilrecycling

Datum/ Zeitraum	**Maßnahmen des Gesetzgebers**	**Maßnahmen innerhalb der Automobilindustrie und in beteiligten Industriezweigen**
Januar 1990		Einweihung der VW-Pilotanlage bei der Fa. Heeren in Leer
Juli 1990	Entwurf einer „Technischen Anleitung Shredderrückstände“	
August 1990	Zielfestlegung der Bundesregierung zur Rücknahme und Verwertung von Altautos	Gründung der Studiengesellschaft „EVA“ zur Entwicklung des „Metallurgischen Recyclings“
Oktober 1990		VDA-Konzept zur zukünftigen Altautoverwertung als Antwort auf die Zielfestlegung der Bundesregierung

Datum/ Zeitraum	**Maßnahmen der Gesetzgebers**	**Maßnahmen innerhalb der Automobilindustrie und in beteiligten Industriezweigen**
Dezember 1990		Versuche zur Verschwelung von Shredderleichtmüll Bayer/Siemens-KWU
Februar 1991		Zusammenschluß der deutschen Automobilhersteller im Projekt „PRAVDA“
Juni 1991		Beginn von Demontageversuchen bei der Fa. Citroen in einer Pilotanlage bei Lyon
August 1991		IAA Frankfurt: VW, Opel und Ford sprechen kostenlose Rücknahme von einigen Modellen aus, MB und BMW wollen Altfahrzeuge zu Marktpreisen zurücknehmen
September 1991	Großversuch zur Schadstoffbestimmung in Shredderrückständen (UBA)	
Februar 1992		ADAC Demontageprojekt in Baden-Württemberg
Mai 1992		VDIK-ADAC-Recyclingprojekt in Würzburg und Lübeck
Juni 1992	Bundesregierung legt überarbeiteten Entwurf der TA-Shredderrückstände vor	
August 1992	Bundesregierung legt Entwurf zur Altautoverordnung vor	
Oktober 1992	Anhörung der beteiligten Verbände zu den Verordnungsentwürfen in Bonn	Zusammenschluß von BMW und Renault, gemeinsamer Betrieb von Demontageanlagen in Würzburg und Athis-Mons
November 1992		Beginn der F.A.RE.-Projekts von Fiat in Italien
Dezember 1992		Beginn des „EURHEKAR“-Projekts (Zusammenschluß verschiedener europäischer Hersteller in der BRD)
Januar 1993		Beginn des „M.A.R.I“-Projekts (Zusammenschluß vorrangig japanischer Hersteller in der BRD)

Datum/ Zeit	**Maßnahmen des Gesetzgebers**	**Maßnahmen innerhalb der Automobilindustrie und in beteiligten Industriezweigen**
Februar 1993		Gemeinsames Konzept zum Kfz-Recycling von VDA, VDIK, ZDK, BDS, DSV und VDM
Juni 1993	Bundesregierung legt überarbeiteten Entwurf der Altautoverordnung vor	
August 1993	Bundesregierung bekräftigt den Inhalt der Altautoverordnung und gibt deren Umsetzung ab 1994 bekannt	
September 1993		Auf der IAA in Frankfurt stellen einige Automobilhersteller ihre Konzepte für eine flächendeckende Altfahrzeugverwertung vor
September 1993		Der Energiekonzern RWE und die Verwertungsfirma Seik geben gemeinsamen Einstieg in das Automobilrecycling bekannt (Tochterunternehmen „RAP“)
Januar 1994	Bundesregierung legt überarbeiteten Entwurf der Altautoverordnung vor	
Februar 1994		Volkswagen und PREUSSAG-Automobilrecycling GmbH geben gemeinsamen Einstieg ins Automobilrecycling bekannt
Februar 1994		Mercedes und Klöckner geben gemeinsamen Einstieg ins Automobilrecycling bekannt
März 1994		Aufbau einer Großdemontageanlage für Altfahrzeuge in Bitterfeld (Fa. Barec)

Tabelle 2.4 könnte beliebig ergänzt werden, wenn man die vielen Projekte zum stofflichen Recycling von Thermoplasten [11] und anderen nichtmetallischen Werkstoffen aus dem Automobil sowie die Aktivitäten zur Entwicklung von Trockenlegungseinrichtungen und Demontageeinrichtungen aufführen würde.

Bei der Auslegung von Demontageanlagen, genannt seien die Einrichtungen in

- Bad Bentheim (Autoverwertung Tanke, Kooperation mit Preussag, einfaches Fließbandkonzept),
- Berlin (Alba / Lepkojus, Inseldemontage),
- Bitterfeld (Barec, Know-how von SKET, Magdeburg),
- Dongen / Holland (Car Recycling Systems CRS, Fließbanddemontage, vgl. Abbildung 2.4),
- Güstow (BAG, hintereinandergeschaltete Demontageplätze),
- Homburg / Saar (Centrum Automobilrecycling Saarland CARS, hintereinandergeschaltete Demontageplätze),
- Salzgitter (Preussag, Anlage im Aufbau, Noell-Technik).

Verfolgt man je nach Alt- und Unfallfahrzeugdurchsatz Demontageinsel-. oder Fließbandkonzepte. Neben den bereits genannten Firmen bieten Firmen wie Aumund, Schenck - Engineering und Thyssen - Henschel ihr technisches Know-how an.

Aufgrund der noch unklaren Gesetzeslage und der damit verbundenen unternehmerischen Risiken sind zur Zeit nur wenige der über 3.000 bundesdeutschen Altautoverwerter bereit, im größeren Umfang zu investieren; die Altautoverwertung läuft daher gegenwärtig überwiegend im „Werkstattmaßstab“ ab.

2.4 Automobilrecycling der Zukunft

Das Automobilrecycling der Zukunft läuft auf den Ebenen

- Entwicklung / Konstruktion (recyclinggerechte Werkstoffwahl und Verbindungstechnik),
- Produktion (produktionsinternes Recycling, Energieeinsatzminimierung),
- Betriebsphase (Produktrecycling, „Reparaturrecycling“) und
- Altautoverwertung

ab.

Abbildung 2.5 zeigt das Konzept für die zukünftige Altautoverwertung mit den wesentlichen Konzeptbausteinen Demontage und Trockenlegung, Produktrecycling von Bauteilen, stoffliche Verwertung von metallischen und nichtmetallischen Werkstoffen sowie Metallurgisches Recycling bzw. thermische Behandlung von Shredderabfällen.

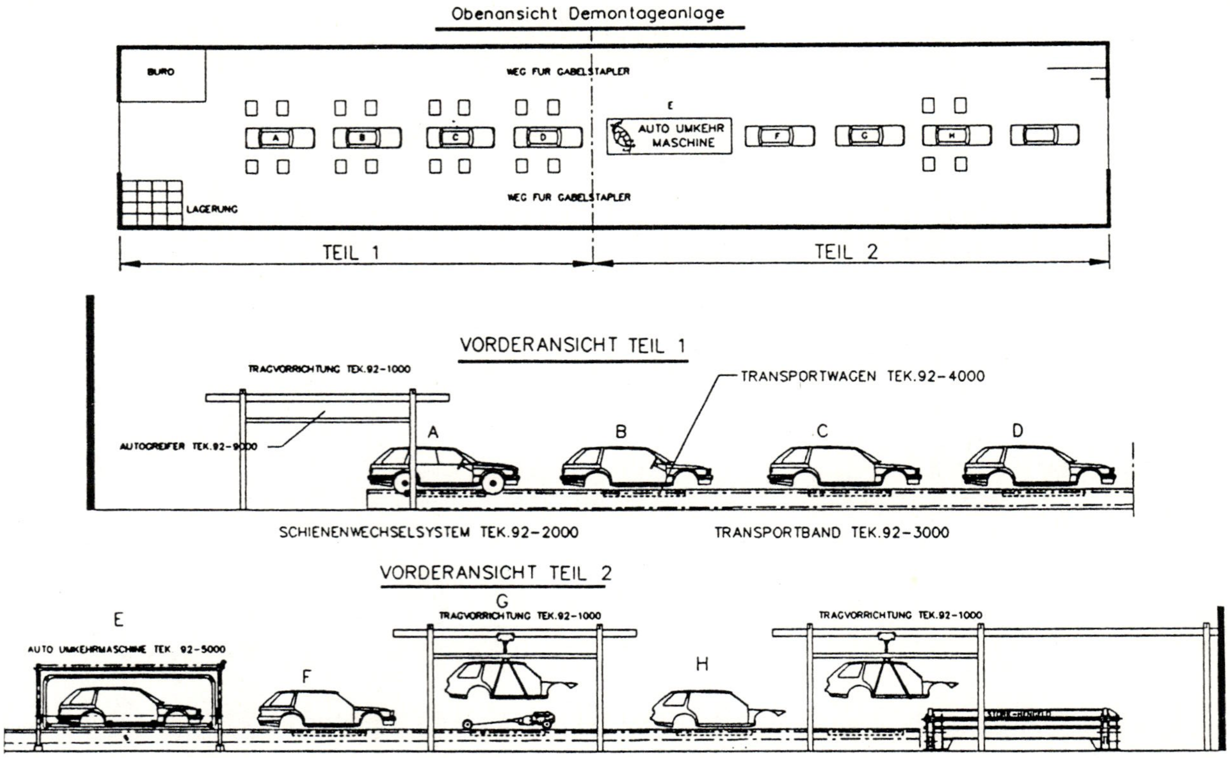

Abb. 2.4. Schematische Darstellung der Anlage von Car Recycling Systems in Dongen/Holland

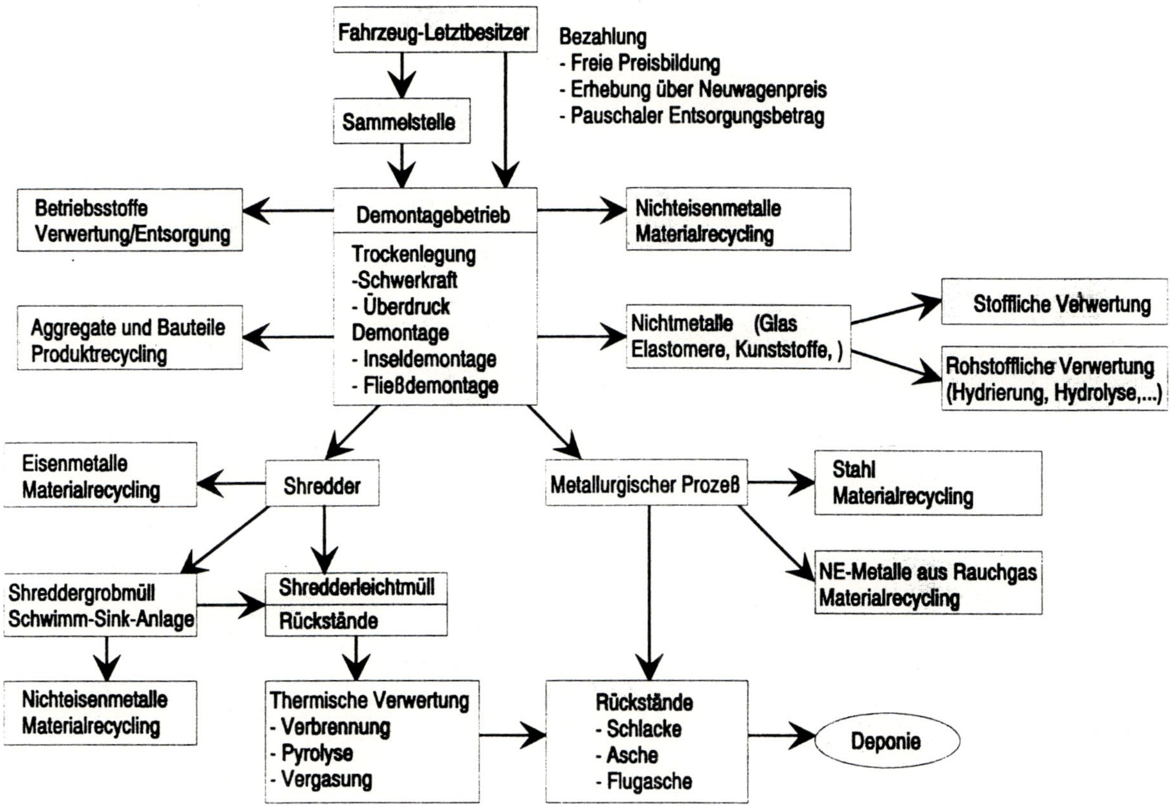

Abb. 2.5. Konzept für die zukünftige Altautoverwertung

Wie die obigen Ausführungen zeigen, wurde das technische Know-how zur Umsetzung dieses Konzeptes in den letzten Jahren intensiv erarbeitet.

Die Achillesferse in diesem Konzept stellt einerseits der hohe Kostenaufwand für die Altautodemontage (Abbildung 2.6) und andererseits das wirtschaftlich (und teilweise auch technisch) nur schwer zu realisierende Recycling von Polymerwerkstoffen dar. Diese Probleme können praktisch nur durch eine recyclinggerechte Konstruktion der gegenwärtig auf den Markt gelangenden Fahrzeuge gelöst werden, so daß erst in den nächsten Jahrzehnten mit einem effizienteren und wirtschaftlicheren Recycling zu rechnen ist.

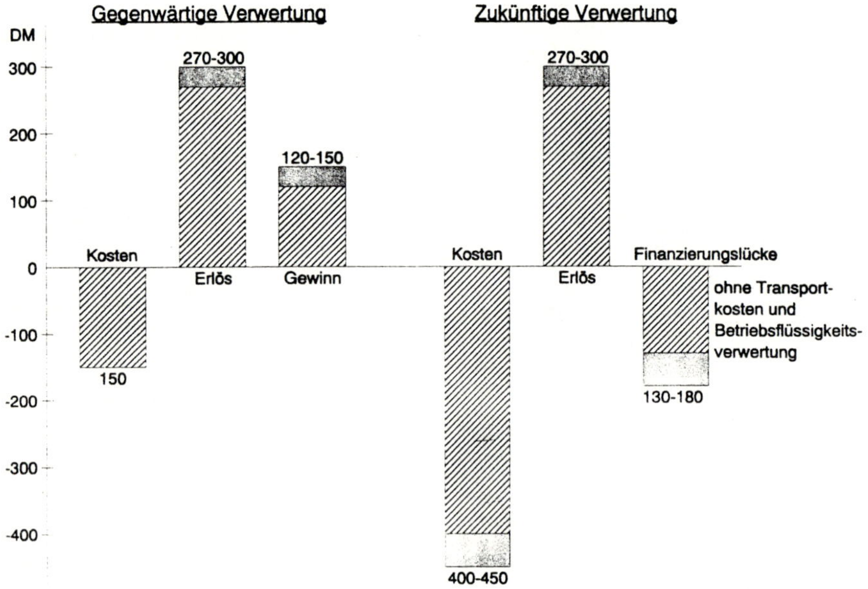

Abb. 2.6. Mittlere Kosten und Erlöse bei der gegenwärtigen und zukünftigen Altautoverwertung

2.5 Literatur

[1] Knisch, H.: Auto und Abfall. Verkehrszeichen 3 (1990).

[2] Eyerer, P.; Dekorsky, Th.; Schukert, M.; Pfleiderer, I.: Ganzheitliche Bilanzierung von Bauteilen als Entscheidungshilfe für die Auswahl von Produktentwicklungen und Recyclingverfahren. VDI Berichte 934. Düsseldorf: VDI-Verlag 1991.

[3] Studie des Heidelberger Umwelt- und Prognose-Instituts (UPI). Heidelberg 1993.

[4] Krummenacher, B.: Kunststoffe im Auto - Energieaufwand und Energierecycling. VDI - Berichte 818. Düsseldorf: VDI Verlag 1990.

[5] Schmidt, J.: Im Schrittempo - In zahlreichen Pilotprojekten werden Erfahrungen mit der Altautoverwertung gesammelt". Müllmagazin 1 (1993).

[6] Voy, C.; Schmidt, J.: „Automobilrecycling - Quo vadis", ATZ Automobiltechnische Zeitschrift 96 (1994) 3.

[7] Vgl. Beiträge in: Altautoverwertung und -entsorgung. Renningen-Malmsheim: Expert-Verlag 1995.

[8] Kurth, H. W.: Integriertes Konzept zur wirtschaftlichen Demontage und Verwertung von Altautos. Studie im Auftrag des Hessischen Ministeriums für Wirtschaft, Verkehr und Technologie (Hrsg.: Kurth, H. W.). Herborn 1994.

[9] Härdtle, G.; Marek, K.; Bilitewski, B.; Gorr, C.: Altautoverwertung, Grundlagen - Technik - Wirtschaftlichkeit - Entwicklungen. Beiheft zu Müll und Abfall 32 (1994).

[10] Vgl. Beiträge der Tagung: Fortschritte bei Altautodemontage und-verwertung. Veranstalter: Praxis-Forum Berlin, 10./11. Oktober 1994 in Offenbach.

[11] Schmidt, J.; Wester, D.: Recycling von Kunststoffen aus Automobilen. Recyclingpraxis Kunststoffe (Hrsg.: K. O. Tiltmann). Köln: Verlag TÜV-Rheinland 1993.

3 Möglichkeiten der thermischen Behandlung von Produktions- und Verwertungsrückständen

3.1 Menschliche Tätigkeit und Umwelt allgemein - Gesetze, Vorschriften, Ziele

Zwischen der Einstellung, daß ohne Rücksicht auf die Umwelt, auf die Erschöpfung von Ressourcen etc. produziert und verbraucht werden soll und der Vorstellung, daß die Natur nur zu retten sei, wenn die Menschen aussterben oder zumindest ihre Anzahl reduziert wird, liegen meiner Meinung nach eine Vielzahl von Möglichkeiten, mehr oder weniger optimal, die das normale Leben repräsentieren. Es ist - wie die Erfahrung in Osteuropa zeigt - auch nicht zweckmäßig die Auswahl dieser Möglichkeiten dem Staat, einer Behörde oder einer Partei zu überlassen, denn niemand wird stets die - wahrscheinlich kaum vorhandene, auf alle Fälle sich auf Grund der technischen Entwicklung zeitlich verändernde - einzige, optimale Lösung finden.

Es wäre meiner Meinung nach daher zweckmäßig, in Gesetzen nur Mindeststandards festzulegen und alles andere einem gerechten Interessenausgleich zuzuführen. Das heißt aber auch, daß z.B. der § 906 des BGB geändert werden müßte.

Nach dem Absatz 2 dieses § 906 BGB muß der Eigentümer eines Grundstückes die Zuführung von Gasen, Dämpfen, Gerüchen, Rauch, Ruß, Wärme, Geräusch, Erschütterung und ähnliche Einwirkungen, die von einem Nachbargrundstück ausgehen und eine wesentliche Beeinträchtigung darstellen, dulden, wenn eine derartige Benutzung ortsüblich ist und nicht durch Maßnahmen verhindert werden kann, die Benutzern dieser Art wirtschaftlich zumutbar ist. Der Eigentümer des beeinträchtigten Grundstückes kann einen angemessenen Ausgleich in Geld fordern, wenn die Einwirkung eine ortsübliche Benutzung seines Grundstückes oder dessen Ertrag über das zumutbare Maß hinaus beeinträchtigt. Diese Entschädigung war und ist wohl oft billiger als Abhilfemaßnahmen. Immerhin ist nach Absatz 3 desselben § 906 BGB die Zuführung auf das Nachbargrundstück durch eine besondere Leitung unzulässig.

Ferner müßte für Schäden, die zwar nicht einzelnen physischen oder juristischen Personen aber bestimmten Schadstoffen oder Schadstoffgruppen zugeordnet werden können, die gesamte Gruppe der Emittenten je nach dem einzelnen Beitrag zur Wiedergutmachung der Schäden bzw. zur Entschädigung herangezogen werden.

Die Abfallwirtschaft ist in letzter Zeit durch folgende Verordnungen stark beeinflußt worden [1,2]

EG-Richtlinien 89/369 und 89/429/EWG (Verhütung der Luftverunreinigung durch neue Verbrennungsanlagen für Siedlungsmüll),

- die TAG (Sonder) Abfall (Zweite allgemeine Verwaltungsvorschrift zum Abfallgesetz) vom 10. April 1990,
- die 17. BImSchV - 17. Verordnung zur Durchführung des Bundes-Immissionsschutzgesetzes (Verordnung über Verbrennungsanlagen für Abfälle und ähnliche brennbare Stoffe) vom 23. November 1990,
- die Verpackungs-VO (Verordnung über die Vermeidung von Verpackungsabfällen) vom 8. Mai 1991,
- die TA Siedlungsabfall (Dritte Allgemeine Verwaltungsvorschrift zum Abfallgesetz) vom 1. Juni 1993.

Insbesondere führt der Zuordnungsparameter 2.01 in der TA-Siedlungsabfall, d.h. der Glühverlust oder TOC von 3 % bzw. 1 % für Deponieklasse I und 5 % bzw. 3 % für Deponieklasse II dazu, daß praktisch vor jeder Ablagerung der Abfall thermisch behandelt werden muß. Allerdings hat der Bundesrat die Bundesregierung aufgefordert, bis spätestens Ende 1995 die Maßstäbe für eine ausnahmsweise oder uneingeschränkte Zulassung der umweltverträglichen Ablagerung von Rückständen aus biologisch mechanischen Behandlungsverfahren für Siedlungsabfälle zu benennen.

In § 1a AbfG (Gesetz über die Beseitigung von Abfällen AbfG. 4. Novelle zum AbfG vom 27. August 1986) und auch in der TA-Siedlungsabfall ist der Vorrang der Abfallvermeidung vor der Abfallverwertung und der Vorrang der Verwertung vor der sonstigen Entsorgung enthalten.

Es ist natürlich sehr zweckmäßig, bereits bei der Konstruktion und während der Produktion darauf zu achten,

- daß möglichst wenig Abfall entsteht und
- der unvermeidliche Abfall sortenrein erfaßt und wiederverwertet wird,
- das Auto nach Gebrauch einen einfachen aufzubereitenden Abfall darstellt, von dem möglichst viel wiederverwertet werden kann.

Trotzdem ist derzeit und wird auch in Zukunft eine thermische Behandlung für einen Teil der Produktions- und Verwertungsrückstände nicht zu vermeiden sein.

Es sollte auch aus der stofflichen Verwertung keine Ideologie gemacht werden, die dazu führt, daß mit viel Aufwand z. B. Kunststoffe aussortiert, gereinigt und wiederverwertet werden, während zur Einhaltung der nötigen Verbrennungstemperaturen Öl oder Gas in Müllverbrennungsanlagen zugefeuert werden. Mir ist leider kein Vergleich (Ökobilanz) bezüglich Kosten, Material- und Energieverbrauch und Schadstoffanfall bekannt. Klage wird allerdings bereits von Betreibern von Müllverbrennungsanlagen geführt [3], daß vom DSD zuerst eingesammelte und später als nicht verwertbar aussortierte Verpackungen wegen der konzentrierten Anlieferung zu erheblichen Heizwertschwankungen und Problemen in MVAs führen.

Ziele der thermischen Behandlung sind:

- Abfälle in verwertbare Rückstände und/oder
- in eine ablagerungsfähige Form zu überführen, letzteres vor allem unter Zerstörung z. T. toxischer organischer Bestandteile und unter Volumenreduzierung
- und/oder in den Abfällen enthaltene Energie zu nutzen.

3.2 Grundlagen

3.2.1 Definition und Zusammensetzung von Produktions- und Verwertungsrückständen

Unter Produktionsrückständen sind Abfälle zu verstehen, die während der Produktion anfallen. In der Automobilindustrie u. a. Lackschlämme (entfallen in dieser Form bei der Umstellung auf wasserlösliche Lacke), Verpackungen, Kunststoffreste, Metallreste etc. Beispielhaft zeigt Tabelle 3.1 die Zusammensetzung von Lackschlämmen.

Tabelle 3.1. Wasserfreies Lackkoagulat (im Rohzustand ca. 50 % Wasser)

ca. 70 %	Alkyd- und Melaminharze u. ä.
ca. 28 %	Pigmente (z. B. TiO_2, Fe-, Br-, CI-, Cu-, Pb-, Cr-Verbindungen
ca. 2 %	Lösungsmittel (Alkohole, Ester etc.)
	Heizwert ca. 25 $\frac{MJ}{kg}$

Unter Verwertungsrückständen sind vor allem die ca. 500.000 t/a Shredder-Rückstände (Abfallschlüssel 57801 Shredderleichtfraktion und 57802 Filterstäube) aus der Altautoverwertung zu verstehen, die gemäß TA-Abfall Anhang C in einer Sonderabfallverbrennungsanlage entsorgt werden müssen. Wegen nicht vorhandener Verbrennungskapazität ist bis 1994 die Ablagerung auf Hausmülldeponien trotz zu hohen Glühverlustes (Anhang D der TA-Abfall) und zu hoher PCB und Kohlenwasserstoff KW-Gehalte (TA-Abfall 4.4.3.1) erlaubt. Um einen Zusammenbruch der Schrott-Recycling-Wirtschaft nach 1994 zu verhindern, ist ein Entwurf einer TA-Shredderrückstände vorbereitet worden, der die oberirdische Ablagerung bei einem maximalen PCB-Gehalt von 10 mg/kg (und einem KW-Gehalt von 2 %) erlaubt [4], was bei vollständig trockengelegten Altautos, nicht aber bei Sammelschrott, eingehalten werden kann.

In Tabelle 3.2 sind die Gewichtsanteile verschiedener Stoffgruppen der Shredderleichtfraktion zusammengestellt, die einigermaßen übereinstimmen [4,5].

Tabelle 3.2. Stoffliche Zusammensetzung einer Shredderleichtfraktion

<table>
<tr><th>Stoffgruppe</th><th>Mittlerer Anteil [Gew-%] [5]</th><th>Anteil [Gew-%] [4]</th></tr>
<tr><td>Chlorfreie Thermoplasten; Hauptanteile PP, PS, ABS, PE, PA (im wesentlichen Formteile, untergeordnet Folien Styropor u. a.)</td><td>13</td><td rowspan="4">30-35</td></tr>
<tr><td>PVC (i.w. Folien, Kunstleder, Kabelummantelungen, Unterbodenschutz)</td><td>6</td></tr>
<tr><td>PUR (Schaumstoff)</td><td>7</td></tr>
<tr><td>Andere Thermo- und Duroplasten</td><td>3</td></tr>
<tr><td>Elastomere (Gummi aus Reifen, Matten Manschetten usw.)</td><td>23</td><td>30-35</td></tr>
<tr><td>Holz/Zellulose (Holz, Pappe, Papier usw.)</td><td>4</td><td></td></tr>
<tr><td>Andere Faser- und Bezugstoffe (Textilfasern, Glasfasern, Leder usw.)</td><td>6</td><td>3-5</td></tr>
<tr><td>Lack</td><td>3</td><td>3-5</td></tr>
<tr><td>Glas und Keramik</td><td>13</td><td>10-16</td></tr>
<tr><td>Eisen</td><td>13</td><td rowspan="3">0,5-4</td></tr>
<tr><td>Kupfer</td><td>1</td></tr>
<tr><td>Aluminium</td><td>3</td></tr>
<tr><td>Andere Bestandteile und Fremdstoffe (Sand, Staub, Rost, Blei, Zink, u. a.)</td><td>5</td><td>10-20</td></tr>
</table>

In Tabelle 3.3 sind die Stoffgruppen und deren Heizwerte von Hausmüll angegeben, und Abbildung 3.1 zeigt die Veränderung des Heizwertes bei Entnahme verschiedener Wertstoffe aus dem Hausmüll.
Tabelle 3.4 zeigt einen Vergleich der Heizwerte und Analysen von Hausmüll und der Shredderleichtfraktion.

Tabelle 3.3. Stoffliche Zusammensetzung und Heizwerte von Hausmüll (nach [6])

Fraktion	Anteil Hausmüll [%]	Unterer Heizwert $[\frac{kJ}{kg}]$
Papier + Pappe	20,6	10.700
Kunststoffe	5,7	31.300
Textilien	1,9	13.000
Organik	52,8	6.300
Verbundstoffe	2,0	21.300
Glas	10,8	-380
Metalle	3,7	-380
Mineralien	2,2	-380
Problemstoffe	0,3	-380
Summe	100,0	7.920

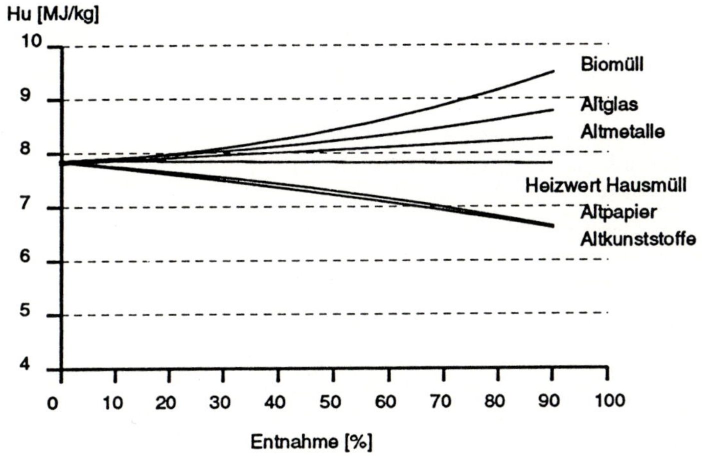

Abb. 3.1. Änderung des Heizwertes bei Entnahme verschiedener Wertstoffe in Stadtkreisen (nach [6])

Tabelle 3.4. Chemische Analyse der Automobilshredder - Leichtfraktion (nach [5])

Analysenwert	**Dim**	**Hausmüll**	**Shredderleicht-fraktion**
Gesamtfeuchte	Gew.-%	35-52	5-15
Heizwert (H_u)	MJ/kg	3.850-7.400	9-20*
Glührückstand	Gew.-%	25-34	25-65
Kohlenstoff (C)	Gew.-%	14-19	20-45
Wasserstoff (H)	Gew.-%	1-2	2-6
Stickstoff (N)	Gew.-%	0,5-0,8	0,5-1,0
Schwefel (ges.) (S)	Gew.-%	0,2-0,4	0,4-0,7
Chlor (ges.) (Cl)	Gew.-%	0,4-1,3	0,5-3
Fluor (F)	Gew.-%	0,2-0,3	0,03-0,05

*niedriger Wert bei getrennter Verwertung der Altreifen

Diese Vergleiche zeigen, daß die Shredderleichtfraktion zwar durch den höheren Gehalt an Kunststoffen einen etwas (wenn die Altreifen demontiert werden) höheren Heizwert besitzt, aber eine dem Hausmüll bzw. hausmüllähnlichen Gewerbeabfall durchaus vergleichbare Zusammensetzung hat, so daß die bewährten Müllverbrennungsanlagen - entsprechend angepaßt - verwendet werden können.

3.2.2 Verfahren der thermischen Behandlung - Übersicht

3.2.2.1 Allgemeines

Die thermische Behandlung von Abfällen hat vor allem chemische Reaktionen zum Ziel. Es laufen homogene (z. B. zwischen zwei gasförmigen Stoffen) und heterogene Reaktionen (z. B. zwischen Gas und Feststoff) ab. Ohne auf die sehr komplizierten physikalischen, strömungstechnischen und reaktionskinetischen Vorgänge näher einzugehen, kann festgestellt werden, daß für den Ablauf von Reaktionen von entscheidender Bedeutung sind:

- die Temperatur der Reaktionspartner (das umfaßt auch die Aufheizvorgänge von Partikeln etc.) und die Aktivierungsenergie,
- die gleichzeitige Anwesenheit der Reaktionspartner am selben Ort, d. h. die Konzentrationen (z. B. Luftüberschuß) (dies umfaßt großräumige Durchmischungs- und Diffusionsvorgänge; Antransport der Reaktionspartner und Abtransport der Produkte; dabei spielt auch die Turbulenz der Strömung und daher die Reynoldzahl (nach TA-Sonderabfall > 10^4 im Nachreaktionsraum) eine Rolle, aber auch die Oberfläche von Partikeln),
- die Zeit, die für die Reaktionen zur Verfügung steht (bei bestimmten Temperaturen und Konzentrationen).

Um eine möglichst gleichmäßig ablaufende Reaktion zu erhalten, und nur dadurch sind gleichmäßige Produkte (Abgasströme, Reststoffströme) aber auch eine gleichmäßigere Auslastung, Luftzufuhr etc. zu erwarten, ist es nötig, einen inhomogenen Abfall vorzubehandeln, d. h.:

- vorzusortieren,
- zu zerkleinern,
- zu homogenisieren und
- eventuell zu trocknen,

um die Voraussetzung dafür zu schaffen, daß alle Teile in etwa dem gleichen Zeitintervall die nötige Temperatur erreichen, die Durchmischung ausreichend erfolgen kann und die Oberfläche groß genug ist.

Bei der Shredderleichtfraktion dürfte dies i. allg. schon wesentlich besser erfüllt sein als z. B. beim Hausmüll.

3.2.2.2 Verfahren

Folgende Verfahren sind möglich und - zumindest in Versuchsanlagen - erprobt: In der folgenden Tabelle 3.5 sind die thermischen Behandlungsverfahren aus der Sicht der Verwertung von Kunststoffabfällen angegeben und eingerahmt von der

Regranulierung, die bei der Shredderleichtfraktion wegen der mangelnden Sortenreinheit nicht in Frage kommt und der Deponierung, der heutigen Praxis.

Tabelle 3.5. Thermische Verfahren (nach [7], mit Ergänzungen)

Verfahren	**Auswirkung auf Kunststoffe**	**Produktwert DM/t**	**Stand der Technik für Shredderleichtfraktionen**
Regranulierung[2]	Erhalt des Polymers	ca. 400-700	praktisch nicht anwendbar
Hydrierung	Erhalt der Grundstruktur	ca. 300	Versuchsanlagen, Abtrennung der Nichtkunststoffe nötig
Pyrolyse	Teilerhalt der Grundstruktur	ca. 170	Versuchsanlagen, 1 kommerzielle Anlage
Vergasung	Umwandlung zu Synthesegas	<100	Versuchsanlagen
Verbrennung[1]	energetische Nutzung (Strom, Fernwärme)	<100	großtechnisch seit Jahrzehnten erprobte Technik
Deponierung[2]	keine Nutzung	ca. -100	heutige Praxis

[1] enthält die Pyrolyse und anschließende Verbrennung der Pyrolysegase (homogene) und des Restkoks (heterogene Reaktion)

[2] keine thermischen Verfahren

Der Grund, daß auch heute noch der Großteil der Abfälle und die Shredderleichtfraktion deponiert werden, sind die Investitions- und Betriebskosten der Anlagen, die durch den Produktwert bei weitem nicht gedeckt werden, z. B. kostet in Neu-Ulm laut [2] die Verbrennung 329,- DM/t und die Deponierung in Frankreich 50,- DM/t.

3.2.2.3 Kurze Verfahrensbeschreibungen (siehe auch [7, 8 - 10])

Hydrierung

Bei der Hydrierung werden die Makromoleküle der Kunststoffe (PVC-Cl, Polyamide-N, Polyester-O, vulkanisierte Kunststoffe-S) thermisch zu flüssigen und gasförmigen Zwischenprodukten gespalten. Diese instabilen Zwischenprodukte werden mit Wasserstoff abgesättigt und dadurch in stabile Endprodukte (Öl-vergleichbare Zusammensetzung wie Rohöl und Gas) überführt. Die Heteroatome (Cl, N, O, S) werden abgespalten, verbinden sich mit dem Wasserstoff und können so abgetrennt und weiterverwendet oder entsorgt werden. Durch Hydrierung verwertbar sind z. B.: Bitumen, Altöle, beladene Aktivkohle, gebrauchte Lösungsmittel, Lackschlämme, Kunststoffabfälle, Verbundwerkstoffe. Je größer der Ballastanteil um so ungünstiger ist das Verfahren, um so geringer ist die Ausbeute an hochwertigem Öl (die Shredderleichtfraktion ergibt keine flüssigen KW, sondern nur 83 % fließfähige Rückstände) und um so höher ist der Rückstand. Die Shredderleichtfraktion müßte also vorsortiert, d. h. in eine kunststoffreiche und kunststoffarme Fraktion getrennt werden. Nur die kunststoffreiche Fraktion könnte sinnvoll hydriert werden.

Technikumsanlagen werden betrieben von der Veba Oel AG in Bottrop und von RWE-Forschung und Entwicklung mbH in Wesseling.

Pyrolyse
In Tabelle 3.6 werden die Reaktionsbedingungen der Hydrierung und der Pyrolyse verglichen.

Tabelle 3.6. Umsetzungen durch Pyrolyse bzw. Hydrierung (nach [7])

Reaktionsbedingungen	**Pyrolyse**		**Hydrierung**	
Druck	0,1-1 MPa (Sauerstoffausschluß)		10 - 30 MPa (Wasserstoff)	
Temperatur	200° C-600° C Schwelung 700° C 600° C-900° C Verkohlung		300-500° C	
Einsatz	PE/PP	Kunststoff aus Hausmüll	PE/PP	Kunststoff aus Hausmüll
Produkte % (m/m)				
- Gase	51	47	7	17
- KW	42	27	90	65
- Rückstand	6	30	3	18

Charakteristisch ist für die Pyrolyse der atmosphärische Druck, der Sauerstoffabschluß und eine im allgemeinen etwas höhere Temperatur von ca. 700° C, für die Hydrierung der Druck von 100-300 bar, der Wasserstoffzusatz und ein etwas niedriger Temperaturbereich von 300-500° C.

Die Wärmezufuhr erfolgt bei der Pyrolyse über Wärmeträger (aufgeheiztes Gas oder aufgeheizter Koks, Wirbelschicht) oder über Heizflächen (z. B. beheizte

Trommel). Es gab bereits zahlreiche Pyrolyse-Versuchsanlagen. Einen Überblick gibt [11]. Es wird eine Hausmüllpyrolyseanlage in Burgau großtechnisch mit zufriedenstellenden Ergebnissen betrieben [12] und ebenso eine Schwelbrenn-Pilotanlage in Ulm-Wiblingen, deren Emissionen die Grenzwerte der 17. BImSchV einhalten bzw. teilweise erheblich unterschreiten (vgl. Kapitel 12). Die Pyrolyse ist ein wesentlicher Verfahrensschritt der Schwelbrennanlage.

Vergasung

Unter Vergasung (vgl. z. B. [9]) versteht man die möglichst vollständige Umsetzung der organischen Bestandteile mit Vergasungsmitteln wie Wasserdampf, CO_2, O_2, Luft oder Gemischen davon zu gasförmigen Produkten (heterogene Reaktionen). Bei der Vergasung mit Wasserdampf reagiert der Kohlenstoff über die „heterogene Wassergas-Reaktion" ($C+H_2O = CO+H_2$), wobei sich ein Gemisch aus Kohlenmonoxid und Wasserstoff bildet. Weitere Reaktionen, bei denen auch CH_4 entsteht siehe [13].

Die Wärmezufuhr für die endothermen Reaktionen kann

- über Heizflächen oder Wärmeträger (allotherm) oder
- durch Teilverbrennung (autotherm, Sauerstoff oder Luftzufuhr)

erfolgen.

Die Vergasung kann entweder im Festbett, in der Wirbelschicht, im Flugstrom oder Eisenbad durchgeführt werden. Über erste Versuche in den USA wird schon in [14] berichtet. In letzter Zeit gibt es wieder neue Versuchsanlagen (HTV-VOEST-Alpine, Thermoselect)

Verbrennung

Bei der Verbrennung erfolgt eine möglichst vollständige Oxidation vor allem der organischen aber auch sonstiger oxidierbarer Stoffe vor allen zu CO_2, H_2O und SO_2.

Es ist wichtig, daß an jedem Ort zu jeder Zeit ausreichend Sauerstoff vorhanden ist. Zu wenig Sauerstoff führt

- zu unvollständiger Verbrennung
- und geringer Wärmefreisetzung, d. h. niedrigeren Verbrennungstemperaturen (einen Hinweis darauf geben die adiabaten Verbrennungstemperaturen bei Luftüberschüssen <1).

Bei sehr hohem Luftüberschuß sinkt die adiabate Verbrennungstemperatur ebenfalls, was ebenfalls zu einer unvollständigen Verbrennung führen kann. In gewissem Umfang kann die Verminderung der abiadaten Verbrennungstemperatur bei höherem Luftüberschuß ausgeglichen werden durch eine erhöhte Lufttemperatur.

Es gibt daher einen optimalen Bereich des O_2-Gehaltes im Abgas, der eine möglichst vollständige Verbrennung gewährleistet und natürlich anlagen- und müllspezifisch ist. Diese Zusammenhänge sind in [11] ausführlich dargestellt.

Bei der Verbrennung sind insbesondere auch entscheiden

- eine gleichmäßig regelbare Müllaufgabe (Stößel, Zuteilerrost),
- ein entsprechend [15] regelbarer Transport mit Durchmischung durch die Verbrennungszonen, die (nicht exakt abgrenzbar) folgendermaßen eingeteilt werden können:

Trocknungszone
Entziehung der Feuchtigkeit, Wärmezufuhr durch Abstrahlung der Feuergase bzw. Konvektion oder durch Rauchgasrückführung von unten durch den Trocknungsrost. Trocknungsbrüden müssen mit Sicherheit eine Temperaturzone von mindestens 800° C durchziehen, um eine Schadstofffreiheit und Geruchslosigkeit der Gase zu erreichen. Nach den neuen Vorschriften sind eine Nachbrennkammer und 2 s bei mindesten 850° C und >6% O_2 vorzusehen.

Wandlungszone
(Entgasung, Schwelung): In der Wandlungs- oder Durchwärmzone wird der Müll zum Zünden reif gemacht. Dabei entweichen dem Müll Schwelgase, die bereits bei einer Temperatur von ca. 250° C zünden, während die Zündtemperatur des festen Kohlenstoffs bei etwa 750° C liegt.

Durchbrandzone
(Verbrennung der flüchtigen Bestandteile): Bei stetiger Erwärmung werden alle flüchtigen Bestandteile frei und verbrennen. Die Müllschicht zündet durch, wobei im Müll-Brennstoffbett die örtliche Zündtemperatur von 400° C überschritten wird. Bei niedrigen Müllheizwerten muß die Zündung und Verbrennung durch eine Stützfeuerung gesteuert werden.

Abbrand
(Verbrennung des Kohlenstoffes): Die Erwärmung des Materials steigt weiter auf über 750° C. In diesem Bereich ist eine erhöhte Luftzugabe notwendig, um einerseits den festen Kohlenstoff zu verbrennen und andererseits die Roststäbe zu kühlen.

Um die Rückstände möglichst gering zu halten, muß das noch brennbare Bestandteile enthaltene Material möglichst lange in einer Zone hoher Temperatur, die jedoch unter dem Schlackenschmelzpunkt liegen muß, verbleiben.

In Anlehnung an 3D-Simulationen [16 - 20] von Kohlenstaubbrennkammern und zirkulierenden Wirbelschichtfeuerungen wird derzeit am Institut für Wärme- und Brennstofftechnik an der 3D Simulation einer Müllrostfeuerung gearbeitet.

Die für die Berechnung der Verbrennung und Feuerung entwickelten Modellvorstellungen sind wegen der heterogenen Brennstoffzusammensetzung bei der Müllverbrennung noch komplexer (vorgeschrieben sind nach der TA-Luft für Anlagen mit einem Massenstrom von mehr als 0,75 t/h, daß im Feuerraum oder in einem ihm nachgeschalteten Nachverbrennungsraum bei einem Volumengehalt an O_2 im Abgas von mindesten 6% und bei einer Verweilzeit von mindestens 0,3 s eine Mindesttemperatur von 800° C eingehalten wird).

Maßverfahren (Schallpyrometrie) und Regelungsmöglichkeiten für Rostfeuerungen werden in [11] beschrieben.

3.2.3 Anlagenübersicht

Diese thermischen Behandlungsverfahren können in gewissen Grenzen unterschiedlich technisch realisiert werden. Die folgende Tabelle 3.7 gibt eine Übersicht über Realisierungstypen.

Tabelle 3.7. Anlagentypen

Hydrierung	Versuchsanlage **Veba Oel** AG in Bottrop (1991: 122.000 t Vakuumrückstand aus Raffinerieprozeß 7.300 t flüssige Rohstoffe, 3.300 t PCB-haltige Öle, 1.400 t festes Altmaterial - 103.000 t synthet. Öl, 14.400 t Entspannungsgas und 18.200 t Hydrierrückstände) [10] Versuchsanlage **RWE** Ges. f. Forschung und Entwicklung in Wesseling [7].
Pyrolyse	
Kiener-Pyrolyse	Drehrohrversuchsanlage in Goldshöfe bei Aalen, jetzt KWU, weiterentwickelt zu Schwelbrennverfahren, 0,2 t/h Durchsatz, Pilotanlage in Ulm-Wiblingen
BKMI-Pyrolyse	Drehrohr (Deutsche Babcock) kommerzielle (2x3 t/h) Hausmüllpyrolyseanlage in Burgau
Salzgitter-Pyrolyse	Drehrohr (C. Otto-Verfahren, SPG Salzgitter Pyrolyse GmbH), Versuchsanlage 6 t/h Durchsatz,
DRP-Verfahren	Wirbelschicht (ABB-Mannheim, Pyrolyse von Altreifen und Kunststoffabfällen 2x0,6 t/h Durchsatz, Pilotanlage
Noell-DBI	Pyrolyse mit Staubdruckvergasung von Moell DBI (Komponentenerprobung)
VTA	Pyrolyse mit Staubdruckvergasung von VTA, Komponentenerprobung

Vergasung	
Hochtemperatur-Vergasung	HTV von Voest-Alpine, Demonstrationsanlage 650 kg/h
Thermoselect-Verfahren	Verfahren von Thermoselect [21], Demonstrationsanlage 4 t/h
Noell DBI-Druckvergasung	von Noell DBI, Komponentenerprobung
Verbrennung	
Roste: Rück-schubrost	(für niedrige Heizwerte), Martin
Vorschubrost	Deutsche Babcock, Steinmüller, EVT, von Roll, K+K
Walzenrost	Deutsche Babcock [22]
Drehrohrofen	vgl. [11]
Schwenktrommel	in Frankreich häufig verwendet
Etagenofen	für Schlämme, Lurgi
Wirbelschicht	stationär intern, extern zirkulierend vgl. [11]

3.3 Beschreibung ausgewählter Verfahren

3.3.1 Schwel-Brenn-Anlage

Der Abfall wird zerkleinert in einer ersten Stufe unter Sauerstoffabschluß bei etwa 450° C in einer Schweltrommel verkohlt. Das dabei entstehende Schwelgas sowie ein stark kohlenstoffhaltiger Staub mit dem Heizwert von Braunkohle werden anschließend in einer Hochtemperaturstufe bei 1300° C verbrannt. Feste Bestandteile wie Metalle, Glas und Steine werden getrennt aussortiert, nachdem der Müll die Schweltrommel durchlaufen hat. Sie sind jetzt von organischen Stoffen befreit und weisen einen hohen Reinheitsgrad aus - sie sind hygienisiert. Die im kohlenstoffhaltigen Staub noch vorhandenen Feststoffe werden in der Hochtemperaturstufe eingeschmolzen. Sie werden in Wasser zum Erstarren gebracht. Daraus entsteht ein vielseitig verwendbares Granulat. Seine Struktur gewährleistet, daß in ihm die Schadstoffe eingeschlossen sind und nicht ausgewaschen werden.

Kessel - sowie Elektrofilterstaub aus der Rauchgasreinigung werden in die Brennkammer der Hochtemperaturstufe geleitet und in das glasartige Schmelzgranulat eingebunden. Diese Rückstände müssen also nicht gesondert entsorgt werden. Daher ergibt sich eine sehr hohe Recyclingquote. Nur das Reaktionsprodukt aus der Rauchgasreinigung ist als Sondermüll zu behandeln. Je nach Rauchgasreinigungsverfahren sind das zwischen 1 kg und 24 kg pro 1000 kg Müll, oder anders ausgedrückt: 0,1 bis 2,5 Prozent der Ursprungsmasse (die geringste Entsorgungsquote ergibt sich mit 0,1 bis 0,3 Prozent, wenn auch die wiederum verwertbaren Produkte Salzsäure und Gips abgetrennt werden).

Alles andere, insgesamt etwa 282 kg, ist verwertbar. Im einzelnen sind das 140 kg Granulat (als Betonzuschlag oder im Straßenbau), 110 kg Steine und Glas (Straßenbau, Landschaftsbau, Verfüllung von Steinbrüchen z. B.) sowie rund 32 kg Metall, getrennt nach Eisen- und Nichteisenmetall (Rückführung in den Kreislauf).

Außerdem kann die beim Schwel-Brenn-Prozeß freiwerdende Wärme zur Stromerzeugung und/oder Fernwärmeversorgung genutzt werden. Je Tonne Müll sind das 350 bis 500 Kilowattstunden Strom.

3.3.2 HTV-Verfahren

Bei Temperaturen von 1600° C werden alle organischen Verbindungen zerstört. Nichtflüchtige Verbindungen werden zu einer chemisch hochbeständigen mineralischen Schlacke geschmolzen, die infolge ihrer harten, glasigen Matrix einen hochwertigen Baustoff darstellt. Nur 1 % des eingesetzten Abfalls muß „derzeit" in Form der Filterkuchens aus der Abwasserreinigung der Gaswäsche deponiert werden. Das Reingas kann „besonders umweltfreundlich mit hohem thermischen Wirkungsgrad industriell" genutzt werden.

Angeblich können Flüssigkeiten wie Altöle, Lösungsmittel, Schlämme wie Farbschlämme, Klebstoffe, Kunstharze und Feststoffe wie Kunststoffabfälle, Autoshredderleichtfraktionen etc. vergast werden. Nach [8] kam es aber in der Versuchsanlage zu Problemen. Die Flugaschen wurden weich und klebrig und machten das E-Filter funktionunstüchtig (Folge: Cd-Durchbrüche). Außerdem konnten die Unterschiede der Einsatzstoffe nicht eingeebnet werden.

Nach Angaben von Voest-Alpine konnten alle Emissionsgrenzwerte in der mittlerweile stillgelegten Anlage eingehalten werden.

3.3.3 Thermoselectverfahren

Nach [21] hat Thermoselect das Müllproblem mit „Wertstoffgewinnungsraten >99,5 %" gelöst. Abbildung 3.2 zeigt das Verfahrensschema.

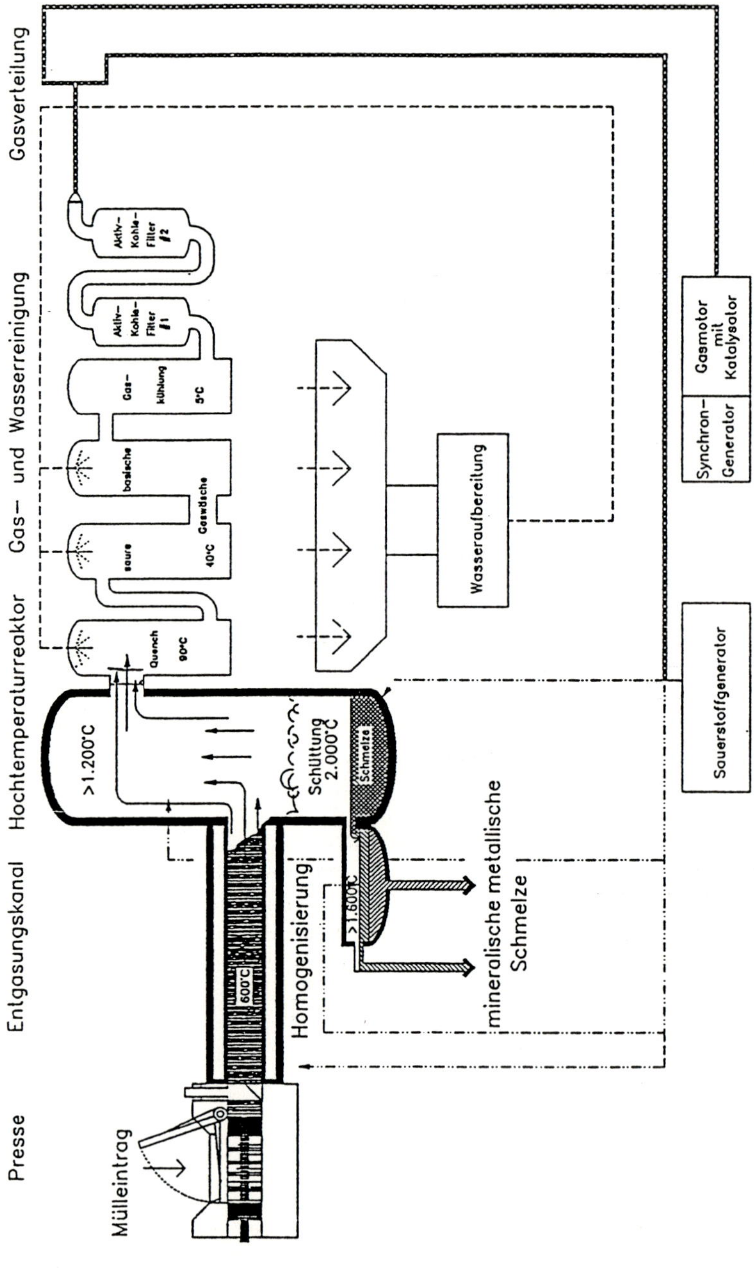

Abb. 3.2. Verfahrensschema Thermoselect

Leider tauchen bei näherer Untersuchung immer neue ungelöste Probleme auf, die sicher prinzipiell lösbar sind, aber das scheinbar so einfache Verfahren kompliziert machen - wie alle anderen auch.

3.3.4 Roste

Von den 134 Feuerungen in 48 Hausmüllverbrennungsanlagen in der BRD sind 77 Schubroste, 53 Walzenroste und 4 (Stufen-) Wanderroste. Abbildung 3.3 zeigt drei Möglichkeiten der Feuerungsgestaltung bzw. Rauchgaszuführung.

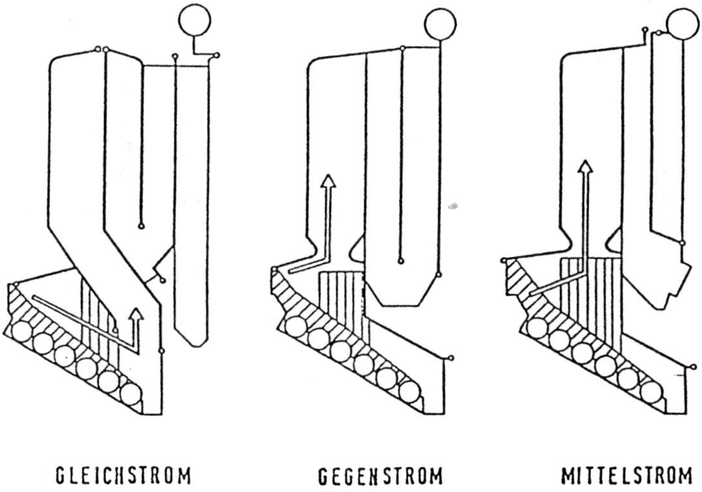

Abb. 3.3. Feuerraumgestaltung und Rauchgasführung

Bei der Gleichstrombauweise strömen Rauchgas und Müll in gleicher Richtung. Die Schwelgase aus der Trocknungs- und Wandlungszone müssen daher zwangsläufig durch die heißeste Zone strömen und brennen dabei aus. Nachteilig ist, daß die Einstrahlung auf die Trocknungs- und Wandlungszone schlecht ist. Die Zündung muß daher insbesondere bei heizwertarmen Müll durch hohe Lufttemperaturen in diesem Bereich bzw. durch Zündbrenner unterstützt werden. Bei der Gegenstrombauweise macht die Zündung keine Probleme, dafür aber die Abströmung von Schwelgassträhnen ohne ausreichenden Ausbrand. Beim Mittelstrom wird ein Kompromiß versucht, wobei die Einschnürung und die Sekundärluftzufuhr dort eine Verwirbelung kalter Schwelgase und heißer Rauchgase und einen ausreichenden Ausbrand der Schwelgase bewirken soll.

Natürlich haben auch die Feuerraumwände einen großen Einfluß auf die Temperaturverteilung im Feuerraum. Sie sollen eine zu starke Abkühlung vermeiden, andererseits aber auch nicht zu Verschlackungen führen. Folgende Ausführungen sind möglich:

- Flossenrohrwände, bestiftet und bestampft (relativ starke Wärmeabfuhr),
- SIC-Taillensteine mit Verdampferrohren zur Wandkühlung,
- vollkeramische Wand.

Folgende Anforderungen sind an Roste zu stellen:

- Die Rostluft (Primärluft) sollte in verschiedenen Abschnitten getrennt geregelt werden können, d. h. den Feuerungsverhältnissen angepaßt werden können und möglichst wenig durch den Kühlbedarf beeinflußt werden. Dazu gehört auch, daß die Luftschlitze trotz thermischer und mechanischer Beanspruchung ihre Gestalt beibehalten und der Luftaustritt möglichst gleichmäßig erfolgt, d. h. der Druckverlust im Rost (Roststabwiderstand) muß ausreichend hoch sein gegenüber dem Druckverlust der Müllschicht.
- Die Transportgeschwindigkeit des Rostes sollte in verschiedenen Abschnitten getrennt geregelt werden können.
- Es muß für eine ausreichende, aber gleichmäßige Schürung gesorgt sein (Roststürze schüren eher zu plötzlich).

Besondere Bedeutung kommt auch der Mülldosierung (mit Stößel oder Aufgabewanderrost), der Verhinderung von Falschlufteinbrüchen durch eine ausreichende Füllung des Aufgabetrichters (Füllstandüberwachung, Klappe) zu.

Von den verschiedenen Rostbauarten sollen nur Rückschubrost, Walzenrost und Vorschubrost näher beschrieben werden [11, 22, 23].

Rückschubrost

Wichtigster Lieferant von Rückschubrosten ist die Firma Martin. Der Martin - Rückschubrost ist ein Schrägrost mit einer Neigung zur Horizontalen von 26°. Feste und bewegliche Roststäbe sind abwechselnd angeordnet, die beweglichen führen aufwärtsgerichtete Schürbewegungen aus. Die Hubfrequenz wird in Abhängigkeit von der Müllbeschaffenheit gesteuert, sie beträgt 0,5 bis 1 Hub pro Minute. Der abgegebene Müll wird bereits auf dem Beschicktisch vorgetrocknet, da dieser Bereich der Flammenstrahlung ausgesetzt ist. Weitere Trocknung und Zündung finden dann im vorderen Bereich des Rostes statt. Einen Vergleich des Verbrennungsablaufs auf Rückschub- bzw. Vorschub zeigt Abbildung 3.4.

Die Verbrennungsluftzufuhr erfolgt durch Schlitze in den Roststäben, die auf diese Weise gleichzeitig gekühlt werden (Abbildung 3.5). Der Druckabfall beim Durchströmen des Rostes ist mit ca. 10 mbar gezielt hoch eingestellt, damit unvermeidliche Schwankungen im Druckabfall der Müllschicht den Luftstrom nur relativ wenig beeinflussen. Erkauft wird dieser Vorteil durch höhere Gebläsekosten. Durch die der natürlichen Abwärtsbewegung entgegengerichtete Schürbewegung wird immer wieder Glut in die Anfangszone des Rostes geschoben, so daß dort Trocknung und Zündung des Mülls sichergestellt sind.

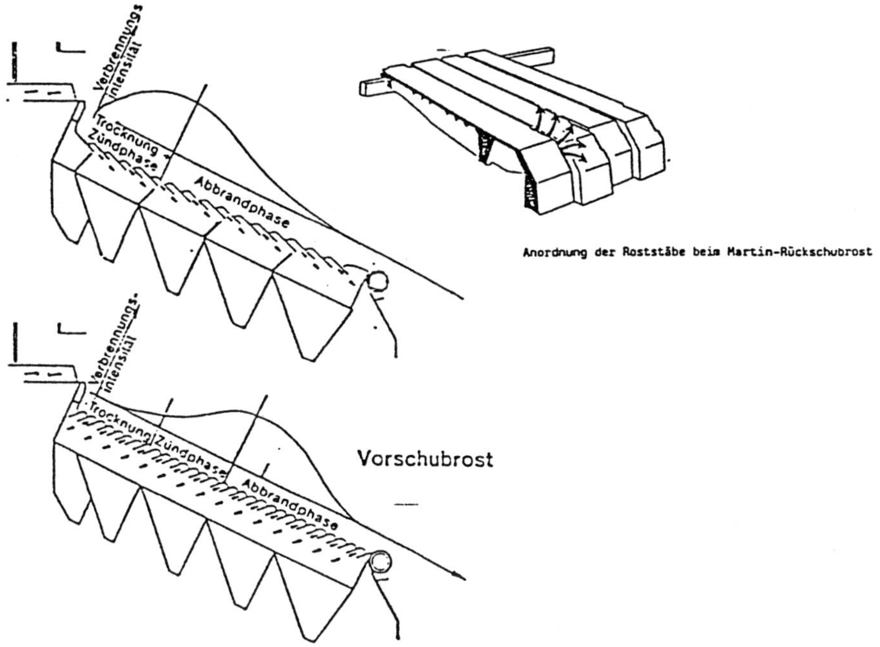

Abb. 3.4. Schematische Darstellung der Verbrennungsentwicklung auf einem Rückschubrost und einem Vorschubrost

Vorschubrost
Ähnlich wie der Rückschubrost besteht auch der Vorschubrost aus abwechselnd angeordneten festen und beweglichen Roststäben. Die Schürbewegungen laufen allerdings in die Richtung, in der der Müll die Feuerung passiert. Lieferanten sind die Firmen Babcock, Steinmüller EVT, van Roll, K + K.

Roststürze (Rostzonen mit Höhendifferenz) sind wegen der plötzlichen Mischung (getrennt regelbare Luftzufuhr wäre nötig) nicht generell zu empfehlen. Vorschubroste können in Strömungsrichtung (abwärts) geneigt (z.B. EVT 8°) oder auch horizontal sein.

Abbildung 3.5 zeigt die Primärluftzufuhr in einem EVT-Vorschubrost.

Die Primärluft strömt durch die Roststäbe, kühlt diese und wird dadurch noch etwas aufgewärmt und strömt über Düsen (hoher Widerstand) horizontal in die Müllschicht, was die Bildung von Kratern eher vermeidet und zu einer gleichmäßigen Luftverteilung beiträgt. Die hohe Geschwindigkeit in den Düsen hilft Verstopfungen zu vermeiden.

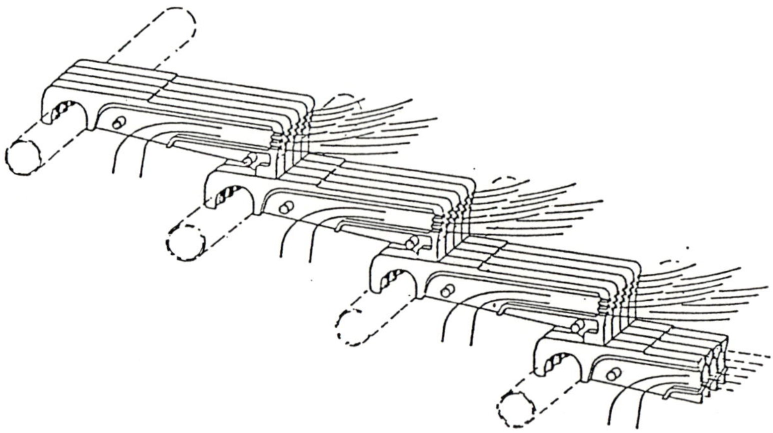

Abb. 3.5. Primärluftführung mit Rostbelag

Sehr günstig für die gezielte Luftzufuhr auch in Verbindung mit Pyrodedektoren und einer entsprechenden Regelung ist die Unterteilung des EVT-Vorschubrostes in Bahnen und Zonen (Abbildung 3.6).

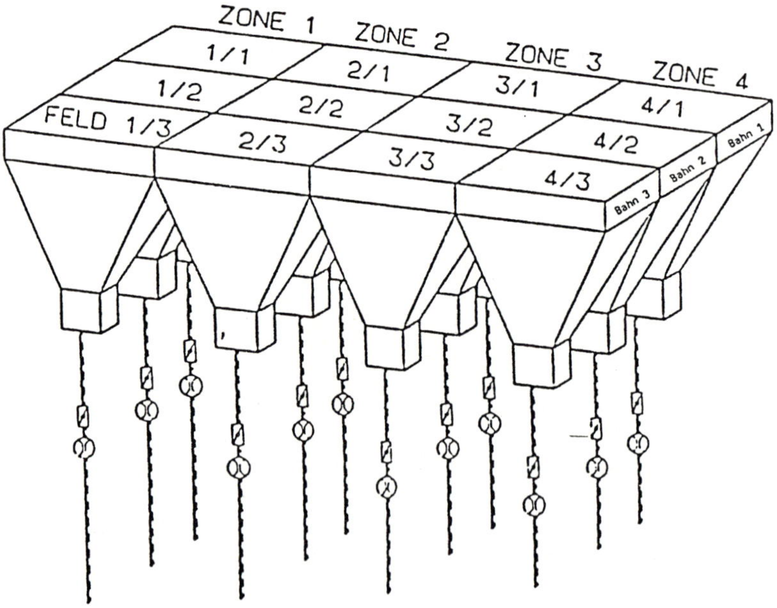

Abb. 3.6. Modulprinzip des Vorschubrostes mit Bahnen und Feldern

Dabei wird die Luftzufuhr zu jedem Feld einzeln gemessen und geregelt.

Der Ausbrand der Rauchgase oberhalb der Rostfeuerung wird durch Sekundärluftdüsen unterstützt. In Blasrichtung und Eindringtiefe unterschiedliche Sekundärluftströme bewirken eine Verwirbelung der nicht ausgebrannten Rauchgassträhnen und liefern den erforderlichen Restsauerstoff.

Walzenrost

Der Walzenrost wird hauptsächlich von der Deutschen Babcock AG weltweit angeboren und gebaut. Der Rost besteht aus hintereinander angeordneten Walzen von 2,5 m Durchmesser, deren Breite an Mülldurchsatz und Heizwert angepaßt wird. Die Achsen der Walzen liegen in einer um 30° zur Horizontalen in Müllströmungsrichtung abwärts geneigten Ebene. Die Drehzahl der Walzen beträgt 1 - 3 Umdrehungen pro Stunde und kann für jede Walze einzeln stufenlos eingestellt werden, um so den Müllfluß den Verbrennungsablauf anzupassen. Abbildung 3.7 zeigt die Anordnung der Walzen im Feuerraum.

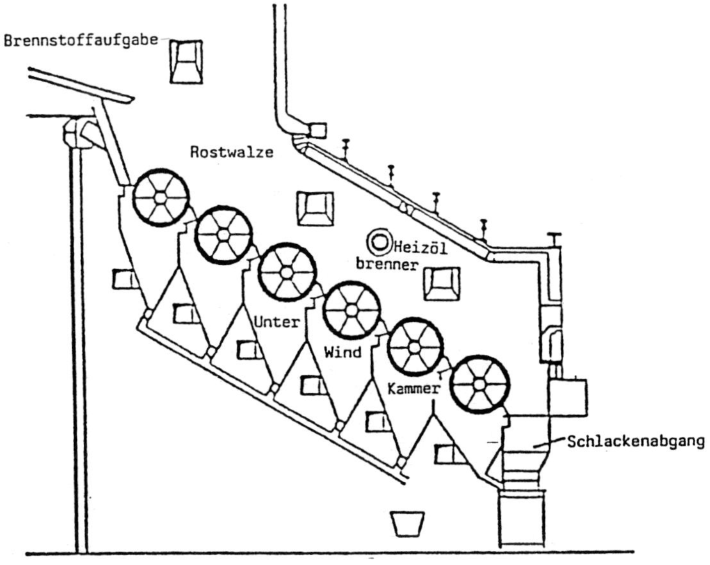

Abb. 3.7. Walzenrost - Anordnung der Walzen im Feuerraum

Man erkennt zu jeder Walze eine Unterwindkammer, so daß auch die Luftzufuhr örtlich der Verbrennung angepaßt werden kann (Δp = 5 mbar - geringe Gebläsekosten). Die Walzenoberfläche weist Taschen auf, die eine ständige Wendung des Mülls gewährleisten und die zum Transport erforderlich sind. Beim Übergang von einer Walze zur nächsten wird die Müllschicht vergleichmäßigt, so daß offene Stellen, hervorgerufen durch besonders schnellen Ausbrand, wieder geschlossen werden. Der am Ende der ersten Walze befindliche Müll brennt oft schon; nach dem Abwurf auf die zweite Walze liegt er unten und stellt ein Grundfeuer dar, welches dann die Zündung des anderen Mülls sicherstellt.

Der Walzenrost zeigt eine geringe Verschmutzungsneigung. Die thermische Belastung der Walzenelemente ist gering, da sie die meiste Zeit aus dem Feuer herausgedreht sind. Auch in der Brennkammer liegt die Rosttemperatur nicht über 40° C. Ein Problem ist die Abdichtung der Walzenzwischenräume, diese erfolgt heute zumeist durch eine Art Bürste aus Drahtseil, die als Abstreifer dient.

3.3.5 Drehrohr

Drehrohröfen basieren auf einer seit Jahrzehnten bewährten Technologie, die z. B. in der Zement- und Kalkindustrie angewendet wird und auch zum Rösten von Erzen [24]. In der Abfallbeseitigung werden sie vor allem für die Verbrennung heizwertreicher Sonderabfälle eingesetzt.

Wesentliches Bauelement von Drehrohröfen ist eine geneigte zylindrische Trommel, die um die Längsachse rotiert. Den schematischen Aufbau eines Drehrohrofens zeigt Abbildung 3.8.

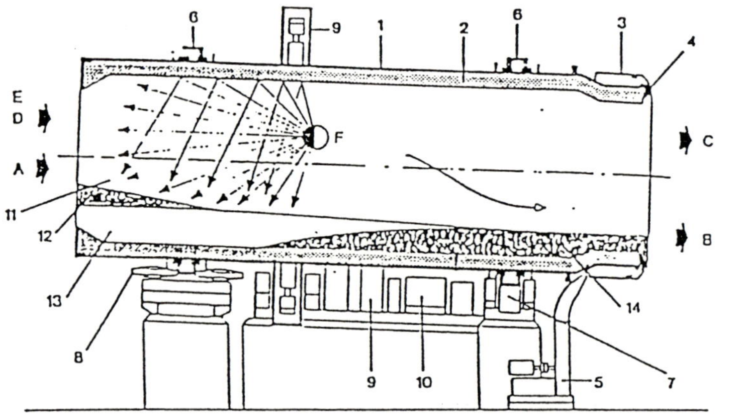

A Abfälle
B Asche/Schlacke/Austrag
C Rauchgase
D Zusatzbrennstoff
E Verbrennungsluft
F Wärmestrahlung

1 Drehrohrmantel
2 Feuerfeste Auskleidung
3 Auslaufschuß
4 Abschluß-Segemente
5 Kühlluftventilator
6 Laufringe
7 Laufrolle

8 Ofenlängsführung
9 Zahnkranz
10 Regelbarer Antrieb
11 Wasserdampfzone
12 Abfälle
13 Brennbares
14 Asche/Schlacke

Abb. 3.8. Schematische Darstellung eines Drehrohrofens

Die Rotation der geneigten Trommel bewirkt eine Durchmischung des Mülls bei gleichzeitigem Transport zum tiefer gelagerten Ende. Die Drehzahl liegt in der Regel zwischen 0,05 und 2 U/min.

Übliche Abmessungen von Drehrohröfen sind eine Länge von 8 - 12 m bei einem Durchmesser von 1 - 5 m. Sie erzielen Durchsätze von 0,1 - 20 t/h. Abhängig davon, ob die Verbrennungsluft die Trommel in gleicher oder entgegengesetzter Richtung wie der Müll passiert, unterscheidet man Gleich- und Gegenstrombetrieb.

Der Gegenstrombetrieb wird wegen der nötigen Aufheizung bei Abfällen mit niedrigem Heizwert (Hu<8 MJ/kg) angewandt. Dabei werden im allgemeinen Schwelgase etc. freigesetzt und eine Nachbrennkammer ist unbedingt erforderlich. Da sich bei heizwertarmen und feuchten Abfällen die Zündgrenze in Richtung auf den Ausgang verschiebt und somit der Ausbrandweg verkürzt wird, werden oft Zusatzbrenner im Bereich des Trommelanfangs installiert, die ein rechtzeitiges Zünden sicherstellen sollen.

Bei der Sonderabfallverbrennung wird meistens der Gleichstrombetrieb gewählt. Weil sowohl die Verbrennungsluft bzw. das Rauchgas als auch die Schlacke sich auf dem Weg durch den Ofen erwärmen, tritt am Austritt eine sehr hohe thermische Belastung auf. Damit die Trommel dieser Belastung standhält, ist sie mit feuerfestem Material ausgemauert.

Da der Kontakt von Verbrennungsluft und Brennstoff im Drehrohrofen, zumal bei flüssigen und pastösen Brennstoffen mit geringer spezifischer Oberfläche nur schwer sicherzustellen ist - es fehlt auch die Möglichkeit einer Unterluftdosierung - müssen Drehrohröfen mit hohen Luftüberschüssen bis zu $\lambda = 3$ betrieben werden.

Die Verweilzeit der Rauchgase im Drehrohrofen reicht nicht aus, um einen hinreichenden Ausbrand sicherzustellen, aus diesem Grund ist meistens eine Nachbrennkammer nachgeschaltet um die gesetzlichen Aufenthaltszeiten bei bestimmten Temperaturen einzuhalten. Ob die Verbrennungsrückstände als „trockene“ (feste) Asche oder geschmolzene Schlacke anfallen, hängt von den Verbrennungstemperaturen und der Aschezusammensetzung ab. Die Schlacke wird häufig im Wasserbad abgeschreckt.

3.3.6 Wirbelschichtanlagen

Die Einordnung der Wirbelschichtfeuerung in die Feststoffeuerungssysteme zeigt Abbildung 3.9.

Bei kleineren Leerraumgeschwindigkeiten zeigt die Wirbelschicht (bestehend aus inerten Partikeln, Quarzsand, Kalk, Asche etc., nur wenige % Brennstoff) eine definierte Oberfläche, und man bezeichnet sie als stationäre Wirbelschicht. Sie zeigt Eigenschaften wie eine Flüssigkeit, d. h. die Oberfläche ist immer horizontal, sie fließt aus Öffnungen aus und leichtere Teile schwimmen auf, schwerere sinken zu Boden.

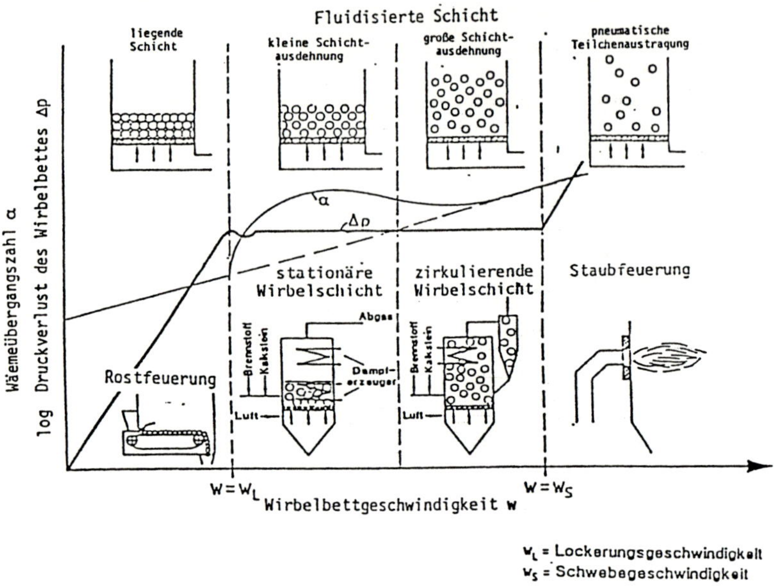

Abb. 3.9. Prinzip und Einordnung von Feststoffeuerungen

Bei Erhöhung der Leerraumgeschwindigkeit vergrößern sich die Abstände zwischen den Partikeln, die Wirbelschicht dehnt sich aus, die Gasgeschwindigkeit zwischen den Partikeln bleibt gleich, auch der Druckverlust bleibt gleich und entspricht dem Gewicht des Bettmaterials vermindert um den Auftrieb. Gas-Feststoffwirbelschichten sind nicht homogen sondern zeigen Blasen, die für eine gute Durchmischung in axialer (nicht aber in radialer) Richtung sorgen. Will man eine gute Durchmischung auch in radialer Richtung erreichen, muß bei stationären Wirbelschichten für eine interne Rezirkulation durch Einbauten bzw. entsprechende Anströmung gesorgt werden. Wird die Leerraumgeschwindigkeit weiter erhöht und überschreitet die Sinkgeschwindigkeit, so werden Partikel ausgetragen, fallen teilweise in Strähnen wieder zurück und es kommt zu einer intensiven axialen und radialen Durchmischung. Außerdem muß über eine Zyklon das mitfliegende Bettmaterial abgeschieden und in die Wirbelschicht rezirkuliert werden - man spricht dann von einer zirkulierenden Wirbelschicht.

Weltweit sind zahlreiche stationäre und zirkulierende Wirbelschichtanlagen bei atmosphärischem Druck zur Verbrennung von Schlämmen, Holzabfällen und anderen Abfällen - auch aufbereitetem bzw. sogar unaufbereitetem ([25]) Hausmüll (in Japan 40) in Betrieb. Einen Überblick über Anlagen europäischer Hersteller gibt [11]. Die Vorteile der Wirbelschichtanlagen sind die Möglichkeit feste, pastöse, flüssige und gasförmige Abfälle in fast beliebiger Kombination mit guter Schadstoffeinbindung (SO_2, HCI, HF) durch Kalkstein und niedriger NO_x Entstehung (wegen der gleichmäßigen Verbrennungstemperatur von ca. 900° C) zu verbrennen.

Abbildung 3.10 zeigt das Fließschema einer stationären atmosphärischen Wirbelschicht - Abfallverbrennungsanlage einer Papierfabrik mit einem 22 t/h, 64 bar, Naturumlauf DE zur Verbrennung von Klärschlamm, BRAM und Rinde.

Die CO-Meßwerte lagen bei einem Grundpegel von ca. 300 mg/Nm^3 (tr., 11 % O_2), konnten bei ungünstigen Verbrennungsbedingungen auf 2700 mg/Nm^3 ansteigen, bei günstigen auf 160 mg/Nm^3 sinken. Der Entschwefelungsgrad lag zwischen 65 und 75 % bei Ca/S-Verhältnissen von 1 - 5 abhängig von der Luftzuführung und den Brennstoffen. Die HCl-Konzentration im Reingas betrug 40 - 180 mg/Nm^3, HF lag unterhalb der Nachweisgrenze, NO_x zwischen 260 - 300 mg/Nm^3.

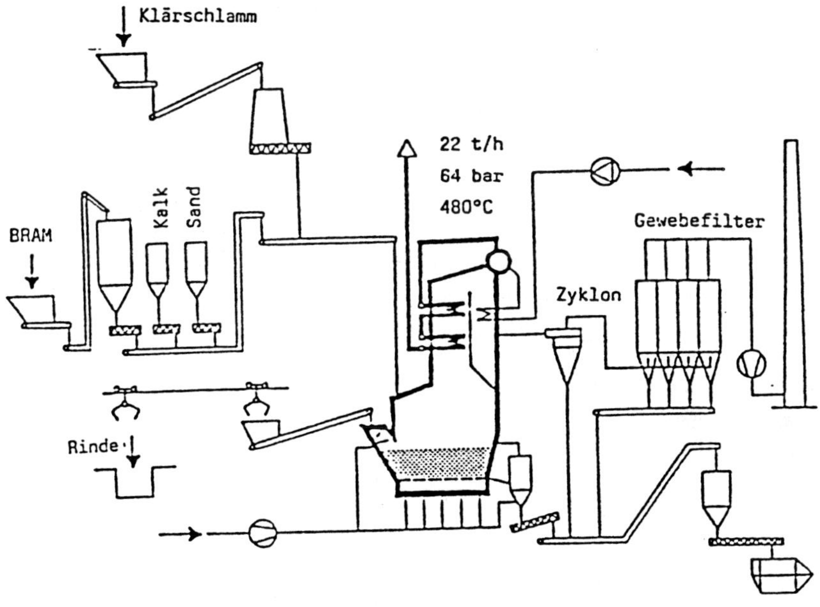

Abb. 3.10. Fließschema einer Abfallverbrennungsanlage mit Wirbelschicht Dampferzeuger

Extern (Abbildung 3.11) oder intern zirkulierende (Abbildung 3.12) atmosphärische Wirbelschichten bringen wegen der besseren Durchmischung bessere Voraussetzungen für die Emissionsminderung und die Ausnutzung der Additive. Im allgemeinen wird der Müll für Wirbelschichten zumindest zerkleinert werden müssen.

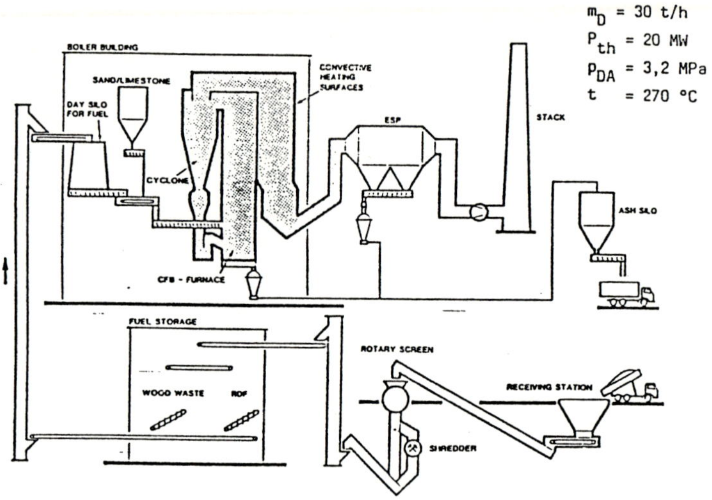

Abb. 3.11. Anlagenschema einer zirkulierenden Wirbelschichtfeuerung für Müll/Holz- und Müll/Torf-Gemische

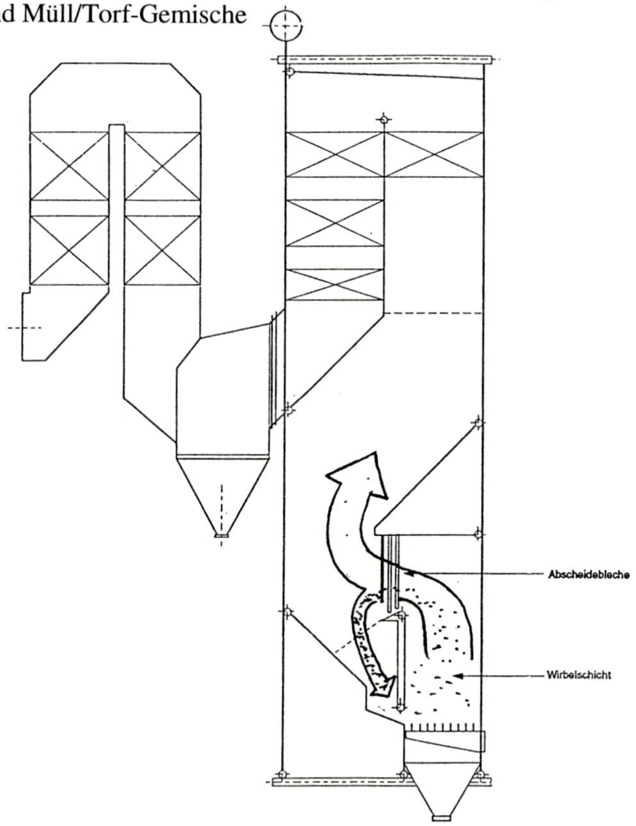

Abb. 3.12: Intern zirkulierende Wirbelschicht zur Verbrennung geshredderter Reifen

3.4 Bewertung

Leider existiert bis heute keine Ökobilanz über die verschiedenen Verfahren. Dies wäre von großer Bedeutung, weil die Vorschriften erlauben die stoffliche Verwertung einzuschränken, wenn z. B. Verbrennen ökologisch sinnvoller wäre. Es sei mir erlaubt, mein Erstaunen über eine derartige Vorgehensweise in der Gesetzgebung auszudrücken. Wirtschaftliche Vergleiche existieren leider auch kaum. Veröffentlichte (Teil)Ergebnisse sind i. allg. geschönt oder nicht stichhaltig.

Abbildung 3.13 zeigt ein allgemeines Verfahrensschema für die Hydrierung, Pyrolyse, Vergasung und Verbrennung.

Daraus ist ersichtlich, daß bei allen Verfahren letzten Endes neben verwertbaren Reststoffen und Energie (Strom, Wärme)

- auf die gesetzlichen Grenzwerte gereinigte Gase bzw. Abgase (i. allg. werden nachgeschaltete Gasreinigungsverfahren benötigt) und
- feste Sonderabfälle, die deponiert werden müssen

übrig bleiben.

Es ist eine Frage der gesetzlichen Vorschriften und der Wirtschaftlichkeit, wieweit die Reduzierung der festen Sonderabfälle betrieben wird. Natürlich haben die einzelnen Verfahren - insbesondere auch für spezielle Abfälle, die Shredderleichtfraktion könnte auch aufbereitet werden z. B. für die Hydrierung - ihre Vorteile, die stets groß herausgestellt werden. Die Nachteile (Verschlackungen, Korrosionen, Nichteinhaltung von Grenzwerten etc.) zeigen sich dann im Betrieb.

Von Kuhnke und Peters [26] wird über erfolgreiche Versuche die Shredderleichtfraktion im Drehrohr und in einer Wirbelschicht zu verbrennen berichtet. Haneda et al. [27], berichtet ebenfalls, daß Müll in zirkulierenden Wirbelschichtfeuerungen verbrannt werden kann, und daß Probleme, die durch die Verlegung des Wirbelbodens durch z. B. Metallteile, mit einem speziellen Wirbelbettbodenabzug gelöst werden können.

Insgesamt läßt sich feststellen, daß folgende Verfahren als erprobt gelten können, Abfälle aus der Automobilindustrie oder Autoverwertung insbesondere die Shredderleichtfraktion zu entsorgen:

- alle vorgestellten Verbrennungsanlagentypen (außer Rückschubrost und Etagenofen, die für höhere Heizwerte weniger geeignet sind) und
- Schwelbrennverfahren.

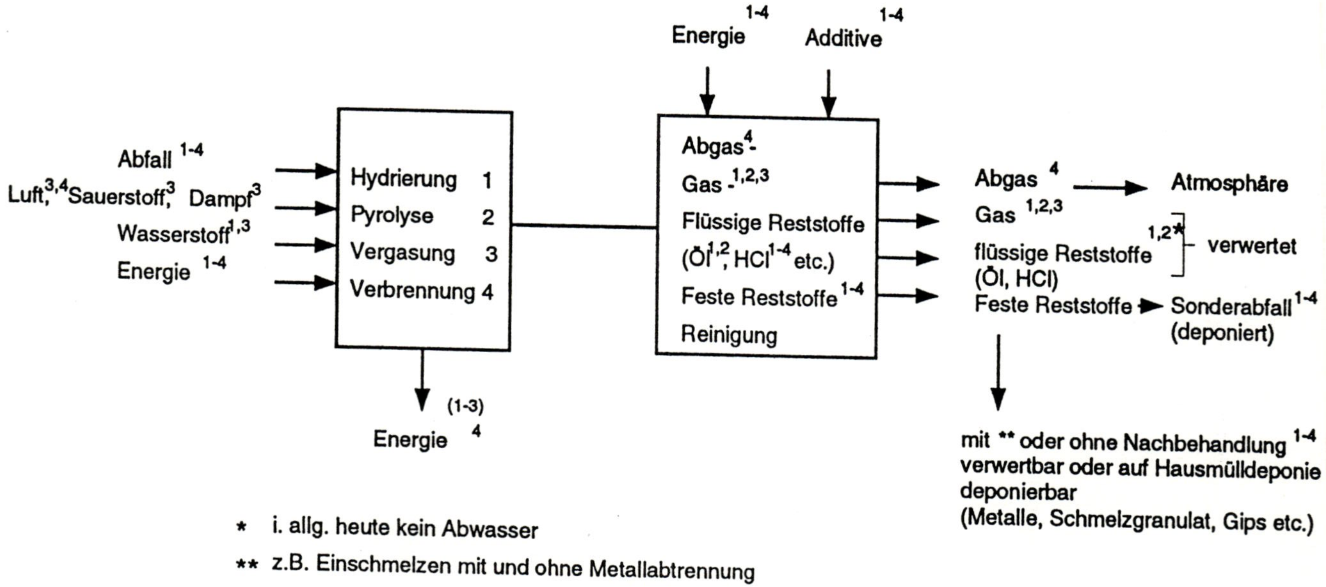

Abb. 3.13. Allgemeines Schema thermischer Abfallbehandlungsverfahren

Hydrieren, Pyrolyse und Vergasen stellen - zumindest für aufbereitete Abfälle eine heute technisch mögliche Lösung dar.

Ökonomisch und auch ökologisch gesehen werden die einfachsten bewährten Anlagen, d. h. Verbrennung und Schwelbrennverfahren nicht sehr unterschiedlich sein, und es ist nicht zu erwarten, daß die zumindest heute noch exotischen Verfahren für allgemeine Zwecke insgesamt wesentlich billiger und ökologisch günstiger sind.

Es ist Aufgabe der Hersteller und der Forschung, die neuen Verfahren zu entwickeln. Aufgabe der Entsorgungsunternehmen ist es vor allen, bewährte Anlagen bauen zu lassen und zu betreiben und die Entwicklung neuer Verfahren zu fördern. Ferner sollte die Öffentlichkeit nicht nur den Fachleuten, sondern auch gegenüber selbsternannten Propheten kritisch eingestellt sein.

3.5 Literatur

[1] Christman , A. et. al.: Auswirkungen neuerer Verordnungen auf Konzept und Auslegung der thermischen Restmüllbehandlung. VGB-Kraftwerkstechnik 73, 722-727 (1993).

[2] Schmidt - Tegge, J. D.: Die Situation der Hausmüll- und Sondermüllverbrennung im Jahre 1992 in der Bundesrepublik Deutschland. VGB-Kraftwerkstechnik 73, 730-733 (1993).

[3] Albert, F.; Schirmer, U.: Betrieb von Hausmüllverbrennungsanlagen mit Restmüll. VGB-Fachtagung „Thermische Abfallverwertung 1993", 27.10.93 in Nürnberg und 10.11.93 in Essen (1993).

[4] TÜV: Wohin mit den Shredderrückständen? TÜV heute 2, 3 (1992).

[5] Pruckner, E.: Verfahren zur thermischen Behandlung von Rückständen der Automobilindustrie - Aufgabenstellung und Zielsetzung des VDI-Arbeitskreises. VDI 1992.

[6] Bilitewski, B. et. al.: Abfallwirtschaft. Eine Einführung. Berlin: Springer 1990.

[7] Hammer, Z.; Rauser, G. (Rheinisch Westfälische Elektrizitätswerke - RWE - Gesellschaft für Forschung und Entwicklung mbH, Wesseling): Hydrierende Verflüssigung von Kunststoffabfällen, Vortrag auf dem Kunststoff - Recycling Kongress des Deutschen Industrieforums für Technologie in Würzburg (1992).

[8] Merz, T.: Pyrolyse und Hydrierung von Abfällen, Entsorgung. Praxis EP 5, 310-316 (1993).

[9] Schenkel, W.; Beier, W.: Kunststoffverwertung aber wie? VGB-Kraftwerkstechnik 74, 236-242 (1994).

[10] Bandermann, K.: Hydrierung knackt Ketten. VDI-Nachrichten 8, 28 (1993).

[11] Leithner, R.: Anforderungen an die technische Gestaltung von thermischen Behandlungsanlagen (Ausblick). Zentrum für Abfallforschung der TU - Braunschweig 4, 291-402 (1989).
Einfluß unterschiedlicher Wirbelschichtfeuerungssysteme auf Auslegung, Konstruktion und Betriebsweise der Dampferzeuger. VGB-Kraftwerkstechnik 69 (1989b).

[12] Mader, P.: Vor- und Nachteile einer Hausmüllpyrolyseanlage. Zentrum für Abfallforschung der TU - Braunschweig 7, 157-170 (1992).

[13] Teggers, H.; Jüntgen, H.: Stand der Kohlevergasung zur Erzeugung von Brenngas und Synthesegas. Erdöl und Kohle - Erdgas - Petrochemie vereinigt mit Brennstoffchemie 37 (1984).

[14] Kaupert, W.: Müllvergasung, Versuche und Erfahrungen in den Vereinigten Staaten. Wärme Band 75, 48-50 (1969).

[15] Palm, R.: Aufgaben und Berechnungsunterlagen für Müllfeuerungen. Energie (1965).

[16] Wang, J.; Leitner, R.: Kohleverbrennung in der zirkulierenden Wirbelschichtfeuerung. BWK 45, 344-346 (1993).

[17] Leithner, R.; Schulz, A.; Wang, J.; Vockbrodt, S.; Müller, J.: Simulation of fluidized bed including Flow, Combustion, Pollutant Formation and Retention
Vortrag Second international conference on combustion technologies for a clean environment, Lissabon, 19.-22. 07.1993.

[18] Vonderbank, R. S.; Müller, H.; Leithner, R.: Primary Measures of the Reduction of NO_{x}- and SO_{2}-Emissions of Lignite fired Steam Generators
Vortrag Symposium: New coal utilisation technologies, UN - ECE, Helsinki, 10.-13.05.1993.

[19] Leithner, R.; Schulz, A.: Modellierung der Gas - Feststoffströmung in einer zirkulierenden Wirbelschicht. Vortrag 16. Deutscher Flammentag, Clausthal, 14./15.09.1993. VDI-Bericht 1090, 199-208 (1993).

[20] Müller, H.; Schiller, A.; Heitmüller, R. J.; Tönnes, F. G.: Einfluß der Rauchgasrezirkulation auf die NO_x - Emissionen braunkohlegefeuerter Dampferzeuger. Vortrag 16. Deutscher Flammentag, Clausthal, 14./ 15.09.1993. VDI-Bericht 1090, 59-66 (1993).

[21] Oelmann, K.: Information über das Thermoselect - Verfahren zum thermischen Abfallrecycling. Repräsentanz Deutschland, K. Oelmann, Steinknappen 53, 4330 Mühlheim an der Ruhr (1992).

[22] Hauschild, W. et. al.: Rostfeuerungen zur Verbrennung von Hausmüll, hausmüllähnlichem Gewerbemüll und Klärschlamm. Jahrbuch der DE-Technik, 6. Ausgabe, Kapitel III Feuerungsanlagen, 211-237 (1989).

[23] Horch, K.: Hausmüllverbrennung, Studienbaustein Abfall und Recycling, Zusatzstudium Umweltschutz. RWTH Aachen 1988.

[24] Thomè - Kozmiensky, K. J.: Müllverbrennung und Rauchgasreinigung. Berlin: EF-Verlag 1983.

[25] Vater, C.: Stand und Entwicklung der Wirbelschichtfeuerung. VDI-Berichte 637 (1987).

[26] Kuhnke, S.; Peters, K.: Hochtemperaturtechnik. Chemie-Ing.-Technik 63, 956-960 (1991).

[27] HaNeda, H.; Takatsuka, H.; Arakawa, Y.; Fujima, Y. und Tagashima, K.: Development of Waste Fired Circulating Fluidized-bed Boilers. 7 th IRC International Waste Management + Exhibition, Berlin, Oct. 28-30.1992.

4 Maßnahmen zur Minderung von Emissionen bei technischen Prozessen am Beispiel moderner Müllverbrennungsanlagen

4.1 Einleitung

Praktisch alle in der Industrie zur Anwendung kommenden technischen Prozesse unterliegen gesetzlichen Auflagen bzw. werden von zuständigen Behörden oder dafür beauftragten Institutionen kontrolliert. Dies trifft in besonderem Maße für thermische Verfahren zu, bei denen durch Verbrennungsvorgänge Abgase entstehen, die letztendlich an die Umwelt abgegeben und bezüglich einiger ihrer Komponenten schädlichen Einfluß auf das menschliche, tierische oder pflanzliche Leben nehmen können.

Seit langem gibt es in Deutschland speziell für solche Emissionen gesetzliche Auflagen, die weltweit mit zu den striktesten ihrer Art gehören. In Tabelle 4.1 sind am Beispiel 13. und 17 Bundes-Immissionsschutzverordnung die aktuell gültigen Emissionsgrenzwerte für große, kohlebefeuerte Kraftwerksanlagen (13. BImSchV) und Müllverbrennungsanlagen (17 BImSchV) gegenübergestellt.

Tabelle 4.1. Vergleich gültiger gesetzlicher Emissionsgrenzwerte

Schadstoff		**13. BImSchV*** **kohlebefeuerte Großdampferzeuger**	**17. BImSchV*** **Müllverbrennungs-anlagen**
SO_x	mg/m^3	400	50
NO_x	mg/m^3	800 (200**)	200
CO	mg/m^3	250	50
HCI	mg/m^3	100	10
HF	mg/m^3	15	1
Staub	mg/m^3	50	10
Gesamt-Schwermetalle	mg/m^3	0,5	0,5
Cd + TI	mg/m^3	keine Angaben	0,05
Hg	mg/m^3	keine Angaben	0,05
PCDD / PCDF	ng/m^3	keine Angaben	0,1

* Tagesmittelwerte
** Dynamisierungsbeschluß der Umweltministerkonferenz der Länder

Besonders auffällig sind die vergleichsweise sehr strengen Begrenzungen für Müllverbrennungsanlagen, die fast durchweg um ein Vielfaches tiefer liegen als bei

Kohlekraftwerken. Dies verwundert um so mehr, wenn man sich beim Vergleich üblicher Baugrößen von Steinkohlekraftwerksblöcken mit Müllverbrennungseinheiten vor Augen hält, daß letztere um den Faktor 10 bis 20 beim Abgasvolumen niedriger liegen.

Technische Begründungen für diesen unterschiedlichen Beurteilungsmaßstab durch den Gesetzgeber sind nicht klar ersichtlich; vielmehr meint man mit besonders niedrigen Emissionsgrenzwerten für Müllverbrennungsanlagen auf die bekannten Akzeptanzprobleme in der Öffentlichkeit für diese Technik reagieren zu müssen.

Daneben exerziert man am Beispiel der Müllverbrennung mit bisher nicht bekannter Konsequenz die Forderung nach möglichst vollständiger Verwertung der anfallenden Restprodukte gerade für einen Brennstoff, der bezüglich seiner komplexen und inhomogenen Zusammensetzung als ausgesprochen schwierig gelten muß.

Die beiden Zielsetzungen - möglichst geringe Schadstoffemissionen und weitgehend verwertbare Restprodukte - bedingen für die Müllverbrennung einen technischen Aufwand, wie er für vergleichbare großtechnische Prozesse beispiellos sein dürfte. Deshalb soll nachfolgend daran der heutige Stand der Technik erläutert werden, wobei der Schwerpunkt auf Emissionsminderung gelegt und die verfahrenstechnischen Möglichkeiten der Reststoffaufbereitung nur gestreift werden.

4.2 Allgemeiner verfahrenstechnischer Aufbau

Abbildung 4.1 zeigt den typischen Aufbau einer modernen Müllverbrennungsanlage.

Der erste große Teilabschnitt besteht aus dem Müllbunker (in dem der meist über die Straße transportierte Abfall zwischengelagert wird), der Aufgabevorrichtung und dem Verbrennungsrost sowie dem Dampferzeugerteil. Hier wird über Strahlung und Konvektion die Rauchgaswärme an das durch Rohrwandungen und Rohrbündel strömende Speisewasser zum Zweck der Verdampfung abgegeben.

Bei Müllverbrennungsanlagen wird sehr oft der Dampf nicht nur über Turbine und Generator zur Erzeugung elektrischer Energie benutzt, sondern als Prozeßdampf oder Fernwärmeenergieträger an Industriebetriebe abgegeben. Bei der Diskussion um das Für und Wider der Müllverbrennung unter ökologischen Gesichtspunkten ist dies ein wichtiger Vorteil der „klassischen“ Müllverbrennung, da ansonsten zur Dampferzeugung fossile Brennstoffe eingesetzt werden müßten, die - wie einleitend erwähnt - weniger strengen Emissionsauflagen unterliegen.

Der flächen- und volumenmäßig größte Teil der Gesamtanlage nimmt, wie aus Abbildung 4.1 zu erkennen ist, die Rauchgasreinigung ein, die wiederum in einige prägnante Teilabschnitte unterteilt werden kann.

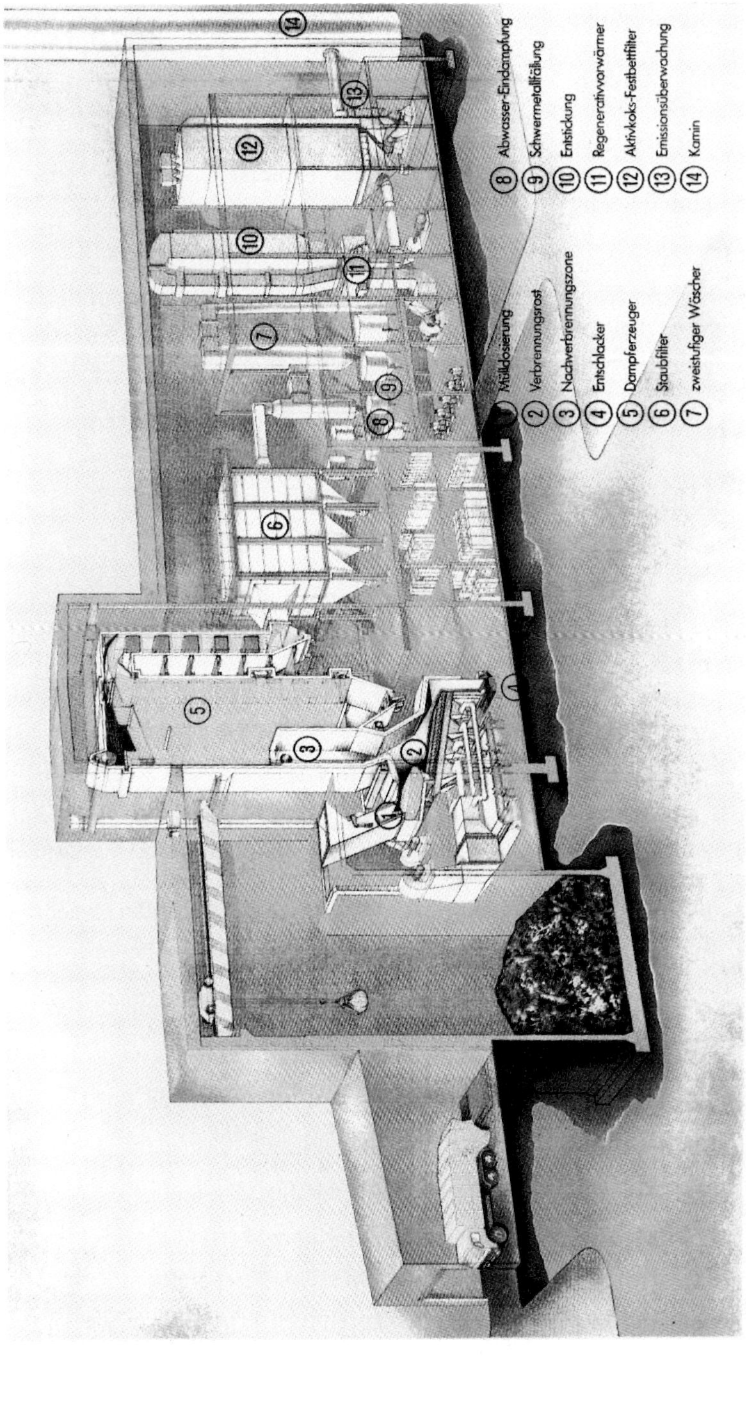

Abb. 4.1. Müllverbrennungsanlage

Im ersten Teilabschnitt werden die Rauchgase aus dem Dampferzeuger kommend entstaubt. Im nachfolgenden Teil werden die Rauchgase in einer meist mehrstufigen Wäsche von Chlor, Fluor, Schwermetallen und Schwefeloxiden gereinigt und anschließend in einem weiteren Anlagenteil katalytisch von Stickoxiden befreit. Vor Kamin folgt als letzte Verfahrensstufe eine weitere Feinreinigung der Rauchgase. Hier wird oft von einem sogenannten „Polizeifilter" gesprochen, der qualitativ und quantitativ nahezu alle Restschadstoffe abfängt, die die vorhergehenden Verfahrensstufen noch passieren konnten.

Neben dieser Anordnung von verfahrenstechnischen Stufen gibt es eine Vielzahl von weiteren Kombinationsmöglichkeiten. Auf Abbildung 4.2 wird versucht, stark schematisiert einen Gesamtüberblick der Emissionsminderungsmaßnahmen mit gleichzeitigem Hinweis auf mögliche verwertbare Restprodukte zu geben.

Die Bestrebungen, Emissionen zu minimieren, beginnen praktisch schon bei der Verbrennung. Ohne auf Einzelheiten eingehen zu wollen, kann durch entsprechende Konstruktion des Verbrennungsrostes und Gestaltung des Verbrennungsraumes über dem Rost wesentlich auf den Verbrennungsablauf und damit auf die Schadstoffbildung Einfluß genommen werden.

Insbesondere die sogenannte Ascheeinbindung, also der Anteil des veraschten Mülls, der als Feststoff gar nicht erst in die nachfolgenden Rauchgaswege eintreten, sondern auf dem Rost festgehalten und in Form von verwertbarer Schlacke abgezogen werden kann, wird von diesem Anlagenteil bestimmt. Des weiteren wird hier das CO-Niveau der Gesamtanlage festgelegt, da keine der nachfolgenden Verfahrensschritte geeignet ist, diese durch unvollständige Verbrennung entstehende Schadstoffkomponente zu reduzieren. Dies gilt sonst für keine andere Schadstoffkomponente. Zwar sollte es Ziel sein, möglichst schon durch eine zweckmäßige Feuerungsführung die Bildung von Schadstoffen zu unterbinden, jedoch ist man hier nicht völlig frei, da andere betriebliche Aspekte wie Korrosion und Verschlackung insbesondere im Dampferzeugerteil zu berücksichtigen sind. Dies führt in der Praxis durchaus zu Zielkonflikten. Deshalb erscheint es vernünftig, die Schadstoffreduzierung im wesentlichen auf die sowieso erforderlichen Rauchgasreinigungsanlagen zu verlagern und den Dampferzeugerteil mit der Priorität hohe Verfügbarkeit zu betreiben.

Im Dampferzeugerteil kann außer durch die Feuerungsführung mit Hilfe des sogenannten SNCR-Verfahrens das Stickoxidniveau (NO_x) beeinflußt werden. Hinter diesem Kürzel verbirgt sich das Prinzip der selektiven nichtkatalytischen Reaktion, d. h. durch Zugabe eines Reduktionsmittels (gebräuchlich ist Ammoniak als gasförmiges NH_3, Ammoniakwasser NH_4OH oder in Form von gelöstem Harnstoff $((NH_2)_2CO)$ wird NO_x zu elementaren Stickstoff N_2 und Wasser H_2O umgesetzt. Dies ist allerdings nur in einem relativ schmalen Temperaturbereich von ca. 800 bis 900° C möglich, d. h. die Rauchgase müssen schon deutlich von ihren ursprünglichen Verbrennungstemperaturniveau von ca. 1100 bis 1200° C abgekühlt sein. Dies ist erst im Bereich des Strahlungsraumes des Dampferzeugers der Fall, wo infolge der konstruktiven Gegebenheiten die wichtige gleichmäßige Eindüsung

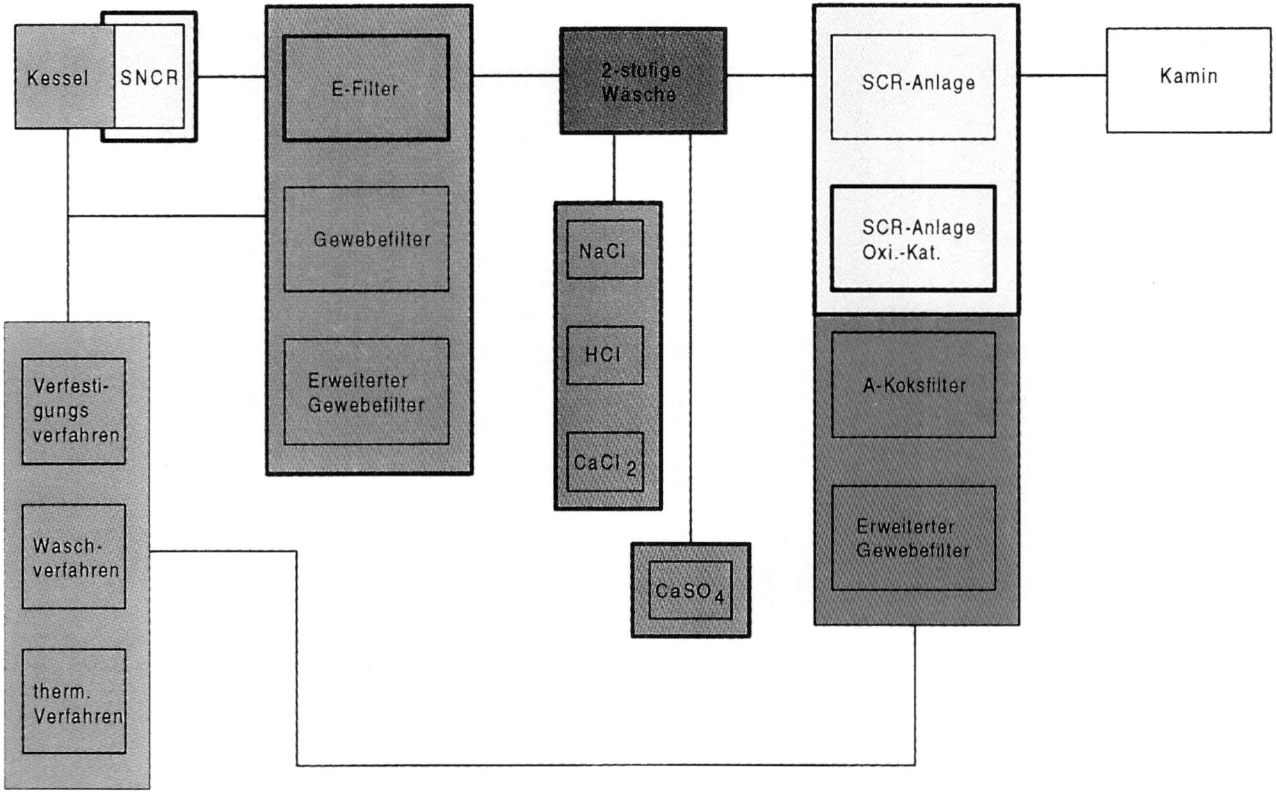

Abb. 4.2. Prinzipielle Möglichkeiten der Emissionsminderung aus Müllverbrennungsanlagen

des Reduktionsmittels und die erforderliche gute Durchmischung mit dem Rauchgas schwierig zu realisieren ist. Außerdem sind die erforderlichen Verweilzeiten im optimalen Temperaturbereich zu kurz, so daß sich nur ein beschränkter Umsatzgrad unter gleichzeitiger Inkaufnahme einer überstöchiometrischen Reduktionsmittelzugabe realisieren läßt. Deshalb verlagert man meisten die NO_x-Reduktion in eine weiter hinten in der Rauchgasreinigungsanlage liegende Verfahrensstufe, wobei dann allerdings der Einsatz von Katalysatoren erforderlich wird, wie später noch ausführlicher dargestellt wird.

Für die Entstaubung des Rauchgases als erstem Teil der eigentlichen Rauchgasreinigungsanlage stehen im wesentlichen zwei Verfahrenskomponenten zur Verfügung: Elektrofilter oder Gewebefilter. In letzter Zeit werden häufig Gewebefilter eingesetzt, die neben der auch mit Elektrofiltern erreichbaren hohen Staubabscheidung ein hohes Potential für die Abscheidung von Schwermetallen und Dioxinen/Furanen besitzen. Diese Schadstoffe werden an die feinen Aschepartikel des Rauchgases angelagert und mit der Abscheidung der Feststoffe aus dem Rauchgassystem ausgetragen. Das Adsorptionsvermögen wird durch den Restkohlenstoffgehalt in den Flugstäuben begünstigt.

Diesen Effekt mach man sich heute teilweise schon gezielt zunutze, in dem man vor Gewebefilter kohlenstoffhaltige Additive in den Rauchgasstrom eindüst. Auch bezüglich der Halogene Chlor und Fluor sowie der Schwefeloxide besitzt der Gewebefilter ein relativ gutes Adsorptionsvermögen, das durch den prinzipiell brennstoffbedingten hohen Wasserdampfgehalt im Rauchgas einer Müllverbrennungsanlage begünstigt wird und durch Quenchung der Rauchgase bei gleichzeitiger Temperaturabsenkung noch verstärkt werden kann. Diese Techniken der gezielten Additivzugabe und des Quenchens sind in Abbildung 4.2 unter dem Begriff erweiterte Gewebefiltertechnik zu verstehen.

Im übrigen wird später im Zusammenhang mit der „Polizeifilterfunktion“ der letzten Verfahrensstufe vor Kamin nochmals auf die Anwendung von Gewebefiltern eingegangen.

Adsorptionsverfahren zur Emissionsminderung bringen immer den Nachteil mit sich, daß die Schadstoffe zwar aus dem Rauchgasstrom entfernt aber letztendlich nicht beseitigt im Sinne von zersetzt werden, sondern angelagert an Feststoffe weiterhin existent sind. Deshalb müssen Gewebefilterstäube entweder sonderdeponiert oder weiterbehandelt werden, wenn man sie auf Normaldeponien lagern will. Es besteht allgemein bei diesen unbehandelten Stäuben das Problem der Eluierbarkeit von Schadstoffen, d. h. Löslichkeit unter Feuchtigkeitseinfluß und damit verbunden die Gefahr des Transportes in das Grundwasser bei nicht entsprechend abgedichteten Deponien.

Deshalb sind heute verschiedene Verfahren zur Weiterbehandlung dieser Stäube im Gespräch, die sich aber alle noch im Entwicklungsstadium befinden und bisher nur vereinzelt kommerziell angeboten werden. Es würde den Rahmen dieses Aufsatzes sprengen, hier auf Einzelheiten einzugehen. Generell gibt es Verfahren, bei denen gezielt Schadstoffkomponenten ausgewaschen und dann aufkonzentriert bzw. volumenmäßig reduziert auf Sonderdeponien gegeben werden. Diese sind in Abbildung 4.2 mit Waschverfahren gemeint. Bei den Verfestigungsverfahren hingegen versucht man durch Zuschlagstoffe die Schadstoffe fest einzubinden, d. h. die Eluierbarkeit herabzusetzen. Eine ähnliche Zielrichtung verfolgen die thermischen Verfahren, bei denen durch Aufschmelzen der Filterstäube und anschließendes Abschrecken zu Schlacken die Schadstoffe fest in die übrige Mineralstoffmatrix eingeschlossen werden sollen. Flüchtige Schadstoffkomponenten werden dabei abgezogen und beispielsweise vor die Waschstufen der Rauchgasreinigungsanlage in den Hauptrauchgasstrom zurückgeführt. Zur Zeit müssen alle diese Verfahren als unwirtschaftlich und ökologisch fragwürdig gelten, weil beträchtliche Zusatzenergien erforderlich sind und insgesamt die gewiß nicht geringen Kosten einer Sonderdeponie übersteigen. Ob sich dies in Zukunft so schnell ändern wird, muß bezweifelt werden.

Fortfahrend auf dem Rauchgasweg gemäß Abbildung 4.2 schließt sich nach der Entstaubung eine mindestens 2-stufige Rauchgaswäsche an. Bisher war der wesentliche Grund für die Naßverfahren darin zu sehen, daß nur mit dieser Verfahrenstechnik das Erreichen der erforderlichen Abscheidegrade von durchweg weit über neunzig Prozent für Chlor, Fluor, Schwermetalle und Schwefeloxide möglich erscheinen.

Wie schon bei der erweiterten Gewebefiltertechnik angedeutet, sind solche Werte inzwischen aber auch mit Trockenverfahren darstellbar. Heute steht bei den mehrstufigen Waschverfahren mehr das Interesse im Vordergrund, gezielt Schadstoffe zu separieren und dann getrennt in weiteren Verfahrensschritten zu verwertbaren Stoffen mit der erforderlichen Produktreinheit aufzuarbeiten.

Gemäß Abbildung 4.2 ist es prinzipiell möglich, die in hoher Konzentration im Rauchgas einer Müllverbrennungsanlage vorkommende Schadstoffkomponente Chlor im Anschluß an die erste Waschstufe zu verwertbarer Salzsäure HCl oder Salzen wie Calciumchlorid $CaCl_2$ oder Natriumchlorid $NaCl_2$ aufzuarbeiten. In einer zweiten Waschstufe werden Schwefeloxide SO_x gelöst, wobei die wäßrige Phase zu Schwefelsäure H_2SO_4 oder Gips $CaSO_4$ x $2H_2O$ weiterverarbeitet werden kann.

Für die letzten beiden Verfahrensschritte auf dem Rauchgasweg zwischen Wäsche und Kamin gibt es keine eindeutige Präferenz, was die Reihenfolge der Hintereinanderschaltung anbetrifft. Die SCR-Anlage dient der Stickoxidreduzierung, kann aber neueren Erkenntnissen zur Folge durch modifizierte Oxidationskatalysatoren auch zur Dioxin/Furan-Reduzierung eingesetzt werden. Sowohl die Anordnung vor der Endreinigungsstufe (bestehend aus sog. Aktivkoksfiltern oder Gewebefiltern) als auch danach ist gebräuchlich und richtet sich vorwiegend nach wirtschaftlichen Gesichtspunkten, auf die weiter hinten bei der Diskussion der SCR-Technik noch eingegangen wird.

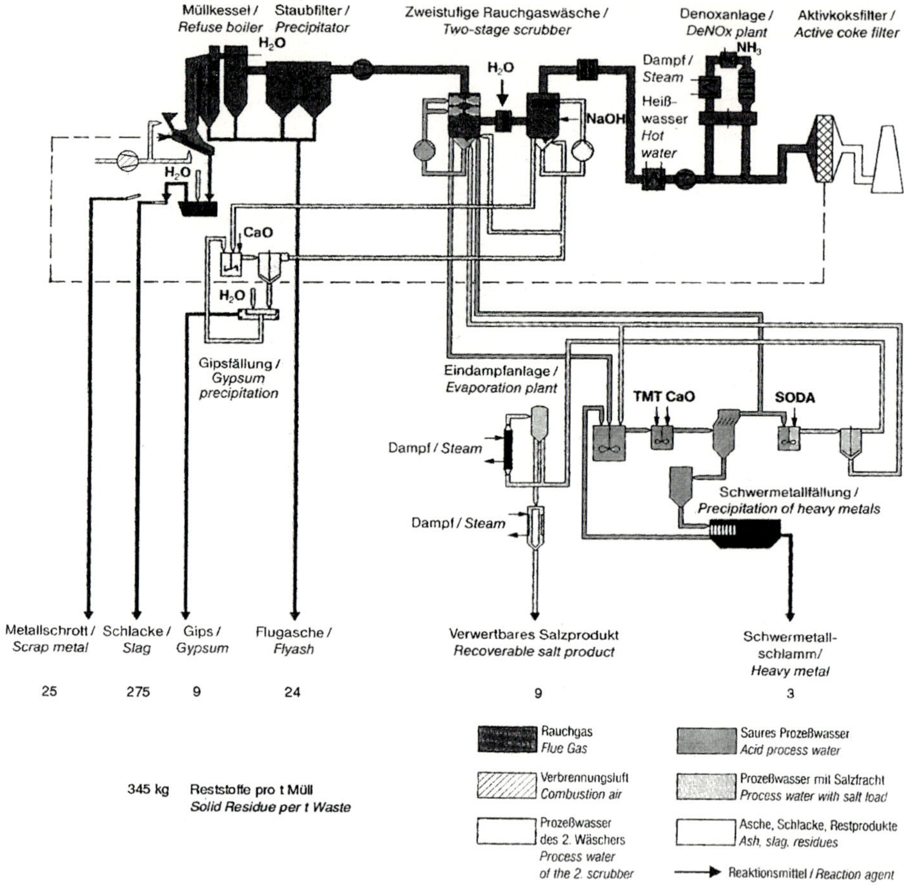

Abb. 4.3. Rauchgasreinigung nach Müllverbrennung

In Abbildung 4.3 ist beispielhaft eine Verfahrensschaltung aufgeführt (wie sie in geänderter Darstellung auch der Abbildung 4.1 entspricht), wo die SCR- (oder Denox-) Anlage vor dem Aktivkoksfilter angeordnet ist.

An diesem Beispiel sollen nachfolgend nochmals kurz die Naßwäsche und etwas ausführlicher die SCR-Anlage sowie der Aktivkoksfilter bzw. alternativ der Gewebefilter dargestellt werden.

4.3 Rauchgaswäsche

Die in Abbildung 4.3 stark vereinfacht dargestellte Verfahrensvariante führt zu verwertbarem Salz NaC1 und Gips $CaSO_4$ x 2 H_2O. Das mit ca. 160 - 220° C aus dem Staubfilter kommende Rauchgas wird im ersten Wäscher auf Sättigungstemperatur heruntergequencht. In dem stark sauren Milieu (PH-Wert um 1) werden überwiegend Chlorid und Schwermetalle gelöst. Ein Teil der wäßrigen Phase wird kontinuierlich ausgeschleust und einer Abwasseraufbereitungsanlage zugeführt, um unzulässige Schadstoffanreicherung im Kreislaufprozeß zu vermeiden. In der Abwasseranlage wird das saure Prozeßwasser neutralisiert und die Schwermetallverbindungen ausgefällt. Das im gereinigten Abwasser nach wie vor als $CaC1_2$ enthaltene Chlorid wird anschließend mit Soda (Natriumcarbonat $NaCO_3$) zu Natriumchlorid NaC1 umgefällt. Diese sogenannte Salzsole ist dann schon ein industriell verwertbares Produkt, kann wahlweise aber auch zu festem Salz in einer Eindampfanlage weiterverarbeitet werden.

Im zweiten Wäscher wird in einem fast neutralen Milieu (PH-Wert um 6) SO_x gelöst. Im Beispiel gemäß Abbildung 4.3 erfolgt dies mit Natronlauge NaOH, durch deren große Reaktivität sehr gut für Rauchgase aus Müllverbrennungsanlagen typische hohe SO_x-Spitzenwerte abgefangen werden können. Zur Gewinnung von Gips $CaSO_4$ x 2 H_2O wird dem ausgeschleusten Prozeßwasser Kalkhydrat $Ca(OH)_2$ zugeführt und so aus dem gelösten Natriumsulfat Na_2SO_4 die relativ teure Natronlauge NaOH zurückgewonnen, die im zweiten Wäscher dann wiederum als Betriebsmittel eingesetzt werden kann.

Auf weitere Details bzw. Modifikationen der Naßwäsche soll hier nicht weiter eingegangen werden.

4.4 SCR-Anlage

Hauptaufgabe der SCR-Anlage ist die Reduktion von Rauchgasstickoxiden. In Abbildung 4.4 ist das Prinzip dargestellt. Durch Eindüsung von NH_3 in den Rauchgasstrom wird die Rauchgaskomponente NO_x selektiv mit Hilfe eines Katalysators zu N_2 und H_2O reduziert (selectiv catalytic reduction = SCR).

Der übliche Arbeitstemperaturbereich beträgt in Abhängigkeit vom eingesetzten Brennstoff und den daraus resultierenden Schwefeloxidkomponenten im Rauchgas zwischen ca. 200 bis 450° C. Der Katalysator ist als Festbett in einem Reaktorgehäuse eingebaut, das senkrecht von oben nach unten durchströmt wird, wie Abbildung 4.5 zeigt.

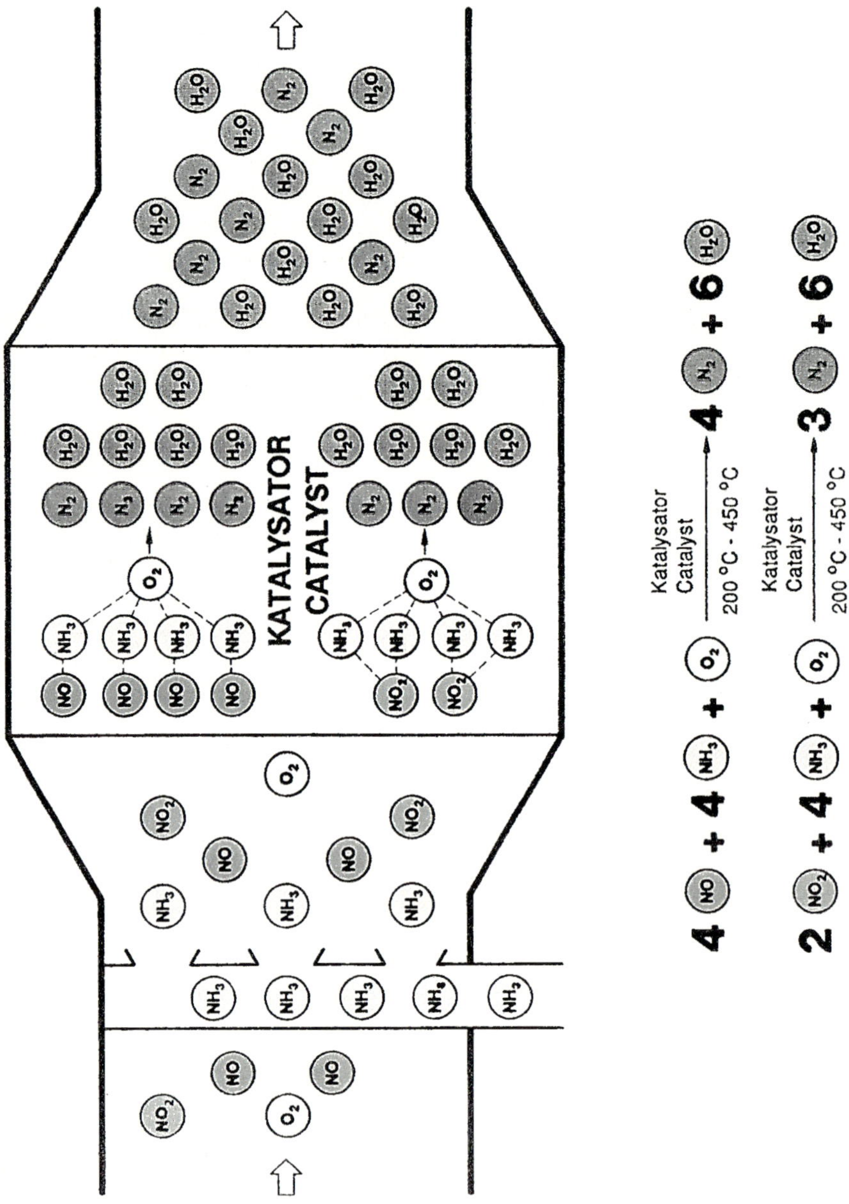

Abb. 4.4. SCR - DeNO_x - Anlage - Verfahrensprinzip

Einbau der Plattenkatalysator-Elemente in den Modulrahmen
Arrangement of Plate-Type Catalysts

Einbau der Wabenkatalysatoren in den Modulrahmen
Arrangement of Honey-Comb Catalysts

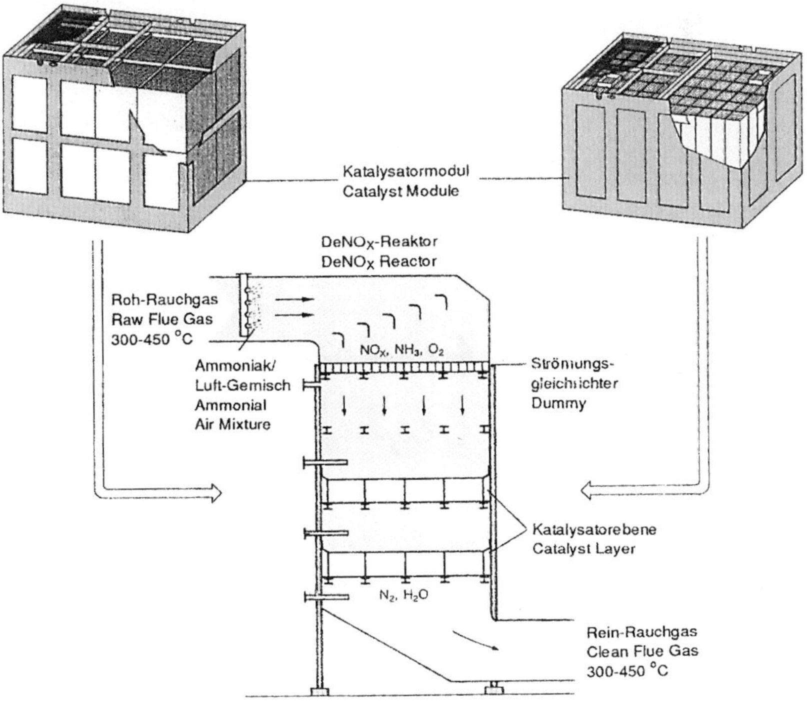

Quelle: Siemens-Prospekt 1988

Abb. 4.5. Platten- und Walzenkatalysatoren

Waben- oder plattenförmige Katalysatorelemente aus keramikartigem Vollmaterial oder beschichteten Metallträgern (die katalytische Masse besteht zu mehr als 80 % aus speziell dotieren Titanoxiden mit Zusätzen von Vanadium, Wolfram und Molydän) werden zu Moduleinheiten zusammengefaßt, die wie Bausteine lagenweise in Abständen als Katalysatorebenen im Reaktorgehäuse angeordnet sind. In Abbildung 4.6 ist zur Veranschaulichung eine Groß-SCR-Anlage für einen 740 MW Steinkohlendampferzeuger abgebildet, die aus zwei parallel geschalteten Reaktoren besteht.

Der Reaktoraufbau ist prinzipiell gleich wie bei den wesentlich kleineren Müllverbrennungsanlagen. Der Unterschied zu dem im Abschnitt 4.2 erwähnten SCR-Verfahren liegt darin, daß man unter Zuhilfenahme von Katalysatoren die Stockoxidreduktion in einem wesentlich tieferen Temperaturbereich ablaufen lassen kann und dennoch unter fast 100%-iger Ausnutzung des Reduktionsmittels zu sehr viel höheren Umsatzraten kommt.

Daneben hat man in den letzten Jahren zunächst bei Versuchen hinter Müllverbrennungsanlagen festgestellt, daß auch hohe Reduktionsraten für Dioxine/Furane an diesen Katalysatoren zu erzielen sind. Wenn auch noch nicht alle Details wissenschaftlich exakt geklärt sind steht fest, daß Dioxine/Furane unter der oxidativen Wirkung des Katalysators irreversibel zersetzt werden, was ein großer Vorteil gegenüber den Adsorptionsverfahren ist. Mit dieser Erkenntnis hat man inzwischen für die großtechnische Anwendung Katalysatoren entwickelt, deren oxidative Wirkung verstärkt wurde, so daß neben der Stickoxid- auch eine Dioxin/Furan-Reduktion von über 90 % zu erreichen ist.

Um genügend Katalysatoraktivität zu erzielen, müssen Temperaturen von 200 - 300° C eingehalten werden. Aufgrund dessen müssen die Rauchgase, die aus der Wäsche mit Sättigungstemperatur austreten, wieder aufgeheizt werden. Dies geschieht gemäß Abbildung 4.7 beispielsweise durch Regenerativwärmetauscher, deren Wärmeverluste letztendlich aber durch zusätzlichen Einsatz von Primärenergie (z. B. Einsatz von Dampf in speziellen Dampfrauchgasvorwärmern, ausgekoppelt aus dem Dampferzeuger- bzw. Turbinenteil der Gesamtanlage) kompensiert werden müssen. Es ist nun eine Frage der wirtschaftlichen Optimierung, bei welchen Temperaturen der Katalysator betrieben wird. Einerseits begünstigen höhere Temperaturen die Katalysatoraktivität und führen zu kleineren Katalysatorvolumina, andererseits werden dadurch die Wärmetauscher größer.

Ein weiterer Aspekt ergibt sich durch den Schwefeloxidgehalt im Rauchgas: hinter der Rauchgaswäsche ist er höher als hinter der Endreinigungsstufe nach Aktivkoks- und Gewebefilter. D. h., bei Anordnung der SCR-Anlage vor der Endreinigungsstufe sind mindesten 250° C einzuhalten, um Schwefelvergiftungen das Katalysators zu vermeiden, hinter der Endreinigung genügen dagegen ca. 200° C, wobei infolge geringerer Aktivität des Katalysatorvolumen allerdings größer ausgelegt werden muß. Diese Fragen müssen individuell für jede Anlage geklärt werden, wobei die Emissionsgrenzwerte im Kamingas dadurch nicht tangiert werden.

Abb. 4.6. 740 MW - Dampferzeuger mit SCR - $DeNO_x$ - Anlage

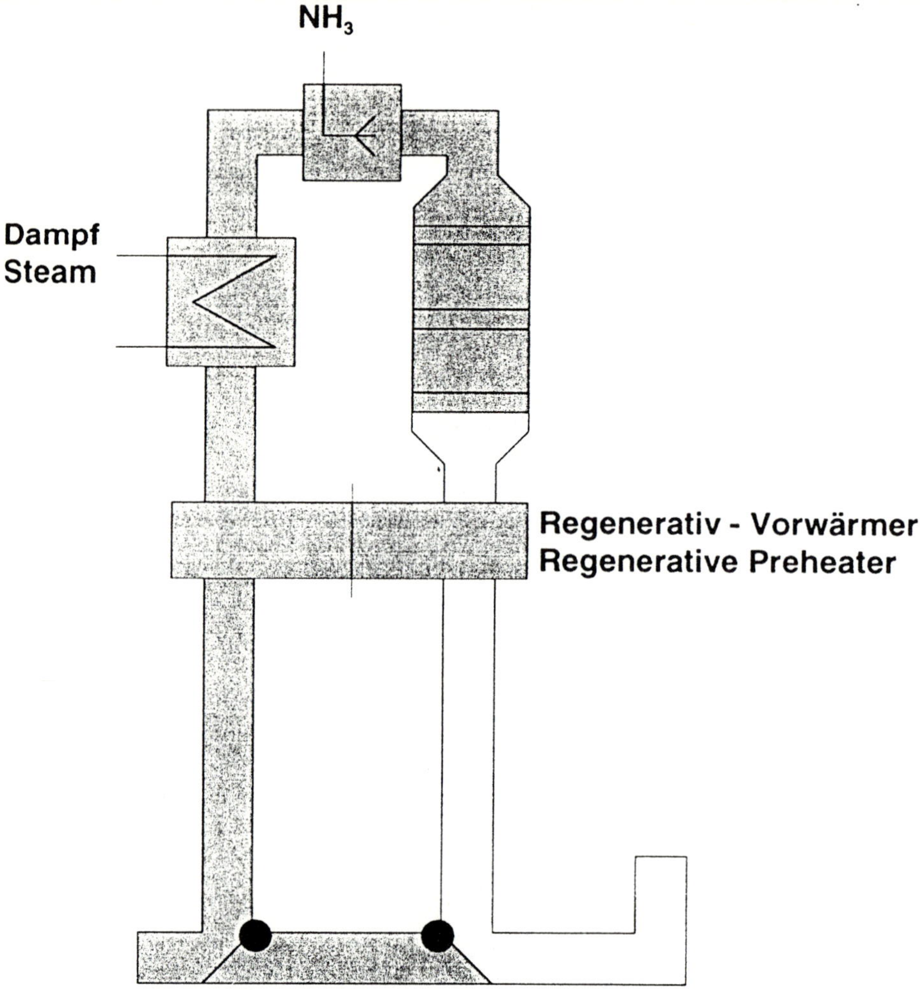

Abb. 4.7. Aufheizsystem einer SCR - DeNO$_x$ - Anlage

4.5 Aktivkoksfilter und Gewebefilter

Der Aktivkoksfilter am Ende des Rauchgasweges hat als Endreinigungsstufe die schon erwähnte Funktion eines "Polizeifilters". In Abbildung 4.8 ist eine stark vereinfachte Verfahrensschaltung gezeigt.

An dem mit Braunkohlen-Herdofenkoks HOK (für Sonderanwendungen kann auch Steinkohlen-Formaktivkoks FAK eingesetzt werden) gefüllten Quasi-Festbett erfolgt die Abscheidung vom restlichen Staub und sonstiger Restschadstoffe. Hier ist insbesondere die Adsorption von Dioxinen und metallische Quecksilber zu nennen.

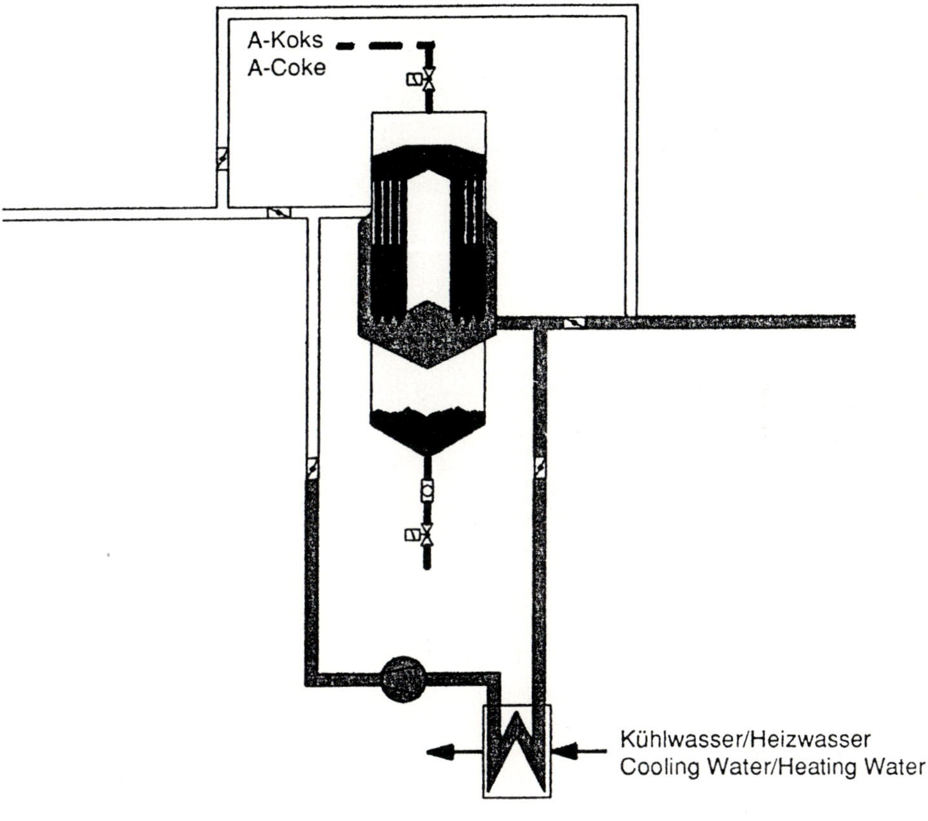

Abb. 4.8. Aktivkoksfilter

Das Bett besteht bei der auch in Abbildung 4.9 nochmals beispielhaft dargestellten Konstruktion aus drei Schichten unterschiedlicher Dicke.

Die Abscheidung erfolgt überwiegend in der ersten Schicht, die beiden restlichen haben Sicherheitsfunktion. Durch die spezielle Gestaltung der Lamellen und des inneren Gehäuses wird ein Austragen von Aktivkoks weitestgehend verhindert.

Mit der Bezeichnung Quasi-Festbett soll der Umstand Berücksichtigung finden, daß der HOK mit sehr langsamer Geschwindigkeit, verschieden für die drei Schichten, von oben nach unten wandert. D. h. oben im Filtergehäuse wird frischer HOK eingefüllt und unten mit Schadstoffen beladener HOK kontinuierlich abgezogen.

Abb. 4.9. Aktivkoksfilter (System AE + E)

Im vorliegenden Fall spricht man auch von einem Kreuzstromabsorber, weil die Strömungsrichtung des Rauchgases sich mit der Wanderrichtung des HOK kreuzt. Auch Gegenstromabsorber sind gebräuchliche Konstruktionen.

In Abbildung 4.8 sind zwei Rauchgaswege um den Aktivkoksfilter dargestellt: die äußere Leitungsführung stellt einen Bypaß dar; hier werden die Rauchgase um den Filter herumgeführt, wenn mittels des inneren Rezirkulationskreislaufes beim Anfahren mit Luft vor Rauchgasbeaufschlagung die Anlage aufgewärmt wird bzw. wenn aus Sicherheitsgründen ein rasches Abkühlen erforderlich ist.

Vorteilhaft beim Einsatz von Aktivkohlefiltern ist das sehr hohe Abscheidepotential vor allen Dingen gegenüber organischen Schadstoffen, nachteilig die wenn auch minimale, prinzipbedingte Erhöhung des CO-Gehaltes.

Als alternative Technik zum Aktivkoksfilter wird zur Endreinigung auch oft die Gewebefiltertechnik eingesetzt, die ebenfalls auf adsorptiver Basis ein ähnlich hohes Abscheidevermögen aufweist. In Abbildung 4.10 ist diese an sich bekannte Technik wiederum stark vereinfacht dargestellt.

Das staubhaltige Rauchgas wird durch eine Vielzahl von in einem Gehäuse hängenden Schläuchen (deshalb auch die Bezeichnung Schlauchfilter) geleitet. Dabei durchströmt das Rohgas die Filterschläuche von außen nach innen, wobei der Staub mit den adsorbierten Schadstoffen auf der Außenseite der Schläuche zurückgehalten wird, während das gereinigte Gas durch das Filtermedium in das Schlauchinnere strömt und über den Reingasraum abgeführt wird.

Die Filtermedien werden speziell für den jeweiligen Anwendungsfall ausgewählt. Die Schläuche werden über Drahtstützkörbe gezogen, die ein Kollabieren der Schläuche während der Filterationsphase verhindern. Die Abreinigung erfolgt während des Betriebes automatisch durch kurze Druckluftimpulse.

Da hinter einer Rauchgaswäsche normalerweise nur noch sehr geringe Staubkonzentrationen vorliegen, werden - wie in Abschnitt 4.1 schon erwähnt - Additive in Form von Aktivkoks bzw. -Kohle meist im Gemisch mit Kalziumhydroxid $Ca(OH)_2$ vor dem Filter in den Rauchgasweg dosiert, um das Adsorptionsvermögen gegenüber den Rauchgasschadstoffen zu erhöhen. Zur besseren Ausnutzung der Additive werden in der Regel die aus dem Filter abgezogenen teilbeladenen Stäube nochmals vor das Filter rezirkuliert und mit frischen Additiven gemischt erneut eingeblasen. Alternativ gibt es inzwischen auch Sonderausführungen von Gewebefiltern mit sogenannter interner Rezikulation.

Sowohl bei Aktivkohlefiltern als auch bei Gewebefiltern (wenn auch hier weniger kritisch) ist durch entsprechend zweckmäßige Konstruktionen und geeignete sicherheitstechnische Vorrichtungen der Bildung von sogenannten "hot spots" (das sind ungenügend durchströmte Zonen, bei denen es durch die Ansammlung von hochreaktivem HOK oder FAK in ungünstigen Fällen zu Temperaturexkursionen mit Glimmbrandgefahr kommen kann) vorzubeugen.

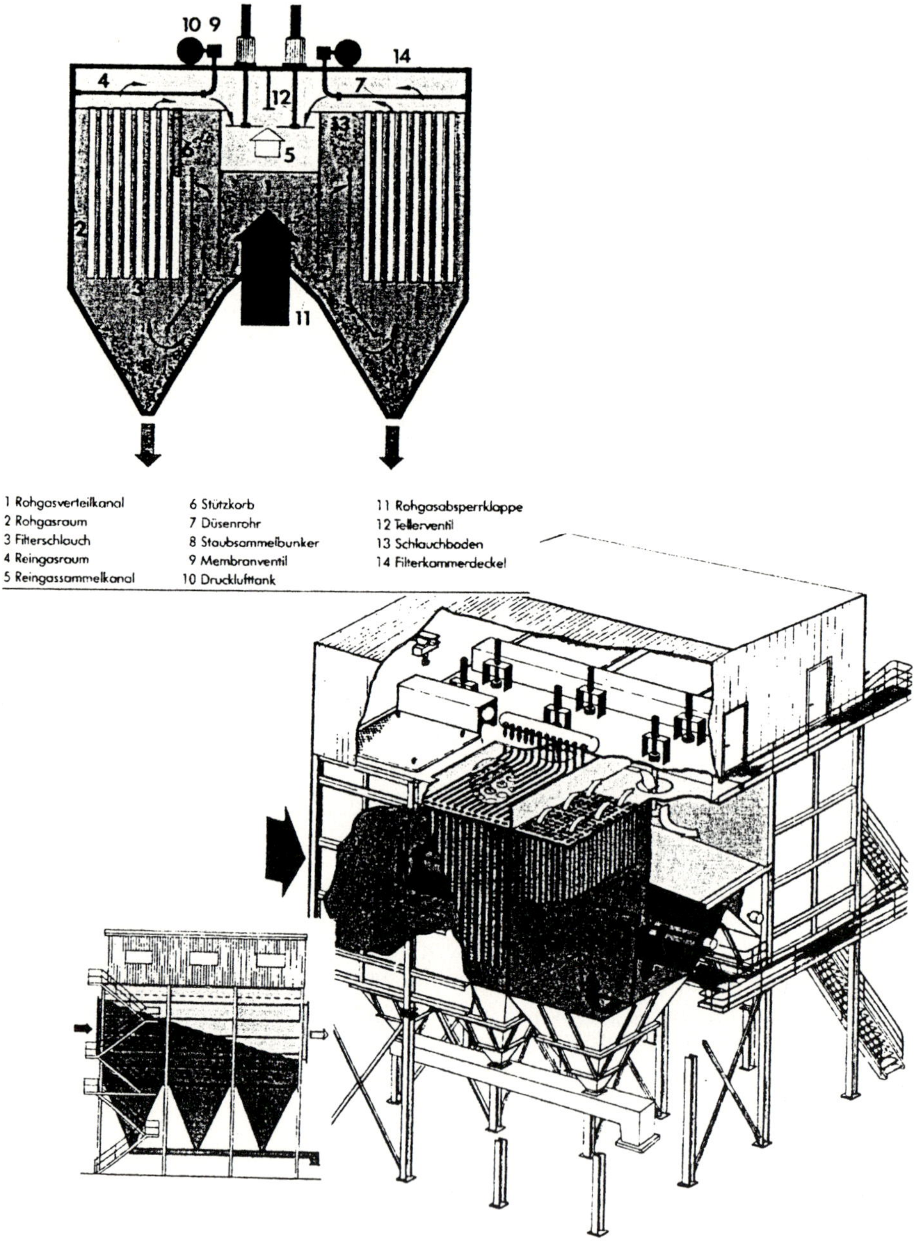

Abb. 4.10. Schlauchfilter (System Walther)

Der beladene Aktivkoks bzw. die Gewebefilterstäube können unter gewissen Bedingungen in den Feuerraum des Dampferzeugers zurückgeführt und dort verbrannt werden.

Wie im letzten Abschnitt noch dargestellt wird, sind dabei die Möglichkeiten von Schadstoffanreicherungen genau zu prüfen bzw. zu vermeiden. Alternativ müßten die Stäube speziell aufbereitet oder sonderdeponiert werden.

4.6 Schlußbetrachtung

Wie in den vorangegangenen Abschnitten dargelegt wurde, führen die strengen Forderungen nach Emissionsminimierung und Reststoffverwertung zu sehr aufwendigen Verfahrenssystemen, die zum Teil auf sehr komplexe Weise miteinander verschaltet sind. Es ist deshalb notwendig, immer wieder Plausibilitätsbetrachtungen zur Gesamtanlage anzustellen in Hinsicht auf die eindeutige Definition von Schadstoffsenken. Entsprechend sind im Zweifelsfall Kreislaufberechnungen durchzuführen, um Aufkonzentrationen von Schadstoffen in einzelnen Verfahrensstufen zu erkennen und gegebenenfalls durch Änderungen in der Verfahrensschaltung zu vermeiden. Am Beispiel der in Abbildung 4.3 dargestellten Schaltung soll dies für die wesentlichen Schadstoff- bzw. Reststoffe diskutiert werden.

Für den bei der Verbrennung übrig bleibenden Feststoff stellt der Verbrennungsrost und der dem Dampferzeuger nachgeschaltete Staubfilter die Hauptsenke dar. Pro Tonne verbranntem Müll bleibt etwas mehr als ein Drittel als Feststoff übrig. Ca. 275 kg werden als verwertbare Schlacke und 25 kg als verwertbarer Metallschrott über den Rost aus dem Gesamtsystem entfernt, ca. 24 kg als nicht verwertbare Flugasche aus den Kesselzügen bzw. den Staubfiltern abgezogen. Aus der Rauchgaswäsche werden ca. 9 kg verwertbares Salzprodukt und 9 kg Gips gewonnen, aber auch ca. 3 kg nicht verwertbarer Schwermetallschlamm.

Für Dioxine und Furane, die mit dem Müll oder aus dem Aktivkoksfilter an Koks adsorbiert in den Feuerraum eingetragen werden, stellt der Verbrennungsprozeß selbst die Hauptsenke dar. Dioxine und Furane, die beim Verbrennungsprozeß übrig bleiben bzw. insbesondere in den kühleren Rauchgaszonen neu entstehen (Stichwort: DeNovo-Synthese), werden hauptsächlich am Staubfilter abgeschieden bzw. am Katalysator der SCR-Anlage zersetzt. Bilanzrechnungen und entsprechende Messungen belegen, daß die Dioxine und Furane über einen vorausbestimmten Schwellenwert im Abgas nicht ansteigen können. Insgesamt kann die Müllverbrennung in Bezug auf die mit dem Müll eingebrachten Dioxine und Furane als Senke betrachtet werden.

Schwermetalle werden hauptsächlich über die Flugasche und die Schlämme bei der Abwasseraufbereitung ausgetragen. D. h. sowohl der Staubfilter als auch die Rauchgaswäsche dienen als Senke. Chlorid wird in Form von verwertbarem Salz und Schwefeloxid als Gips aus dem System entfernt, wobei der erste bzw. zweite Rauchgaswäscher die Senke darstellt.

Das vorgestellte Verfahrenskonzept kann also als in sich schlüssig gelten und als Beispiel dafür dienen, mit welchen aufwendigen Maßnahmen heutzutage konsequent Emissionsminderung bei technischen Prozessen betrieben wird.

5 Verwertung von Produktionsrückständen (Lackschlamm, Altöl) in einem konventionellen Kraftwerk

Was Medikamente nicht heilen, heilt das Messer, was das Messer nicht heilt, heilt das Feuer. Was aber das Feuer nicht heilt, muß als unheilbar angesehen werden.

Hippokrates

5.1 Einleitende Bemerkungen

Beobachtet man den Sprachgebrauch in der Fachliteratur, so ist besonders in der Umweltschutzsparte "Reststoff-/Abfallwirtschaft" die große Anzahl von ökologischen Wortschöpfungen geradezu auffällig. Leider bleibt es dabei häufig nur bei verbalen Konstruktionen.

Ein typisches Beispiel hierfür sind die verschiedenartigen Begriffe auf dem Gebiet der Öko-Bilanzen, wie z. B.

- Produktzyklus, Life-Time-Analyse oder
- Anlagen-Bilanzen, Input-Output Analysen,

die inhaltlich bereits vor 150 Jahren durch Langrange bzw. Euler definiert wurden [1]. Gleiches gilt für die Wertschöpfungs- bzw. Werterhaltungsterminologie entsprechender Verminderungs- und Verwertungsstrategien.

Wie nach diesen Vorbemerkungen zu erwarten ist, beschäftigt sich dieser Beitrag nicht mit theoretischen Ansätzen, sondern versucht aus der Sicht von Praktikern eine Konzeption der Integration von Reststoff- und Energiewirtschaft und deren Realisierung zu beschreiben und zur Diskussion zu stellen.

Im Mittelpunkt dieser Konzeption stehen konventionelle Energieumwandlungsanlagen - überwiegend mit Kohle gefeuerte Kraft-Wärme gekoppelte Anlagen - wie diese von der VW Kraftwerk GmbH zur Zeit in Wolfsburg betrieben werden.

Diese Kraftwerksanlagen versorgen zentral sowohl den hier ansässigen industriellen Großverbraucher - die Volkswagen AG Wolfsburg - als auch die Stadt Wolfsburg mit Strom und Wärme. Darüber hinaus werden größere Strommengen an das überregionale Netz abgegeben.

Es ist hinlänglich bekannt, daß durch diese kombinierte, d. h. gekoppelte Erzeugung von Strom und Wärme die Brennstoff- Nutzungsgrade im jährlichen Mittel gegenüber der getrennten Strom- und Wärmeerzeugung erheblich steigern. Durch die räumliche Nähe der Strom- und Wärmenutzer zur Kraftwerksanlage, sowie eine entsprechende Abnehmerstruktur vorausgesetzt, lassen sich hier jährlich Brennstoffeinsparungen von 20 % und mehr erzielen.

Dies sind erhebliche Vorteile, die sich in gleicher Höhe mindernd auf die Emissionen an umweltelevanten Stoffen (SO_2, NO_2, Staub, CO_2) auswirken.

Die Verwandtschaft, eher noch die unmittelbare Nachbarschaft zu diesem Industrieunternehmen mit einem erheblichen Umfang an produktionsspezifischen Rückständen löste dann, anläßlich eines akuten Entsorgungsproblems bei den sogenannten Lackschlämmen, das Interesse der Energiewirtschaftler an diesen Stoffen aus. Jedenfalls, soweit es sich um energiereiche Reststoffe handelt. Und da findet sich auf dem "Hinterhof" eines Automobilwerkes vieles, was sich lohnt, näher betrachtet zu werden.

So zum Beispiel:

- Altöle,
- Rückstände aus Lackieranlagen wie Lackschlämme (-Koagulate) und Lösemittel,
- Klärschlämme aus industriellen und kommunalen Abwasserreinigungsanlagen,
- Kunststoffe (Thermo-, Duroplaste),
- Kautschukprodukte (Altreifen, technische Gummiartikel).

Dabei wird und soll auf keinen Fall außer acht gelassen werden, daß teilweise für die Gewinnung und Herstellung dieser Stoffe erhebliche Energiemengen aufgewendet werden, somit die quasi "latente Energie" deutlich höher anzusetzen ist, als bei Verbrennung verfügbare Brennstoffenergie dieser Stoffe.

Gerade den manchmal als "Pyromanen" gescholtenen Energiewirtschaftlern ist es bewußt, daß deshalb eine stoffliche Verwertung an erster Stelle stehen sollte. Dies jedoch nur solange und soweit dies technisch machbar und ökologisch-ökonomisch bilanziert sinnvoll ist.

Die stoffliche Verwertung darf nicht zum Dogma erhoben werden und schon gar nicht dazu führen daß, wenn eine solche Verwertung ökologisch nicht sinnvoll ist, dann ersatzweise sogar nutzbare Brennstoffressourcen - der lieben Verweigerungshaltung wegen - deponiert oder womöglich kompostiert (kalt verbrannt) werden.

Abbildung 5.1 zeigt beispielhaft die spezifischen CO_2-äquivalenten Emissionen für verschiedene Entsorgungs-/Verbrennungssysteme bezogen auf je 1 Tonne Lackschlamm (Trockensubstanz). Dabei wurde für die Deponie-Emissionen ein CH_4/CO_2-Äquivalenzfaktor von 32 berücksichtigt.

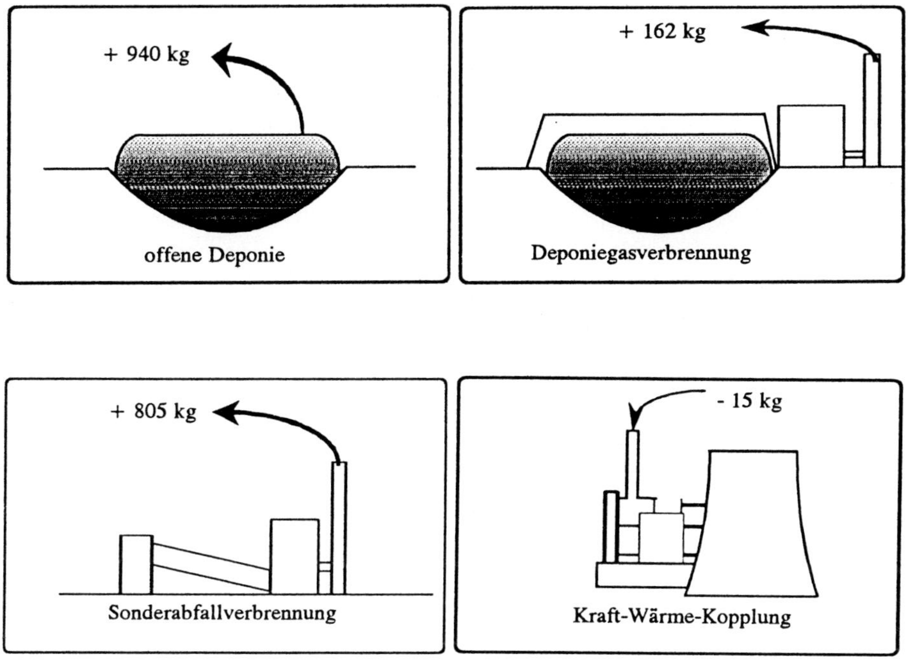

Abb. 5.1. Vergleich der spezifischen CO_2 - äquivalenten Emissionen

Die im Teilbild rechts unten ausgewiesene CO_2-Minderung (-15 kg CO_2) ergibt sich durch den höheren Wasserstoffanteil der Lackreststoffe gegenüber der substituierten Kohle.

Die Art der möglichen Energienutzung ist dabei völlig außer acht gelassen. Ähnlich kritisch wird es zu diskutieren sein, ob ein oft erheblicher Transportaufwand zu Anlagen die nahezu ausschließlich der Inertisierung dienen, nicht ähnlich einzustufen ist.

Selbstverständlich ist, daß die energetische Nutzung dieser Stoffe nur in dazu geeigneten Anlagen erfolgt. Dies bedeutet, daß diese konventionellen Kraftwerke mit modernen und effektiven Emissionsminderungstechniken auszurüsten sind, die die Einhaltung der gesetzlichen Grenzwerte jederzeit sicherstellen können (vgl. auch Abbildungen 5.5 und 5.6).

Es sollte hier noch einmal darauf verwiesen werden, daß gerade durch die Nutzung vorhandener Kraftwerkskapazitäten, die durch hohe thermische Wirkungsgrade eine maximale Energienutzung der Abfälle gewährleisten und nicht erst gebaut werden müssen, die Entsorgungskosten deutlich reduziert werden können.

Da es sich bei den oben genannten Rückständen jedoch in der Regel - hervorgerufen durch den Entledigungswillen des Besitzers und die entstehenden Entsorgungskosten - juristisch um Abfälle (Sonderabfälle) handelt, geht die Öffentlichkeit genährt von diesen Begriffen grundsätzlich von einem hohen Gefahrenpotential bei diesen Stoffen aus. Sollen dann diese Stoffe auch noch energetisch genutzt - verbrannt - werden, ist die mentale Mauer dementsprechend noch um einiges höher.

Keinesfalls sollen hier solche Rückstände "schön geredet" werden, doch es lohnt sich oft das nähere Hinsehen, sprich: analysieren und vergleichen.

Auch bei Kohlen handelt es sich um Naturprodukte, deren Aschen geologisch bedingte Inhaltsstoffe, z. B. Schwermetalle in erheblichem Maße mitführen.

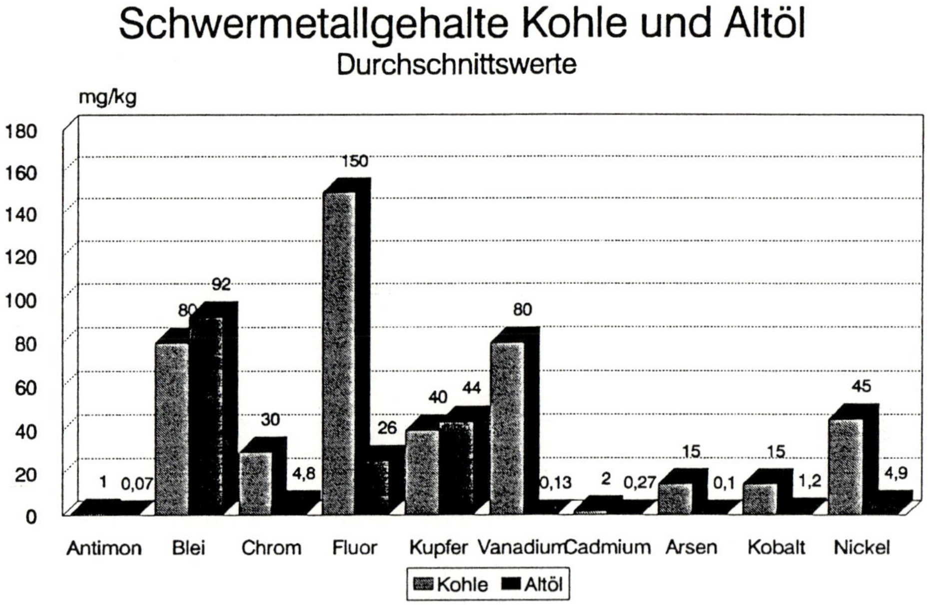

Abb. 5.2. Vergleich der Schwermetallgehalte von Kohle, Altöl und Lackschlamm (Durchschnittswerte).

5.2 Verfahrens- und Anlagenbeschreibungen

Aus der oben aufgeführten Aufzählung der möglichen Stoffe soll hier die anlagentechnische Umsetzung für Verbrennung von:

- Lack- und Farbabfällen und
- Altölen

beschrieben werden.

5.2.1 Thermische Verwertung von Lack- und Farbschlämmen

5.2.1.1 Entstehung des Lackschlammes

Die bei der Großserienlackierung anfallenden Lackschlämme entstehen bei der Reinigung der Abluft der Spritzkabinen. Das in der Abluft enthaltene "Overspray" wird dabei mit Wasser in Kontakt gebracht und somit aus der Abluft ausgewaschen. Im weiteren werden die im Wasser enthaltenen Lackpartikel entweder durch Sedimentation oder Flotation wieder vom Kreislauf-Waschwasser getrennt. Das Gemisch aus Wasser und den Lackpartikeln wird mit Koaguliermitteln versetzt, um ein Verkleben in der wäßrigen Phase zu verhindern und die Abtrennung vom Wasser zu erleichtern. Der gewonnene Lackschlamm enthält deshalb neben organischen Bestandteilen zu 40 - 80 % Wasser.

Die auf diese Weise anfallende Lackschlammenge des Volkswagen-Konzerns Inland beträgt ca. 8.000 t/a (ca. 4 kg/Fahrzeug). Für die Bundesrepublik wurden folgende Zahlen veröffentliche [2] (Stand 1989/90):

Tabelle 5.1. Lackmenge und Lackschlamm (-Koagulat)

	verarbeitete Lackmenge (t/a)	Lackschlamm (-koagulat) 50 % Festkörper (t/a)
Gesamt	540.000	200.000
Automobilhersteller	110.000	34.424
Automobilzulieferer	48.100	28.165
Automobilreparatur	45.000	11.250
sonstige	336.900	126.161

Ein sowohl für die stoffliche wie energetische Verwertung notwendige Voraussetzung ist es, das Wasser sowie die flüchtigen organischen Bestandteile von den Bindemitteln und Pigmenten zu trennen. Dieses Ziel verfolgt ein Verfahren, das von der VW Kraftwerk GmbH in Zusammenarbeit mit der Gesellschaft für die Aufbereitung und Verwertung von Reststoffen mbH (GFR) entwickelt wurde. Eine entsprechende großtechnische Anlage wurde in Wolfsburg errichtet und soll im folgenden beschrieben werden.

5.2.1.2 Konditionierung der Lackschlämme

Das Ziel des Verfahrens ist es, die Lackschlämme in drei Phasen aufzutrennen:

- getrocknete Feststoffe (Lackgranulate),
- wäßrige Phase mit wasserlöslichen organischen Lösemitten (Alkohole, Aliphate),
- organische, aromatenreiche Phase (Lösemittel, Aromate).

Diese Sekundärprodukte lassen sich bei der weiteren Verwertung wegen ihrer definierten physikalischen Konsistenz leichter handhaben.

Das Verfahrensbild der Konditionierungsanlage ist im Abbildung 5.3 dargestellt.

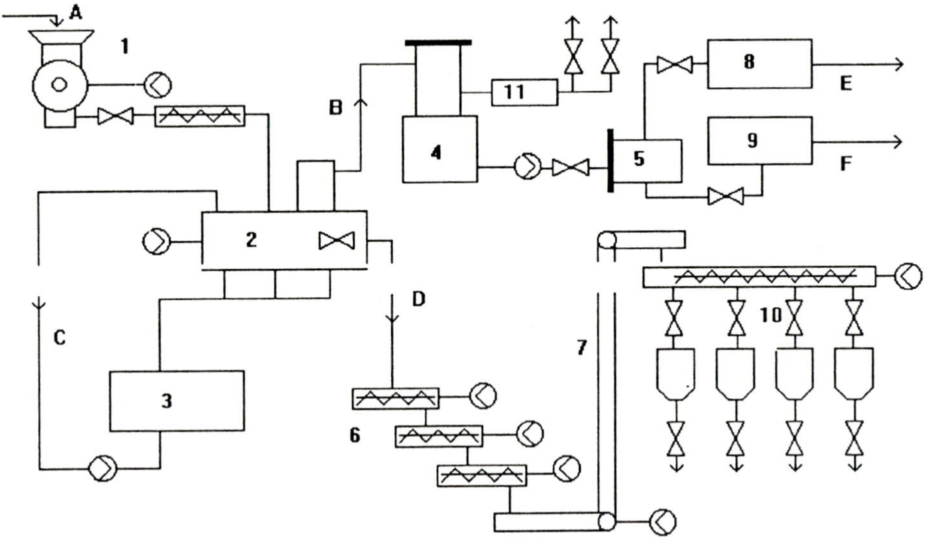

Abb. 5.3. Technologisches Schema der Lackschlammaufbereitung

Der in Containern angelieferte Lackschlamm (A) wird nach einer Behandlungsstufe, in der prozeßbedingte Verunreinigungen entfernt werden, in einen beheizten Pastenbunker (1) mit einem Fassungsvermögen von 7,2 m^3 gekippt. In diesem befindet sich ein horizontales Rührwerk, welches die Aufgaben hat, die Charge zu homogenisieren und den Schlamm der unter dem Pastenbunker befindlichen Doppeldosierschnecke zuzuführen. Diese wiederum nimmt den Transport des Schlammes in den Trockner vor. Über eine Wägeeinrichtung am Pastenbunker ist die Menge des dosierten Lackschlammes meßbar. Der eingesetzte Kontakttrockner (2) ist als beheizter, kontinuierlich arbeitender Knettrockner mit weitgehender Selbstreinigung ausgeführt. Die Beheizung geschieht durch eine Wärmeträgerölanlage (3) mit einer elektrischen Anschlußleistung von max. 1,2 MW bei einer Vorlauftemperatur des Öles (C) von max. 280° C. Die durch die Beheizung des Trockners aus den Lackschlämmen ausgetriebenen gasförmigen Stoffe (B) passieren zuerst den beheizten Brüdendom, bevor sie in einem mit Wasser gekühlten Kondensator (4) niedergeschlagen werden. Dieser Kondensator ist als senkrechtes Rohrbündel ausgeführt. Das Kondensat gelangt danach in einen Dekanter (5), der eine Trennung in eine organische (E) und eine wäßrig-alkoholische Phase (F) vornimmt. Diese verschiedenen Phasen werden dann entsprechenden Lagerbehältern (8,9) zugeführt. Die den Kondensator verlassende Abluft wird, bevor sie die Anlage verläßt, in einer katalytischen Nachverbrennungsanlage (11) gereinigt.

Die Feststoffphase wird durch die ebenfalls beheizte Rührwelle zur Austragsöffnung transportiert. Er verläßt den Trockner als pulvriges, mahlbares Produkt (D) mit einer Temperatur von max. 200° C. Danach gelangt dieses Produkt über eine Zellenradschleuse als Systemabdichtung und eine Austragsschnecke in zwei in Reihe geschaltete Kühlschnecken (6), in denen es auf eine Temperatur von 50° C abgekühlt wird. Den Kühlschnecken nachgeschaltet ist eine Siebanlage. Durch Förderanlagen (7) wird das Produkt in eine Siloanlage (10) transportiert, welche aus vier Stahlbehältern mit einem Nutzvolumen von je 30 m^3 besteht. Sowohl die organische Phase als auch der getrocknete Feststoff werden anschließend in einer Staubfeuerung verbrannt.

Die wäßrig-alkoholische Phase wird der werksinternen Kläranlage zugeführt. Nach neueren Erkenntnissen geschieht dies mit großem Erfolg, da durch die hohe Konzentration an organischem Substrat und chemisch gebundenen Sauerstoff der Einsatz in der Denitrifikatinsstufe der biologischen Behandlung zu einer deutlichen Verbesserung des Abbaus an Stickstoff bei gleichzeitiger Reduzierung des Bedarfs an Rührer-/Lüfterleistung führt.

Insbesondere während der Inbetriebnahme gesammelte Erfahrungen gestatten es nunmehr, eine sehr breite Palette an Lackschlämmen zu behandeln. Dies ist nach unseren Erkenntnissen momentan ein entscheidender Nachteil anderer Verfahren, insbesondere auch der anderen stofflichen Verwertungsverfahren.

5.2.1.3 Massen- und Energiebilanz

Auf der Grundlage der bisherigen Betriebserfahrungen und Meßergebnisse ergibt sich folgende Massenbilanz:

Eine Tonne Rohschlamm enthält durchschnittlich 350 kg Feststoffe und 650 kg Wasser und Lösemittel. In der Stufe der mechanischen Vorentwässerung werden dabei ca. 417 kg Wasser entfernt, so daß in dem Trocknungsprozeß lediglich 233 kg Wasser/Lösemittel erwärmt und verdampft werden müssen. Da dies im ungünstigsten Fall nur zu 95 % geschieht, verlassen den Trockner 368 kg getrocknetes Granulat, das heißt rund 18 kg Wasser/Lösemittel verbleiben im Granulat. An flüssiger Phase fallen rund 610 kg an, welche wie oben bereits beschrieben, im wesentlichen aus Wasser besteht und in der werkseigenen Kläranlage weiter behandelt werden. Darüber hinaus verlassen rund 22 kg als organische Lösemittelphase die Anlage und werden wie das Granulat verbrannt.

Der Gesamtenergiebedarf der für die Wasserverdampfung sowie allgemeine Transportvorgänge benötigt wird, beträgt insgesamt ca. 776 kJ/t Rohschlamm. Dagegen steht ein Heizwert des Granulates von ca. 23 MJ/kg und des Lösemittelgemisches von ca. 35 MJ/kg, so daß sich nach oben aufgeführter Massenbilanz ein Heizwert dieser beiden Stoffe bezogen auf eine Tonne Rohschlamm von 8803 kJ/kg ergibt. Es verbleiben damit netto 8027 kJ/kg Rohschlamm die energetisch genutzt werden können.

Die Lackgranulate werden dann mengendosiert der Kohle zugemischt, gemeinsam mit dieser in den Kohlemühlen vermahlen und in den konventionellen Kohlenstaubbrennanlagen der Dampfkessel verbrannt (Abbildung 5.4).

5.2.2 Thermische Verwertung von Altölen

Diese Anlagenkonzeption gestaltet sich gegenüber dem vorherigen Beispiel wesentlich einfacher. Unter dem Begriff "Altöl" sind hier insbesondere solche gemeint, die ihren Ursprung in Emulsionen bzw. Kühl-Schmierstoffen haben. In der überwiegenden Anzahl werden bzw. müssen die Emulsionsgemische aufbereitet werden, um die Mineralöle und eingesetzten Hilfschemikalien (Emulgatoren, Tenside u. ä.) von dem im Kreislauf gefahrenen Wasser zu trennen. Dieser, dem Recycling des Wassers dienende Schritt, erzeugt damit ein mineralölstämmiges Gemisch, daß sehr unterschiedliche und schwankende physikalische und chemische Eigenschaften aufweist. Der Heizwert dieser Altöle beträgt ca. 40 - 42 MJ/kg (Steinkohle ca. 29 MJ/kg) bezogen auf die wasserfreie Substanz. Der zugelassene Wassergehalt beträgt technisch bedingt 30 % sowie genehmigungsrechtlich max. 50 %. Der Gehalt an z. B. Schwermetallen ist im Abbildung 5.1 im Vergleich zu Steinkohle dargestellt.

Die auf diese Art anfallenden Altöle bedürfen vor einer Verbrennung vor allem einer mehrstufigen Filtration, bevor sie der Tankanlage zugeleitet werden (Abbildung 5.4). Diese dient lediglich einer kurzfristigen Bevorratung.

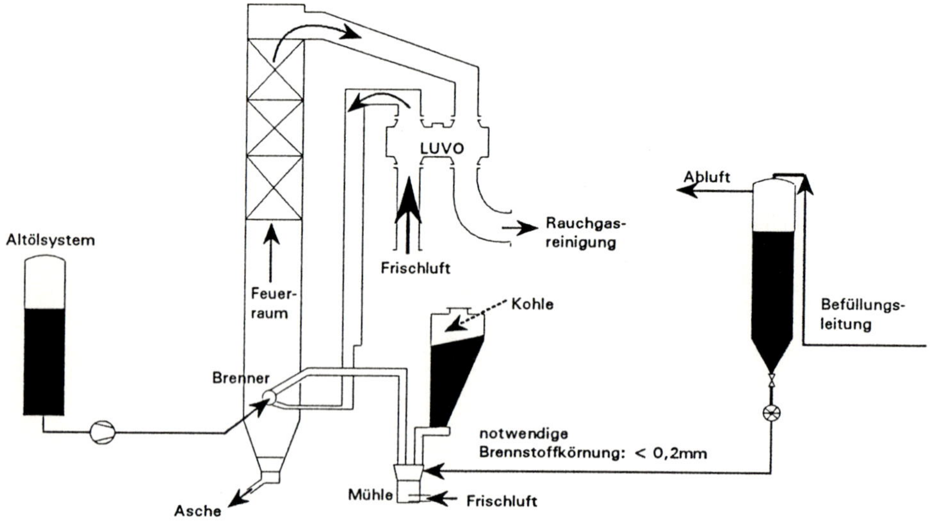

Abb. 5.4. Schema der Verbrennung von Altölen und Lackgranulaten

Von hier aus wird das über Altöl separate Leitungen den am Kessel vorhandenen Brennern für leichtes Heizöl zugeleitet und verbrennt damit im Kern einer Kohlenstaubflamme. Die bei diesem Verbrennungsprozeß gemessenen Emissionen an verschiedenen Schadstoffgruppen sind in den Abbildungen 5.5 und 5.6 dargestellt.

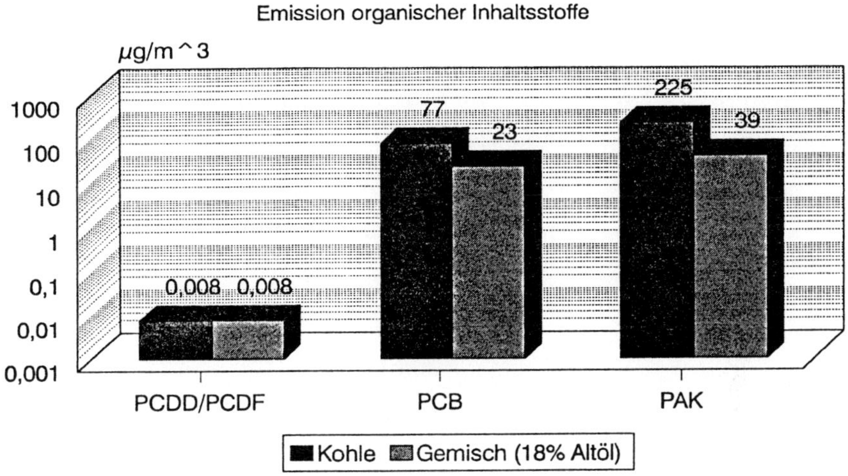

Abb. 5.5. Vergleich der Emissionen verschiedener organischer Stoffe bei der Verbrennung reiner Kohle sowie einem Gemisch von Kohle und ca. 20 % Altöl

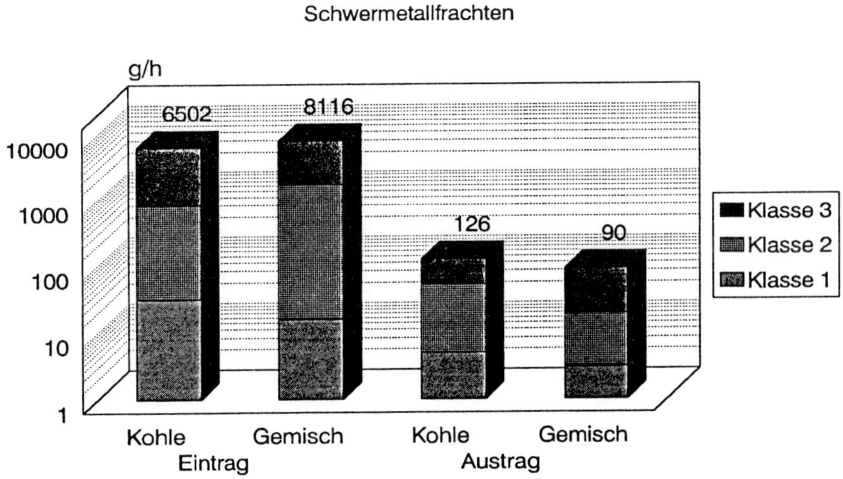

Abb. 5.6. Vergleich der Schwermetallfrachten bei der Verbrennung reiner Kohle sowie einem Gemisch von kohle und ca. 20 % Altöl

5.3 Weiterführende Betrachtungen

Die oben beschriebene Anlagenkonzeptionen sind in den beiden genannten Formen realisiert und wurden durch ein Genehmigungsverfahren nach Bundes-Immissionsschutzgesetz mit Öffentlichkeitsbeteiligung genehmigt. Für diese beiden Stoffe stehen damit ausreichend Kapazitäten zur Verfügung, um die im VW Konzern und darüber hinaus anfallenden Mengen an Lack- und Farbschlämmen und Altölen thermisch zu verwerten.

Im Sinne der oben beschriebenen Konzeption sehen wir es als logische Konsequenz an, weitere an diesem Standort entstehenden Stoffe bezüglich der Möglichkeit der thermischen Nutzung näher zu untersuchen. In Vorbereitung ist deshalb eine neue Form der thermischen Verwertung von Kautschuk- Materialien, als da wären:

- Altreifen und
- technische Gummiartikel.

Mit der Realisierung der Verbrennung dieser Stoffe wird der Weg der thermischen Verwertung von produktionsbedingten Rückständen auf nicht stofflich recycelbare "nach Gebrauch" erweitert.

Die Verbrennung dieser Stoffe mit einer geplanten Menge von ca. 30 - 35.000 t/a entspricht etwa dem VW-Marktanteil an solchen Stoffen aus der Automobilverwertung.

Diesem Weg folgend wird es weitere, gänzlich neue Konzepte geben, um auch andere Stoffe (Produktionsabfälle, Recyclingstoffe) in Kombination mit bestehenden konventionellen Kraftwerksanlagen thermisch zu verwerten.

5.4 Literatur

[1] Jischa, M.: Konvektiver Impuls-, Wärme- und Stoffaustausch. Braunschweig/Wiesbaden: Vieweg & Sohn 1982.

[2] DFO - Studie im Auftrag des Umweltbundesamtes 1989/1990.

6 Produktionsintegrierter Umweltschutz am Beispiel der Aufbereitung von Gießereisanden und von Metallspänen sowie der Auftrennung von Bohremulsionen

6.1 Einleitung

Verwertung von Produktionsrückständen - sei es ggf. nach einer spezifischen Aufbereitung durch Rückführung in den Produktionsprozeß oder durch rohstoffliche bzw. thermische Verwertung bei Dritten - ist ein wesentliches Instrument zur Abfallvermeidung und daher vom Gesetzgeber vorgeschrieben. Dabei spielt es keine wesentliche Rolle, ob diese Rückstände als Reststoffe im Sinne des BImSchG oder mit Blick auf die kommende Novelle des Abfallgesetzes (Kreislaufwirtschaftsgesetz) Sekundärrohstoffe genannt werden. In jedem Fall werden durch die gezielte Aufbereitung und anschließende Verwertung von Produktionsrückständen die entsprechenden Abfallmassenströme weitestgehend reduziert sowie Rohstoffressourcen und noch vorhandene Deponiekapazitäten geschont.

Es kann demnach neben ökologischen Erfordernissen auch ökonomische Anreize geben, produktionsspezifische Reststoffe zu verwerten.

An drei Beispielen, der Aufbereitung und Verwertung von

- Gießereialtsänden,
- Metallspänen und
- Bohr- und Schleifemulsionen.

werden nachfolgend technische Möglichkeiten sowie ökonomische Randbedingungen für entsprechende Verfahren erläutert.

6.2 Gießereialtsande

Die in Gießereien eingesetzten Formen und Kerne bestehen in der Regel aus mit Bindemittel verfestigtem Quarzsand. Als Bindemittel werden vorwiegend Bentonit (Ton) sowie Kunstharz (insbesondere bei Kernen) und Wasserglas verwendet. Der Quarzsandanteil bei harzgebundenen Formstoffen beträgt 95 - 99 MA-%, während er bei tongebundenen in einer Größenordnung von 70 - 85 MA-% liegt.

Ein Großteil des gebrauchten Formstoffes (ca. 95 %) wird nach einer mechanischen Aufbereitung (Magnetabscheiden, Sieben, Mischen, Entstauben) in der Gießerei wiederverwendet. Da viele Umläufe wegen bestimmter Bestandteile die Gebrauchseigenschaften der Sandmischung und damit auch das Gießergebnis beeinträchtigen, wird über eine ständige Zufuhr von Neusand sichergestellt, daß die störenden Bestandteile im Umlaufsand möglichst konstant gehalten werden. Aus diesem Grund muß ein untergeordneter Anteil (ca. 5 MA-%) als Gießereialtsand aus diesem Kreislauf ausgeschleust werden.

6.2.1 Art und Menge

In den deutschen Gießereien fallen rund 35 Mio. Tonnen bentonitgebundener und 2,5 Mio. Tonnen harzgebundener gebrauchter Formstoff an; dieser wird als "Gießereiumlaufsand" direkt wiederverwertet (siehe Abbildung 6.1).

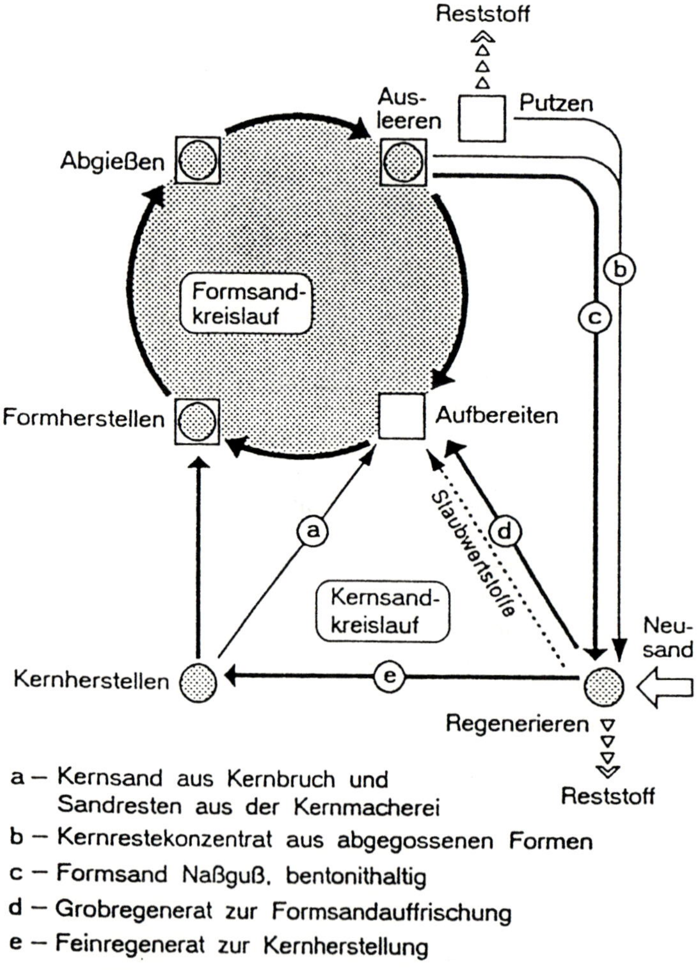

Abb. 6.1. Möglichkeiten der innerbetrieblichen Verwertung verschiedener Altsandgruppen zur Mischung des Reststoffanfalls

Durch diesen Recyclingprozeß trägt die Gießereiindustrie erheblich zur Abfallvermeidung bei. Der nicht unmittelbar einsetzbare Formstoff wird als Gießereialtsand (auch Gießereirestsand) bezeichnet und fiel im Jahr 1992 in der gesamten Bundesrepublik in einer Menge von ca. 1,8 Mio. Tonnen an.

Noch vor einigen Jahren betrug die jährlich anfallende Gesamtmenge an Gießereialtsand in den alten Bundesländern und der ehemaligen DDR rund 3 Mio. Tonnen. Die erhebliche Mengenreduzierung ist auf den Rückgang der gesamten Produktion in den Gießereien sowie auf den zunehmenden Einsatz von Regenerierungstechniken zurückzuführen. Das Jahr 1993 führt in Folge der allseits bekannten wirtschaftlichen Probleme zu einem weiteren Rückgang der Altsandmenge auf ca. 1,2 Mio. Tonnen.

6.2.2 Eigenschaften

Gießereialtsand besteht üblicherweise aus Altsand- und Neusandanteilen und aus Anteilen des verwendeten Binders sowie weiterer Zusatzstoffe wie Härter, Katalysatoren, Glanzkohlenstoffbildner, Formlacke, Kleber und metallische Reste sowie Reaktionsprodukte der organischen Inhaltstoffe, die in Folge der thermischen Prozeßabläufe beim Gießen entstehen. Hauptkomponente der Gießereialtsande ist naturgemäß Quarzsand sowie daneben bei bentonitgebundenen Formstoffen gebrannter Ton, der neben Kohlenstoff- bzw. Kokspartikeln die Kornoberflächen umgibt.

Während die Hauptbestandteile der Gießereialtsande aus natürlichen Vorkommen stammen und wasserwirtschaftlich unbedenklich sind, beeinflussen verfahrensbedingt entstandene Komponenten jedoch die wasserwirtschaftliche Verträglichkeit. Die Verwertung von Gießereialtsanden ohne weitere Aufbereitung z. B. in der Bauindustrie ist daher erheblich eingeschränkt.

Die Hitze des flüssigen Metalls und des heißen Gußstücks wandeln die organischen Bindemittel und Kohlenstoffzusätze weitestgehend zu Koks um. Auch Bentonit verliert zum Großteil seine Bindefähigkeit und wird "totgebrannt". Wegen lokal vorherrschender reduzierender Bedingungen beim Gießvorgang können aus den organischen Bestandteilen jedoch auch Pyrolyseprodukte entstehen. Diese sind insbesondere polycyklische aromatische Kohlenwasserstoffe (PAK), gesättigt und ungesättigte Kohlenwasserstoffe sowie Phenole. Weiterhin können über das Anmachwasser Ammonium- und Phosphatsalze sowie andere Substanzen eingetragen werden, die bei der Eluierung des Altsandes zum Überschreiten bestimmter Grenzwerte und damit zu einer wasserwirtschaftlichen Unverträglichkeit führen können.

6.2.3 Aufbereitungsverfahren

Strebt man an, auch Gießereialtsande wieder in Gießereien einzusetzen, so ist grundsätzlich wegen der beschriebenen prozeßbedingten Minderung der Altsandqualitäten eine Aufbereitung notwendig. Da bei der Kernherstellung überwiegend Bindemittel auf Kunstharzbasis eingesetzt werden und diese Bindesysteme normalerweise unverträglich gegenüber Bentonit sind, ist ein Hauptziel der Aufbereitungsverfahren, die bentonithaltigen Schichten auf den Sandkörnern möglichst vollständig zu entfernen, wenn das Regenerat als Neusandersatz bei der Kernherstellung verwendet werden soll. Die Bindefähigkeit der Kunstharze geht nach jedem Form- und Gießprozeß vollständig verloren, so daß ebenfalls eine Abtrennung der nicht mehr bindefähigen Binderhüllen vom Quarzkorn erforderlich ist. Hierzu haben sich zwischenzeitlich zwei grundsätzliche Aufbereitungsmethoden herauskristallisiert (Abbildung 6.2).

Vorbereitungsstufe
(Zerkleinern, Metall abscheiden, ggf. Vortrocknung)

Thermisch / mechanische Regenerierung	Mechanische Regenerierung
Vorregenerierung (mechanisch / pneumatisch)	
Thermische Regenerierung (660-900° C)	
Nachregenerierung (mechanisch / pneumatisch	Vollregenerierung (trockenschleifen und entstauben oder naßschleifen, entwässern, trocknen
Nachentstaubung (sichten, sieben)	ggf. thermische Inertisierung des Staubes oder Wasserbehandlung mit Kreislaufführung

Abbildung 6.2. Schema des Aufbaus von Regenerierungsverfahren

Die dreistufige mechanisch/thermische Regenerierung führt jedoch nicht immer zu befriedigenden Ergebnissen. Der energieintensive thermische Behandlungsschritt kann bewirken, daß die Bentonithüllen auf den Sandkörnern festgebrannt werden, das Regenerat hat damit keine Neusandqualität. Diese Beeinträchtigung hat dazu geführt, kaltmechanisch arbeitende Trocken- bzw. Naß-Regenerierungsverfahren zu entwickeln. Hierzu wird der Altsand nach Abtrennung grober Verunreinigungen Reibungs-, Schlag- und Scherkräften ausgesetzt und damit die störende Binderhülle entfernt. Neben dem aufbereiteten Quarzsand, der den Neusand zumindest teilweise substituieren kann, entsteht bei Trockenverfahren ein bentonit- und kohlenstoffhaltiges Staubgemisch sowie Quarzmehl. Die anfallenden Stäube können nur dann ebenfalls in die Gießerei zurückgeführt werden, wenn sie überwiegend Bentonit enthalten. Gegebenenfalls müssen sie thermisch nachbehandelt werden.

Naßverfahren bieten in der Regel den Vorteil eines höheren Regenerierungsgrades. Dazu wird der vorgereinigte Altsand mit Wasser gemischt und intensiv gerührt. Der nach einem Klassierschritt abgetrennte Quarzsand wird entwässert, getrocknet und nach Kühlung in Regeneratssilos zwischengelagert. Der im Wasser suspendierte Schlamm wird abfiltriert und kann bei hohen Bentonitgehalten ebenfalls wiederverwendet werden. Das Wasser wird im Kreislauf gefahren. Gemäß Tabelle 6.1 liegen die spezifischen Behandlungskosten je nach Durchsatz und Größe der Anlage zwischen rund 70 und 300 DM/tr Gießereialtsand.

Tabelle 6.1. Aufbereitungskosten beim Einsatz verschiedener Altsandregenerierungsanlagen mit unterschiedlicher Auslastung, berechnet nach Herstellerangaben

Anlagengröße	**Regeneratmenge**		**Aufbereitungskosten (DM/t)**	
Leistung in t/h	t/Jahr	bei Zahl der Schichten	mech./therm. dreistufige Anlagen	mech. mehrstufige Anlage
0,75	3600	3	127	75
	2400	2	163	90
	1200	1	270	135
1,50	7200	3	94	65
	4800	2	115	78
	2400	1	180	115
5,00	24000	3	74	
	16000	2	93	
	8000	1	148	

6.2.4 Externe Verwertung

Neben den Möglichkeiten einer gezielten Aufbereitung des Gießereialtsandes und der Wiederverwertung als Form- und Kernsand (Regenerierung) bieten sich weitere Möglichkeiten, Gießereialtsande als Teststoffe bzw. Wirtschaftsgut in anderen Industriebereichen zu verwerten, wenn diese in nach BImSchG genehmigungsbedürftigen Gießereien anfallen. Die wesentlichen Einsatzbereiche sind:

- **Erd- und Straßenbau**

Gießereialtsande können z. B. zur Herstellung von Fahrbahndecken sowie in Trag- und Frostschutzschichten verwendet werden. Bautechnische wie wasserwirtschaftliche Anforderungen sowie Maßnahmen zur Güteüberwachung sind in den vom deutschen Gießereiverband herausgegebenen vorläufigen technischen Lieferbedingungen formuliert. Dabei sind bestimmte Grenzwerte im Feststoff bzw. im Eluat (z. B. PAK, Summe, Kohlenwasserstoffe, EOX, etc.) einzuhalten. Um diese zu erreichen, sind Gießereialtsande in der Regel zunächst aufzubereiten.

- **Herstellung von Asphaltmischprodukten**

Bereits seit 1987 wurden zahlreiche Versuche durchgeführt, Gießereialtsande in bituminösen Mischgütern einzuarbeiten. Dabei wurde festgestellt, daß das Eluatverhalten derartiger Betonmischungen sicher die Anforderungen der Deponieklasse 2 (NRW) erfüllt und daß bei einer Zugabe von 5 MA-% von Gießereialtsand zur Mischung auch die asphalttechnischen Kriterien, wie Stabilität- und Quelleigenschaften, erfüllt werden.

- **SiO_2-Träger in der Zementindustrie**

Mehrere in der Zementindustrie durchgeführte Großversuche wurden in jüngster Vergangenheit erfolgreich abgeschlossen. Zum einen wurde der Gießereialtsand getrennt vermahlen und in den Brennofeneinlauf geblasen, so daß alle organischen Bestandteile direkt verbrannt wurden. Emissionsprobleme gab es dabei nicht. Auch die Zugabe von nichtaufgemahlenem Gießereialtsand in die Heißzone des Drehofens hat sich als praktikabel erwiesen.

- **Untertage-Versatzmaterial**

Einige Fälle sind bekannt, in denen Gießereialtsande als Bergversatzmaterial im Gemisch mit anderen mineralischen Reststoffen zur Verfüllung untertägiger Grubenhohlräume und für Schachtverfüllungen eingesetzt werden. Insbesondere wegen der organischen Verunreinigungen wird die Umweltverträglichkeit dieser Verwertungsmaßnahmen von den zuständigen Behörden jedoch unterschiedlich beurteilt. Aufgrund der im Vergleich zur Aufbereitung und Rückführung in den Gießereiprozeß geringeren Verwertungskosten werden diese Verwertungswege jedoch z. Zt. verstärkt beschritten mit der Konsequenz, daß zentrale Aufbereitungsanlagen für Gießereialtsande z. T. erhebliche freie Kapazitäten besitzen.

6.3 Entölung von Metallspänen

In der metallverarbeitenden Industrie der Bundesrepublik Deutschland fallen bei der spanabhebenden Metallverarbeitung mehrere 100.000 t/a mineralölhaltige metallische Rückstände an. Der Ölgehalt dieser Rückstände (über 50 MA-%) ist u. a. von der Partikelgröße der Metallteilchen und der Art der verwendeten Kühlschmierstoffe abhängig.

In Folge der teilweise hohen Konzentrationen an metallischen Wertstoffen stellten diese Rückstände bis vor wenigen Jahren willkommene Rohstoffe für Metallhütten dar und erbrachten z. T. hohe Erlöse. Bei den üblichen pyrometallurgischen Metallgewinnungsverfahren verbrennt das Öl allerdings nicht vollständig, ein Teil verdampft und kann zu unkontrollierbaren Glimmbränden in den nachgeschalteten Abgasfilteranlagen führen. So mußte der Eingangsölgehalt der Vorstoffe auf 0,5 - 2 MA-% begrenzt werden. Um die Metallspäne entsprechend weiter verwerten zu können, ist eine weitgehende Entölung der Metallspäne vor der weiteren stofflichen Verwertung notwendig.

Aber auch die Entsorgung als Abfälle durch Ablagerung in geeigneten Deponien ist grundsätzlich nach der TA Abfall nicht mehr möglich, da der Anteil an organischen Komponenten unterhalb von 10 MA-% liegen muß (ausgedrückt als Glühverlust oder TOC).

6.3.1 Entölungsverfahren

Die Entölungsverfahren haben grundsätzlich zum Ziel, den Ölgehalt der Metallspäne so weit wie möglich zu senken und damit eine Verwertung zu ermöglichen. Die Verfahren lassen sich grundsätzlich einteilen in

- thermische Verfahren und
- Waschverfahren.

6.3.1.1 Thermische Verfahren

Hierbei werden die organischen Bestandteile zunächst verdampft und anschließend in einer speziellen Nachbrennkammer verbrannt. Vorteil dieser Verfahren ist, daß die zum Verdampfen aufzuwendende Energie zumindest teilweise aus der Nachverbrennung des Mineralöls erzeugt und dieses damit energetisch verwertet wird.

Auch die Verdampfung mit anschließender Kondensation und destillativer Auftrennung der Schmierstoffbestandteile zur Wiederverwendung ist ein mögliches Verfahren, wobei Temperaturen bis oberhalb 500° C angewendet werden. Aufgrund der erforderlichen Abgasreinigung können thermische Verfahren jedoch nur als große Zentralanlagen mit hohen Durchsätzen wirtschaftlich betrieben werden. Spezielle Werkstoffsorten mit nur verhältnismäßig geringen Abfallmengen können in solchen Großanlagen jedoch oft nicht verarbeitet werden, da es ansonsten zu unerwünschten Reaktionen oder Vermischungen kommt, die eine Verwertung der entölten Stoffe verhindern oder zumindest den Wert der erzeugten Sekundärprodukte drastisch reduzieren.

6.3.1.2 Waschverfahren

Früher wurden für die Entölung von Metallspänen verschiedene alkalische Waschverfahren eingesetzt. Diese Verfahren haben jedoch in letzter Zeit an Bedeutung verloren, weil die Waschlauge mit ihrer Neutralsalzfracht - das in der Waschemulsion enthaltene Öl wurde durch Zusatz mehrwertiger Metallsalze gespalten und z. B. unter Zugabe von Tonerdegemischen und Fällungskieselsäuren als stichfester Schlamm abgetrennt - nach den neuen Bestimmungen des Wasserhaushaltsgesetzes nicht mehr in den Vorfluter eingeleitet werden darf. Eine Entsalzung über Umkehrosmoseanlagen sowie die problematische Entsorgung des abgetrennten Ölschlamms führten zu erheblichen Kostenbelastungen. Bekannt sind auch Entölungsverfahren mit leicht flüchtigen organischen Extraktionsmitteln oder mit FCKW. Der Einsatz beider Stoffe führt zu den bekannten Problemen.

6.3.1.3 Beispiel für ein abwasserfreies Waschverfahren

Am Beispiel der alkalischen Waschverfahren konnte gezeigt werden, daß durch gezielte Aufbereitung zwar eine weitgehende Entölung der Metallspäne und damit die weitergehende stoffliche Verwertung in Metallhütten möglich ist; diese Aufbereitung ist jedoch mit der Erzeugung von problematischen Sekundärrückständen, wie Ölschlämmen, verbunden, die in der Regel nur als Abfälle z. B. in Sonderabfallverbrennungsanlagen entsorgt werden können.

Zielsetzung moderner Aufbereitungs- und Verwertungsverfahren sollte jedoch sein, eine möglichst geringe Menge an nichtverwertbaren Sekundärrückständen zu erzeugen. Abbildung 6.3 zeigt ein solches Beispiel.

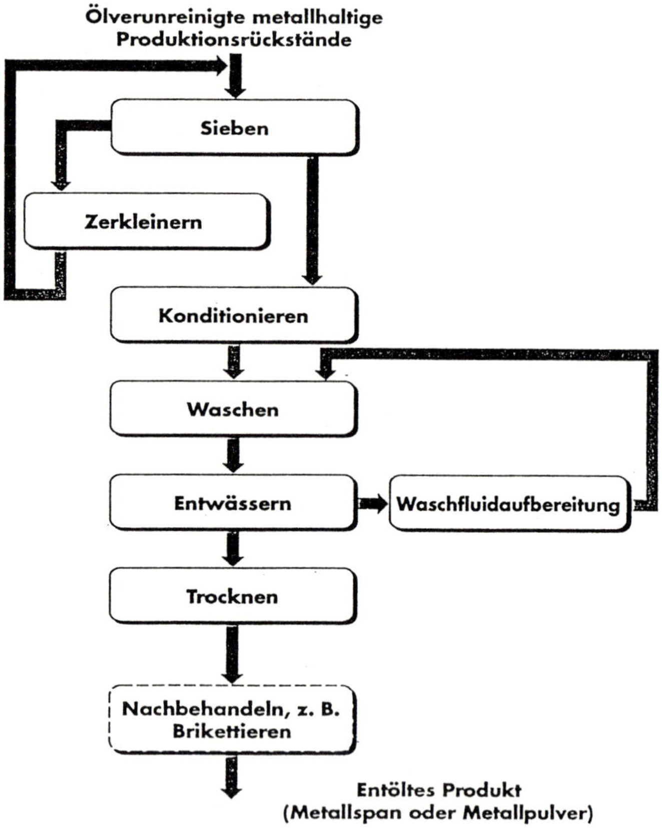

Abb. 6.3. Verfahrensstammbaum zur Entölung von Metallbearbeitungsrückständen (Fa. Noell Abfall- und Energietechnik GmbH)

Der von NOELL Abfall- und Energietechnik GmbH entwickelte mehrstufige Waschprozeß benutzt als Waschmedium Wasser. Vor der Wäsche werden aus den metallischen Reststoffen Grobgut und Fremdstoffe durch eine Siebung entfernt. Der Siebdurchgang gelangt in eine Konditionierungsstufe, in der die Metallbearbeitungsrückstände mit einem Netzmittel versetzt werden. Anschließend durchläuft das Material eine Waschkaskade, in der mit Wasser und unter Zugabe von Tensiden bei starker mechanischer Aktivierung gewaschen wird. Das Waschfluid wird dabei im Gegenstrom zu den metallischen Feststoffen geführt. Nach dem Waschen wird das entölte Material entwässert und getrocknet. Je nach Anforderungen und Verwendungszweck können weitere Verfahrensschritte, wie z. B. eine Brikettierung der entölten Metallspäne, nachgeschaltet werden.

Damit das Verfahren abwasserfrei arbeiten kann, muß das Waschfluid vollständig im Kreislauf geführt und zwischenzeitlich wieder vom Öl befreit werden. Dieser Verfahrensschritt kann z. B. mit dem im nächsten Kapitel beschriebenen thermischen Emulsiontrennverfahren erfolgen. Eine andere Variante ist der Einsatz von Braunkohlen-Aktivkoks. Bei diesem Verfahren wird feinkörniger Koks intensiv in der Emulsion suspendiert, wobei die im Wasser vorhandenen Öle absorptiv auf der Koksoberfläche gebunden werden. Nach der Phasentrennung entsteht ein schwachölbeladenes Wasser, daß wieder in den Waschprozeß zurückgeführt wird und ein stichfestes ölbeladenes Koksprodukt, daß energetisch z. B. in Kohlekraftwerken verwertet werden kann. Voraussetzung ist, daß halogenfreie Kühl- und Schmiermittel eingesetzt werden.

Mit einer in Goslar betriebenen Pilotanlage wurden Durchsätze bis 0,5 t/h gefahren. Es gelang eine Entölung aus 0,2 - < 1 MA-% Restölgehalt.

6.4 Auftrennung von Öl-in-Wasser-Emulsionen

Öl-in-Wasser-Emulsionen fallen als Kühl- und Schmierstoffe bei der Metallbearbeitung an. In der Praxis haben sich Ultrafiltrations- und Verdampfungsverfahren zur Emulsionstrennung durchgesetzt. Zwar bieten Ultrafiltrationsanlagen für kleinere Durchsätze wirtschaftliche Vorteile; insbesondere für Mischemulsionen mit unterschiedlichen Tensiden ist jedoch der Einsatz von thermischen Verfahren zu bevorzugen, da die Tenside weitgehend aus dem Wasser abgetrennt werden und ein CSB-Gehalt des Ablaufwassers unter 5.000 mg O_2/l erreichbar ist.

Das nachfolgend näher erläuterte Beispiel eines von Preussag NOELL Wassertechnik GmbH entwickelten Verdampfungsverfahrens zeigt, wie es vor dem Hintergrund steigender Kosten für die Abfall- bzw. Abwasserentsorgung möglich ist, durch Anwendung von produktionsintegriertem Umweltschutz den Kreislauf für Prozeßmedien weitgehend zu schließen und damit die Produktionskosten zu senken.

6.4.1 Randbedingungen

Im Zweigwerk Salzgitter der Volkswagen AG fallen große Mengen an Ölschmierstoffen als Öl-in-Wasser-Emulsion aus der Motorenherstellung sowie Waschwässer aus Entfettungsanlagen an. Der Ölanteil des zu behandelnden Abwassers beträgt ca. 5 - 10 MA-%. Für die Aufbereitung dieser Abwässer wurde ein Verfahren konzipiert und eine entsprechende Anlage Ende 1990 in Betrieb genommen (vgl. Abbildung 6.4). Die Emulsionen und Abwässer sind so aufzubereiten, daß eine niedrig belastete Wasserphase entsteht, welche zur Herstellung von Kühlemulsionen zurückgeführt oder einer betriebseigenen Kläranlage zugeleitet werden kann. Folgende wesentliche Parameter gelten für die Anlage:

- Destillatleistung 10 m^3/h,
- CSB-Wert der aufbereiteten Wasserphase max. 5.000 mb O_2/l (Zulauf CSB: 100.000 - 300.000 mg O_2/l)
- PH-Wert im Neutralbereich,
- Temperatur max. 35° C,
- Wassergehalt in der aufbereiteten Ölphase < 5 MA-%.

6.4.2 Verfahrensbeschreibung

- **Vorreinigung**

Die über Bandfilter vorgereinigten Emulsionen und Waschwässer werden über rückspülbare Kerzenfilter in Speicherbehälter gefördert, in denen die Rohemulsion gerührt wird. Diese wird über drehzahlgeregelte Pumpen in den Verdampfer gefördert.

- **Verdampferanlage**

Der Verdampfer ist als Horizontalrohr-Sprühfilm-Verdampfer mit Brüdenverdichtung ausgeführt. Vor der Einleitung in den Verdampfer wird das vorgereinigte Abwasser entgast und anschließend kontinuierlich dem Sprühsystem des Verdampfers zugeführt. Die vorherige Entgasung - Abtrennung nicht kondensierbarer Gase, wie Stickstoffverbindungen - ist notwendig, um das über die Brüdenverdichtung eingestellte Vakuum konstant halten zu können.

Um die Konzentration des Umwälzstroms auf den gewünschten Eindickungsgrad zu halten, wird eine definierte Menge der konzentrierten Lösung über eine Konzentratpumpe aus dem System abgeführt. Die Umwälzlösung wird nun durch das Düsensystem auf die Außenfläche der Rohre gesprüht, es wird ein dünner, kontinuierlicher Flüssigkeitsfilm auf der Rohraußenfläche eingestellt. Dadurch ist es möglich, konstante Wärmeübertragungsbedingungen einzustellen.

Der von den Brüdenverdichtern erzeugte Saug- und Enddruck hängt von den in der Anlage herrschenden Temperatur- und Druckverhältnissen ab. Eine Regelung der Destillatleistung der Anlage erfolgt demnach über die Verdampfungstemperatur im

System (50° C-80° C).Im Verdampfer wird die Emulsion auf einen Ölgehalt von ca. 20 MA-% aufkonzentriert. Das Druckniveau liegt bei < 200 mbar absolut.

- **Nachbehandlung des Destillats**

Für die Nachbehandlung des Destillats ist ein Koaleszenz-Abscheider installiert, in dem im Destillat befindliche Restöle abgeschieden werden. Durch bei der Verdampfung mitgeschleppte Rest-Hydraulikölanteile (wasserdampfflüchtig oder Tröpfchenaustrag) und der Emulgierwirkung der Destillatpumpe kann es erforderlich werden, Schwefelsäure zuzudosieren und mit Natronlauge nach der Abscheidung wieder zu neutralisieren.

Ein Großteil des weitestgehend entölten Wassers wird zur Herstellung neuer Kühlemulsionen zurückgeführt. Wegen der niedrigen CSB-Werte ist es jedoch auch für die Fälle, in denen keine Rückführung möglich ist, unproblematisch das Wasser in einer Kläranlage zu entsorgen.

- **Nachbehandlung des Konzentrats**

Das Konzentrat mit einem Wassergehalt von ca. 80 MA-% wird in einem Vorlagebehälter auf 98° C erwärmt und in einem Separator (Zentrifuge) in folgende drei Fraktionen getrennt:

- Wasserphase (wird dem Verdampfer wieder zugeführt),
- Ölphase (ca. 25 MA-% Wassergehalt),
- Dünnschlamm (wird gesammelt und entsorgt, ca. 0,1 m^3/h).

Die Restentwässerung der Ölphase erfolgt in Phasentrennbehältern (Desorber). Diese werden im Chargenbetrieb gefahren. Über einen Düsenboden wird Luft in die erwärmte Ölphase eingeblasen. Dabei wird die Luft erhitzt und sättigt sich gleichzeitig mit Wasserdampf, so daß die Ölphase weiter entwässert wird. Das in der Luft enthaltene Wasser wird durch Abkühlen kondensiert und erneut dem Verdampfer zugeführt. Das auf diese Weise behandelte Öl kann bis auf Wassergehalte unter 5 MA-% entwässert werden. In dieser Qualität ist es z. B. in Kraftwerken energetisch verwertbar.

6.4.3 Kosten

Die Anlage ist für eine Kapazität von ca. 40.000 m^3/a ausgelegt und wird seit 1991 ohne größere Probleme im 3-Schichten-Betrieb gefahren. Aufgrund der vorliegenden Betriebserfahrungen liegen die Betriebskosten inkl. Abschreibung und Kapitaldienst für Gebäude und Anlagen sowie Personal bei rund 40 DM/m^3 Emulsion bzw. Abwasser.

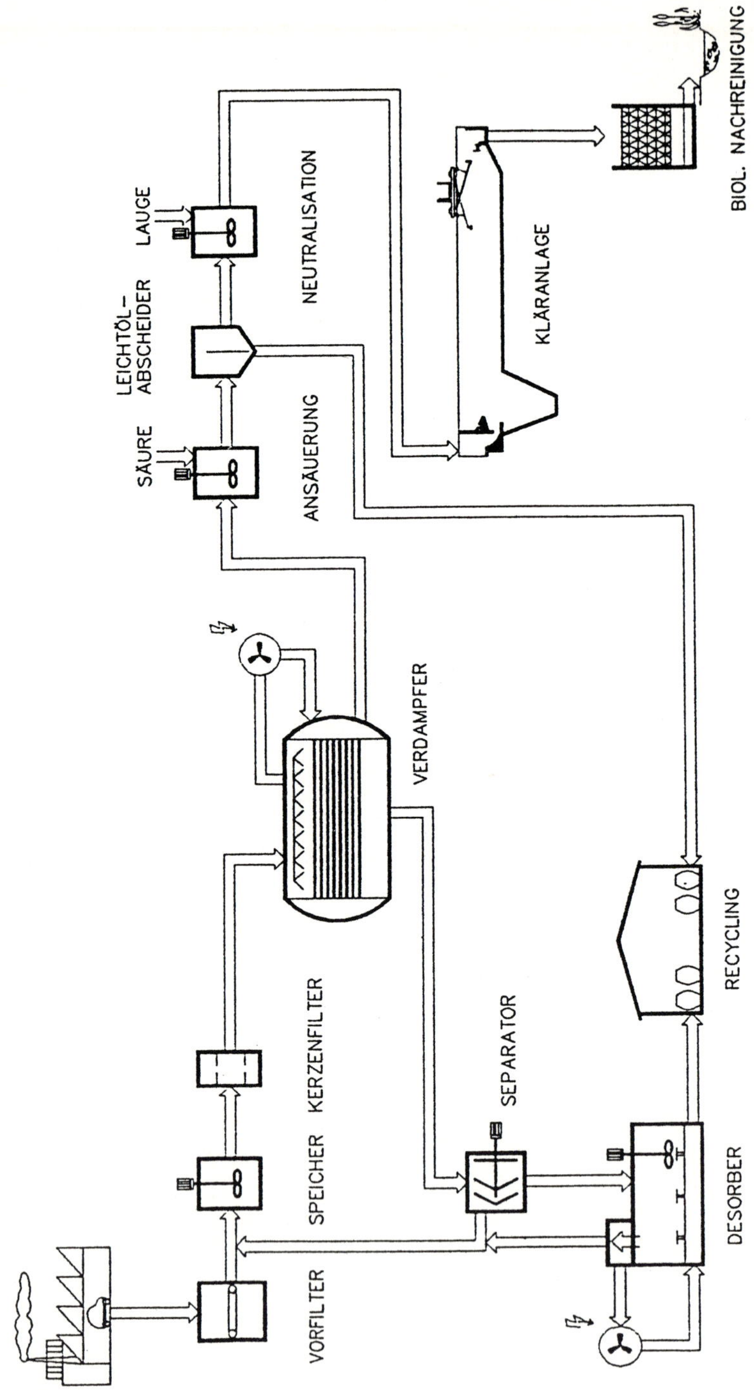

Abb. 6.4. Anlage zur Emulsionstrennung und -aufbereitung

6.5 Schlußbetrachtung

Die aufgeführten Beispiele zeigen, daß es durchaus sinnvoll sein kann, produktionsspezifische Reststoffe mit geeigneten Verfahren so aufzuarbeiten, daß eine weitgehende Verwertung möglich ist. Dabei muß es nicht notwendig sein, den Betrieb von Reststoffbehandlungsanlagen in die Automobil-Produktionstechnik zu integrieren. Unter dem Stichwort "lean-production" werden zunehmend Überlegungen diskutiert, derartige Anlagen unter Beteiligung Dritter im Rahmen von Betreibermodellen zu bauen und zu betreiben. Abfallvermeidung durch Aufbereitung und Verwertung von Reststoffen einerseits und "Entfrachtung" von Produktionsabläufen andererseits müssen daher nicht im Widerspruch stehen.

7 Energetische Verwertung von Produktionsrückständen in einer Sonderabfallverbrennungsanlage

7.1 Einleitung

Die BASF entsorgt seit Jahrzehnten ihre Produktionsrückstände in eigener Regie. Ziel des BASF-Entsorgungskonzeptes ist es, nur noch anorganische Abfälle in möglichst geringen Mengen umweltneutral zu deponieren.

Das Drehrohrverfahren ist ein wesentliches Element dieses Entsorgungskonzeptes. Aufgabe dieses Systems ist es in erster Linie, die nicht vermeidbaren und nicht stofflich verwertbaren organischen Reststoffe energetisch zu verwerten. Dies soll unter möglichst geringer Belastung von Luft, Wasser und Boden geschehen.

Die BASF betreibt acht Drehrohröfen mit nachgeschalteter Rauchgasreinigung. In Tabelle 7.1 sind die technischen Daten der einzelnen Anlagen zusammengefaßt.

Tabelle 7.1. Technische Daten der Rückstandsverbrennungsanlagen RVA 1-8

Dreh-rohrofen	Jahr	Abmessungen Drehrohr in m		Durch-satz t/a	Dampfer-zeugung t/h	Wärme-leistung GJ/h	Stromer-zeugung MW
		∅	Länge				
1	1964	2,5	10	10 000	8,5*	35	-
2	1964	2,5	10	10 000	8,5*	35	-
3	1970	3,1	10	16 000	14,5*	50	-
4	1971	3,1	10	16 000	14,5*	50	-
5	1974	3,1	10	16 000	14,5*	50	-
6	1978	3,8	10	35 000	36,0*	125	-
7	1989	3,8	10	35 000	33,0**	125	2,6
8	1991	3,8	10	35 000	33,0**	125	2,6

*/ 18 bar bei 270° C
**/ 42 bar bei 350° C

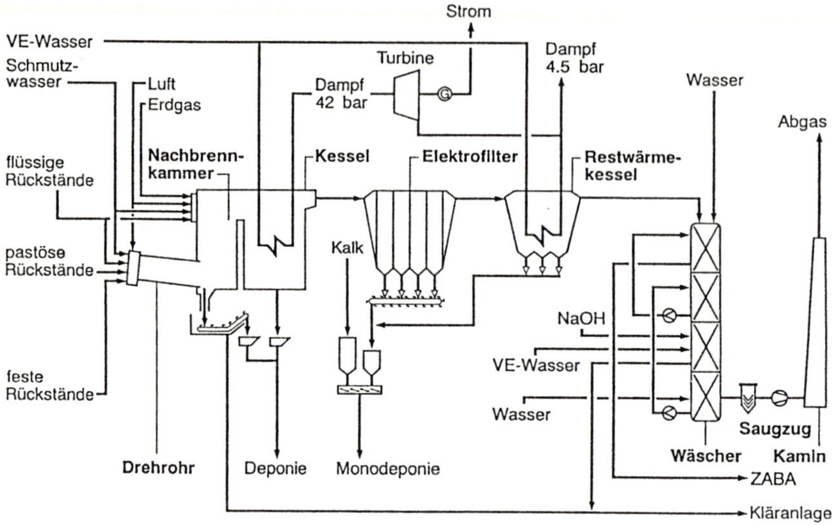

Abb. 7.1. Fließschema einer Rückstandsverbrennungsanlage

Abbildung 7.1 zeigt die für die Verbrennungsanlagen charakteristischen Vefahrenskomponenten mit den Hauptstoffströmen.
Über die Stirnwand des Drehrohres werden feste, schlammförmige, pastöse und flüssige Reststoffe und Abfälle mit verschiedenen Vorrichtungen in den Drehrohrofen eingetragen. Die ausgebrannten Feststoffe werden in der Regel schmelzflüssig aus dem Drehrohr über einen Naßentschlacker ausgetragen. In der Nachbrennkammer werden ausschließlich flüssige Reststoffe verbrannt. Zur Absicherung der gesetzlich vorgeschriebenen Mindesttemperatur schaltet sich ein Gasbrenner automatisch zu. Im Abhitzekessel kühlen die Rauchgase auf 300-350° C ab. Sie strömen von dort über eine der drei Rauchgasreinigungsstraßen mit Elektrofilter, Restwärmekessel (bisher nur Straße C), Rauchgaswäsche, Tropfenabscheider und Saugzuggebläse zum Kamin. Jeweils zwei Gruppen von drei Öfen und eine Gruppe mit zwei Öfen führen auf eine Rauchgasreinigungsstraße (Abbildung 7.2).

7.2 Das System Drehrohr/Nachbrennkammer

Die Kombination der Einzelanlagen Drehrohr und Brennkammer erlaubt es, die Ausbrandbedingungen für den Feststoff- im Drehrohr - und die Gasphase - in der Nachbrennkammer - in gewissen Grenzen unabhängig voneinander zu optimieren. In Abbildung 7.3 sind die physikalisch/chemischen Vorgänge im System Drehrohr/Nachbrennkammer schematisch dargestellt.

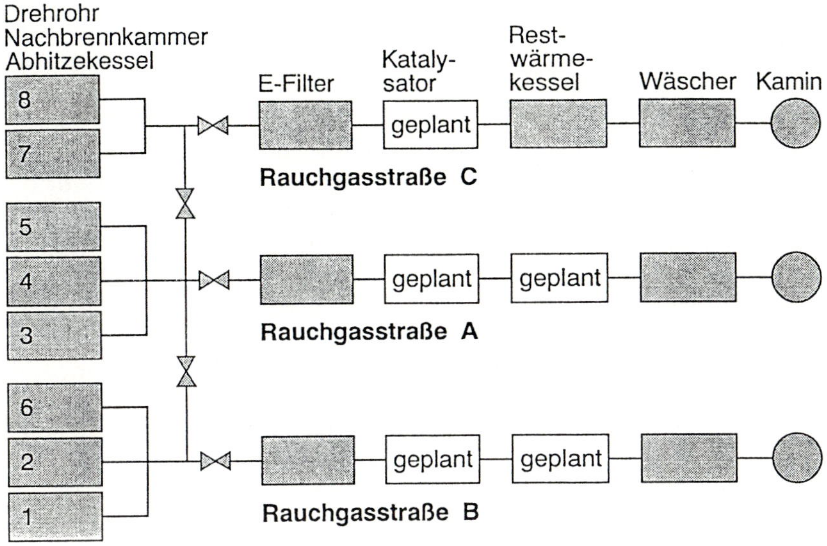

Abb. 7.2. Schema der BASF - Rückstandsverbrennung in Ludwigshafen

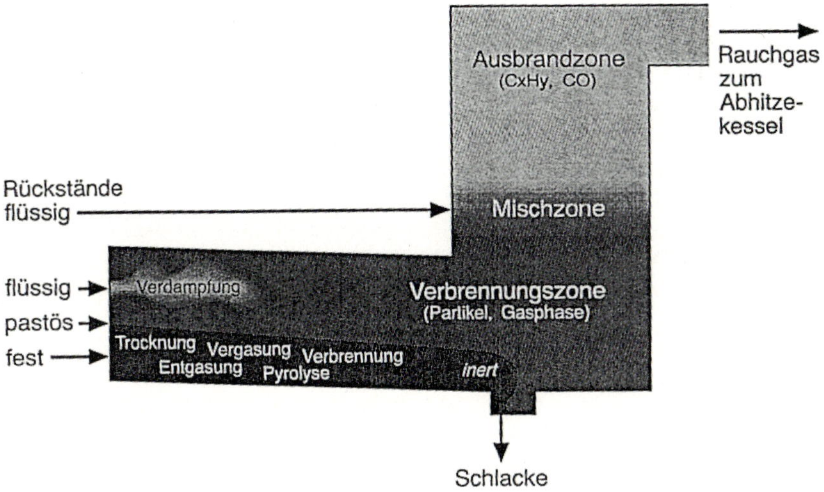

Abb. 7.3. Physikalisch / chemische Vorgänge im System Drehrohr/Nachbrenn-kammer

Die Rückstände mit Feststoffanteil werden ausschließlich über die Drehrohrstirnwand eingetragen. Bei hohen Temperaturen (bis zu 1200° C) und langer Feststoffverweilzeit (1-10 h) im Drehrohr wird ein sehr guter Ausbrand des Feststoffanteils erreicht (>99,99 %).

Die aus dem Drehrohr austretenden Rauchgase sind aufgrund der unvollständigen Quervermischung in der Gasphase unter Umständen nur teilausgebrannt. Über die in der Nachbrennkammer eingesetzten Flüssigrückstandsbrenner werden die Rauchgase gezielt durchmischt und die Verbrennungstemperatur bei Bedarf weiter angehoben. In der an die Brennerebene anschließenden homogenen Reaktionszone brennen die Rauchgase unter definierten Bedingungen hinsichtlich Temperatur (900 - 1200° C), Sauerstoffangebot (ca. 11 Vol. %) und Verweilzeit (>2 s) weitgehend aus (>99,99 %). Für chlorierte, aromatische Kohlenwasserstoffe, wie z. B. PCB und Trichlorbenzol wird ein Zerstörungsgrad von 99,9999 % erreicht.

Die neuen Anlagen der BASF-Rückstandsverbrennung, RVA 7 und 8, sind für einen Reststoffdurchsatz von 35.000 dato bei einem mittleren Heizwert von 25 MJ/kg ausgelegt. Die Drehrohröfen stellen mit einem Innendurchmesser von 3,8 m und einer Länge von 10 m den derzeitigen Stand der Technik dar. Zum Schutz des ungekühlten Stahlmantels vor der etwa 1200° C heißen, chemisch aggressiven Schlacke sind die Drehrohre mit Feuerfeststeinen ausgemauert. Die Standzeiten der Feuerfestausmauerung liegen bei ca. 8000 bis 12000 Betriebsstunden.

Im Rahmen der Projektierung der Anlage RVA 7 wurde ein neues Nachbrennkammerkonzept entwickelt. Abweichend von der rechteckigen Geometrie der Nachbrennkammern der Anlagen RVA 1 - 6 wurde die Anlage RVA 7 mit einer runden Nachbrennkammer mit vier Flüssigrückstandsbrennern gebaut. Die Brenner sind auf einen Brennkreis angestellt. Durch den hohen Austrittsimpuls der Brennerluft wird eine hochturbulente Mischzone in der Brennerebene geschaffen. An die Mischzone, die reaktionstechnisch als Rührkessel beschrieben werden kann, schließt sich die als Plugflowreaktor zu charakterisierende Ausbrandzone der Nachbrennkammer an.

Die Betriebserfahrungen mit der Anlage RVA 7 zeigen, daß dieses Brennkammerkonzept richtig ist. Die weitgehend homogene Quervermischung der Rauchgase sowie sehr gute Ausbrandwerte sind durch zahlreiche Messungen belegt. Die Anlage RVA 8 wurde daher ebenfalls mit einer runden Nachbrennkammer ausgerüstet.

Die mechanische Beanspruchung der Ausmauerung, hauptsächlich bedingt durch die thermische Wechselbelastung beim An- und Abfahren der Anlage, ist bei den neuen Brennkammern mit zylindrischer Geometrie wesentlich geringer als bei der Bauweise mit rechteckigem Querschnitt. Dadurch ist die Standzeit der Ausmauerung deutlich erhöht. Während die alten Brennkammern maximale Reisezeiten von 15000 Betriebsstunden erreichen, konnte die RVA 7 über 30000 Betriebsstunden ohne Generalrevision der Nachbrennkammer betrieben werden.

7.3 Aufgabesysteme

Der heutigen Sicherheitsphilosophie der Rückstandsverbrennung entsprechend, werden die zu verbrennenden Rückstände ausschließlich in geschlossenen Systemen gehandhabt; es gibt und gab daher nie einen Bunker.

Rückstände mit verlorener Verpackung, Sperrholzfässer, Pappe, Kunststoffgefäße und ähnliche Behälter von 50 bis 200 l Inhalt werden über eine Rollenbahn und eine Sicherheitsschleuse an der Stirnwand des Drehrohres aufgegeben. Bei der Gebindeverbrennung wird dadurch eine direkte Verbindung zwischen Ofenraum und Umgebung sicher vermieden.

Für die Verbrennung von dünn- bis zähflüssigen Rückständen, Pasten und Suspensionen mit einem Feststoffanteil bis 10 Gew % wurde ein Dickstoffbrenner entwikkelt. Die Rückstände werden aus beheizbaren und teilweise gerührten Druckbehältern (bis 5 m^3) mit Stickstoff (4,5 bar) auf die Dickstoffbrennerlanze gedrückt. Die patentierte Zerstäuberlanze ermöglicht aufgrund der sehr guten Zerstäubungsgüte eine Verbrennung der schwierigen Rückstände in der Flamme. Bei ausreichendem Heizwert der Rückstände können die Drehrohre ausschließlich über Dickstoffbrenner und Gebindeaufgabesystem beschickt werden.

Zur Verbrennung flüssiger, pumpbarer Rückstände hat sich ein einfach aufgebauter Zerstäuberbrenner gut bewährt. Er besteht im wesentlichen aus einem konzentrischen Doppelrohr mit Drallkörper und Diffusor. Der Rückstand wird mit hohen Druck über eine Axialdüse in den verdrallten Primärluftstrom eingebracht. Die Hauptverbrennungsluft wird konzentrisch um die Zerstäuberlanze zugegeben.

Organisch belastete Abwässer werden über, in der Nachbrennkammer installierte, Gas/Abwasser - Kombibrenner verbrannt.

Rieselfähige, nicht staubende Rückstände mit einem maximalen Durchmesser von 30 mm können über eine noch in der Erprobungsphase befindliche Schüttgutaufgabe mit bis zu 2 t/h Durchsatz quasi kontinuierlich in den Drehrohrofen gefördert werden. Die bisher durchgeführten Versuchsverbrennungen zeigen, daß bei kontinuierlicher Schüttgutaufgabe je nach Rückstand maximal 50 - 90 % der thermischen Last des Drehrohres über Feststoff gefahren werden kann.

Schlammförmige Rückstände, in die auch pulverförmige Produktionsreststoffe mit definierter Zusammensetzung eingemischt werden können, werden über eine Doppelkolbenpumpe kontinuierlich über die Drehrohrstirnwand eingetragen. Die Rückstände werden dazu im abgebenden Betrieb oder bei einer der Rückstandsverbrennung vorgeschalteten Behandlungseinheit konditioniert und im gerührten, geschlossenen Transportbehälter in die Rückstandsverbrennung transportiert. Die Behälter lassen sich direkt an die Eintragsschleuse der Doppelkolbenpumpe andokken. Der maximale Durchsatz liegt bei 2 t/h. Die Untersuchungen zur kontinuierlichen Beschickung des Drehrohres mit schlammförmigen Reststoffen ergaben gegenüber der diskontinuierlichen Fahrweise eine Durchsatzsteigerung bezogen auf den Feststoff um ca. 50 %.

7.4 Wärmenutzung

Die acht Verbrennungsanlagen sind mit sogenannten Schottenkesseln ausgerüstet. Diese bestehen aus einem gasdicht geschweißten Rohrkäfig, der durch 8 bzw. 9 Schotten in Rohr-Steg-Konstruktion 9 bzw. 10 Züge bildet. Eine Trennwand ist als Überhitzer geschaltet. Die Kessel haben somit keine Berührungsheizflächen, sondern nur Wandheizflächen. Die Rückwand und die beiden Seitenwände der Kessel werden im Naturumlauf, die Schottenwände, die Decke und der Boden im Zwangsumlauf betrieben. Um lange Reisezeiten zu erreichen, wird die Reinigungsmöglichkeit der Kessel während des Betriebes gefordert. Die großen, senkrecht angeordneten Schottenflächen schwingen während des Betriebes leicht und reinigen sich dadurch zum Teil selbst ab. Zusätzlich werden die Heizflächen mit Druckluft und durch Klopfen abgereinigt, ohne daß der Kessel vom Dampfnetz abgehängt werden muß. Die Flugasche wird seitlich über den Kesselboden ausgeräumt. Die Reisezeiten dieser Kessel betragen das dreifache im Vergleich zu den früher eingesetzten Package-Kesseln.

Die Anlagen RVA 1 bis 6 sind für 18 bar / 270° C Dampf ausgelegt. Bei den Anlagen RVA 7 und 8 wurde jeweils ein zehnzügiger Schottenkessel mit 42 bar/350° C Dampf eingesetzt. Der höher gespannte Dampf ermöglicht das wirtschaftliche Betreiben einer Gegendruckturbine zur Stromerzeugung.

Die Rauchgase der beiden Anlagen RVA 7 und 8 gehen auf eine gemeinsame Rauchgasreinigungsstraße, in die ein zusätzlicher Abhitzekessel zur Restwärmenutzung integriert ist. Dort kühlen die mit ca. 300 - 350° C aus dem E-Filter kommenden Rauchgase auf ca. 180° C ab und erzeugen dabei 4,5 bar/180° C Dampf.

Die Fortschritte auf dem Gebiet der Energienutzung bei der Verwertung von Produktionsrückständen in einer Rückstandsverbrennungsanlage sind in Abbildung 7.4 in Form von Sankey-Diagrammen dargestellt.

Ohne Restwärmenutzung ergibt sich bei den neuen Anlagen mit hochgespanntem Dampf aufgrund der hohen Rauchgastemperatur nach Abhitzekessel ein thermischer Wirkungsgrad von ca. 61 %. Durch den Einsatz des Restwärmekessels erhöht sich der Wirkungsgrad auf ca. 74 %. Mit sehr hohem technischen Aufwand ist eine erweiterte Restwärmenutzung auf eine Rauchgasaustrittstemperatur von 60° C bei gleichzeitiger Erhöhung der Dampftemperatur auf 525° C denkbar. Durch diese Maßnahmen wäre ein Energienutzungsgrad von bis zu 79 % zu erreichen, der dem thermischen Wirkungsgrad eines Kraftwerks gleicher Größenordnung mit Kraft/Wärme-Kopplung von ca. 82 % sehr nahe kommt.

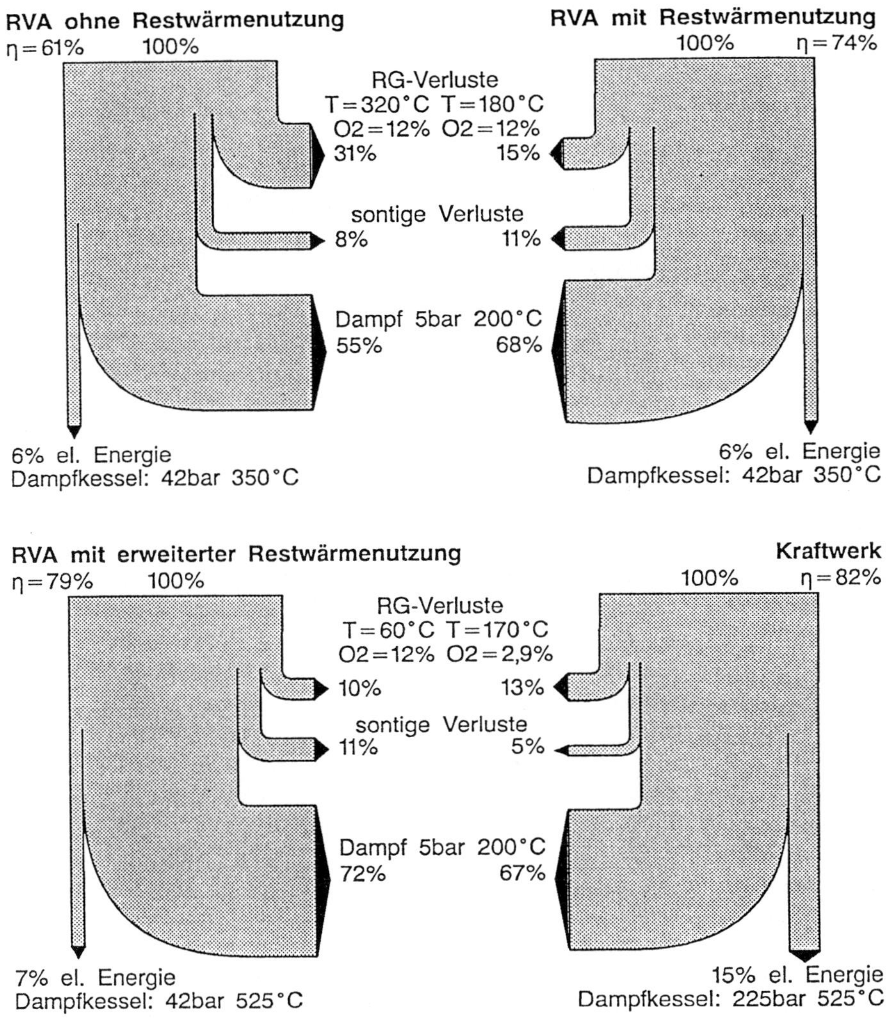

Abb. 7.4. Energienutzung, thermischer Wirkungsgrad

7.5 Rauchgasreinigung, Emission

Etwa drei Viertel des anorganischen Anteils der verbrannten Rückstände werden schmelzflüssig aus dem Drehrohr über den Naßentschlacker ausgetragen. Die glasartige Schlacke mit einen Restkohlenstoffgehalt von ca. 0,2 Gew % hat sehr geringe Eluierbarkeit. Sie wird als Wegebaumaterial auf der BASF-eigenen Deponie verwertet. Die im Kessel abgelagerten Aschen werden ins Drehrohr zur Einschmelzung in die Schlacke zurückgeführt.

Die vierfeldrigen Elektrofilter sind auf eine Abscheideleistung von 99,6 % bei einem Rohgasstaubgehalt von 5000 mg/Nm^3 ausgelegt. Die maximale Betriebstemperatur liegt aufgrund der Materialfestigkeit bei 350° C. Die anfallenden Filterstäube werden aus den vier E-Filter-Zitzen über Zellradschleusen und Trogkettenförderer auf einen Drehtellermischer aufgegeben, dort mit Kalk und Wasser abgemischt, pelletiert und in Big Bags abgefüllt auf einer Monodeponie der BASF-Deponie Flotzgrün abgelagert.

Die Rauchgasstraßen A und B sind jeweils mit einem 3-stufigen, die Straße C mit einem 4-stufigen Füllkörperwäscher ausgerüstet.

In der ersten Stufe der 4-stufigen Füllkörperwäsche wird das Rauchgas von ca. 180° C in einem Düsenquench auf Kühlgrenztemperatur (ca.- 66° C) abgekühlt. Die anschließende Füllkörperschüttung dient der HCI-Absorption und Reststaubabscheidung. Die Absorptionslösung wird im Kreislauf gefahren und bis auf 7,5 Gew-% HCI aufkonzentriert. Aus der ersten Stufe wird entsprechend dem HCI-Anfall Waschlösung in die Zentrale Abwasserbehandlungsanlage (ZABA) der BASF zur Neutralisation und Schwermetallfällung mit $Ca(OH)_2$ und, sofern nötig, mit Organosulfid ausgeschleust. Die ausgefällten Feststoffe werden über Kammerfilterpressen entwässert und auf der BASF-Deponie abgelagert, das gereinigte Abwasser wird der Kläranlage zugeführt.

Die zweite im Kreislauf betriebene Stufe dient der HCI-Restabsorption. In der dritten schwach alkalisch gefahrenen Stufe erfolgt die SO_2-Absorption. Es bildet sich Natriumsulfid, das durch gelösten Rauchgassauerstoff praktisch vollständig zu Natriumsulfat oxidiert wird. In dieser Stufe werden auch gasförmige Halogene wie Chlor, Brom oder Jod abgeschieden.

Die Waschlösung der dritten Stufe wird in das behandlungsbedürftige Abwasser (bbA) ausgeschleust. Die vierte Stufe wird mit Flußwasser gespeist. Hier wird im wesentlichen die aus der Stufe 3 durchregnende Salzlösung verdünnt. Das Entrainment aus der Stufe 4 ist damit nur noch schwach salzbeladen und trägt praktisch nicht mehr zur Staubemission bei.

Zur Einhaltung der nach 17. BImSchV geforderten Emissionswerte für Stickoxide und Dioxin/Furan werden die drei Rauchgasstraßen der Rückstandsverbrennung mit einer katalytischen Reinigungsstufe nach Elektrofilter und vor Wäscher ausgerüstet.

Da die Rauchgastemperatur nach Elektrofilter der optimalen Katalysatortemperatur von 290-320° C entspricht, kann durch die Anordnung der Katalysatoren an dieser Stelle auf eine kosten- und energieaufwendige Zwischenaufheizung der Rauchgase verzichtet werden. Durch Zugabe von Ammoniak erfolgt der Abbau der Stickoxide im Rauchgas zu Stickstoff und Wasser, die Dioxin/Furan-Komponenten werden mit Sauerstoff zu Kohlendioxid, Wasser und Salzsäure umgesetzt.

Zur Emissionsüberwachung werden alle relevanten Komponenten kontinuierlich im Kamin jeder Rauchgasreinigungsstraße gemessen und on-line im Prozeßleitsystem angezeigt. Ein Emissionsrechner erfaßt die Daten und dokumentiert sie für die Behörde. Außer für Dioxin/Furan und Stickoxid genügen alle acht Verbrennungsanlagen schon heute den Anforderungen der 17. BImSchV.

7.6 Arbeits- und Anlagensicherheit

Die Sicherheitsphilosophie der BASF-Rückstandsverbrennung kann auf zwei Kernsätze reduziert werden:

- Die Betriebsmannschaft hat keinen Kontakt mit den Reststoffen,
- Unterschiedliche Reststoffe werden getrennt zugeführt.

Diese Vorgaben bilden die Grundlage für die Arbeits- und Anlagensicherheit in der Rückstandsverbrennungsanlage.

7.6.1 Rückstände

Der Kontakt mit Rückständen wird durch die geschlossenen Handhabung vermieden. Die etwa 1300 verschiedenen Rückstände, die in der Rückstandsverbrennung der BASF entsorgt werden, müssen in geschlossenen Behältern, über Direktleitungen aus den Betrieben oder Kesselwagenentladestationen (KES) angeliefert und verbrannt werden. Dadurch wird sichergestellt, daß einerseits keine unerwünschten Reaktionen beim Mischen verschiedener Reststoffe auftreten und andererseits die Konsistenz und Zusammensetzung der verbrennenden Rückstände im Rahmen der durch die Produktion vorgegebenen Schwankungen konstant bleiben.

Ein Teil der Reststoffe wird nach Vorgabe der Rückstandsverbrennung in den abgebenden Betrieben bzw. in einer zwischengeschalteten Einheit den Verbrennungsanforderungen entsprechend konditioniert.

Die in der Rückstandsverbrennung angelieferten Reststoffe werden regelmäßig einer Eingangsanalytik unterzogen. Die den Reststoff charakterisierenden Stammdaten, für deren Einhaltung innerhalb gewisser Grenzen der Betriebsleiter bürgt, werden über EDV gespeichert und sind der Betriebsmannschaft jederzeit zugänglich. Die angelieferten Reststoffmengen werden im Rechner erfaßt. Die tägliche Erstellung des Verbrennungsmenüs erfolgt mit Hilfe dieser in der EDV gespeicherten Daten.

Jeder in der Rückstandsverbrennung zu entsorgende neue Rückstand wird zunächst im Labor auf seine verbrennungs- und emissionsrelevanten Parameter untersucht. Es muß dann eine Verbrennungszulassung bei der Genehmigungsbehörde erlangt werden. Liegt diese Zulassung vor, erhält der Rückstand die Freigabe für die Verbrennung. Bei festen Rückständen wird vor der Freigabe in der Regel zusätzlich eine Probeverbrennung in einem Drehrohr durchgeführt.

7.6.2 Betriebsparameter

Zur Überwachung der Anlagen sind zahlreiche Betriebsparameter in das System der Sicherheitsverriegelung integriert.

Die Einzelbrenner werden durch UV-Fotozellen überwacht: Erkennt die Fotozelle keine Flamme, wird die Brennstoffzufuhr durch ein Schnellschlußventil unterbunden. Der Brenner muß neu gezündet werden. Zur Zeit wird ein kombinierter IR/UV-Flammendetektor erprobt, der für alkalihaltige Rückstände eine weitere Sicherheit in der Flammenüberwachung bietet.

Zur Beobachtung der Verbrennungsbedingungen sind zusätzlich Videokameras im Drehrohr und in der Nachbrennkammer installiert. Die durch diese Systeme ermöglichte optische Beurteilung des Feuerraums aus der Meßwarte (Flammenstabilität, Feststoffabbrand, Schlackefluß) bringt eine erhöhte Sicherheit bezüglich Betriebs- und Emissionsverhalten der Anlage. Ein weiterer Schritt auf diesem Gebiet ist die Entwicklung eines ortsvariablen Ofenperiskops, mit dessen Hilfe jede Stelle des Brennraums unter Lastbedingungen zu beobachten ist.

Neben den Flammenüberwachungssystemen werden weitere Betriebsparameter wie z. B. die Rauchgastemperaturen in Drehrohr- und Nachbrennkammer, der Sauerstoffgehalt im Rauchgas nach der Nachbrennkammer, der Unterdruck im Verbrennungssystem sowie Temperaturen, Drücke und sonstige Betriebsparameter im Rauchgasreinigungssystem kontinuierlich gemessen und als Abschaltkriterien auf das Prozeßleitsystem aufgeschaltet.

Ein wesentliches Element der Anlagen- und Betriebssicherheit ist die Wegeschaltverriegelung für die Rückstandsbrenner. Ein weit verzweigtes Netz von ca. 20 km Rohrleitungen mit ca. 5000 Absperrorganen ermöglicht die hohe Flexibilität bei der Beschickung der einzelnen Anlagen. Die gewünschte Kombination von 29 verschiedenen Rückstandsvorlagebehältern und -aufgabesystemen mit 42 Flüssig- und Dickstoffbrennern wird in den Rechner eingegeben. Dieser prüft die bereits bestehenden Verbindungen anhand der Stellung der Absperrschieber und entscheidet über die Freigabe des neuen Rohrleitungsweges. Durch diese rechnergestützte Überwachung des Rohrleitungsnetzes werden Fehlschaltungen vermieden.

Das Konzept der Doppelabsperrung mit Zwischenentleerung bei allen Absperrorganen ermöglicht das Spülen der Rohrleitungen über die Rückstandsverteiler, so daß bei Produktwechsel kein Kontakt unterschiedlicher Rückstände möglich ist.

Mit der Automatisierung der Gebindeaufgabe und dem Aufbau eines Prozeßleitsystems wurden alle sicherheitsrelevanten Betriebsparameter in die Sicherheitsverriegelung einbezogen. Die Zahl der Meß- und Stellgeräte der Rückstandsverbrennungsanlage liegt bei >10000. Zur Überwachung der 8 Drehrohröfen sind 18 Automatisierungssysteme, 10 Bedien- und Beobachtungssysteme und 29 speicherprogrammierbare Steuerungen auf das Prozeßleitsystem aufgeschaltet.

7.7 Entwicklungsaktivitäten

Der Schwerpunkt der derzeitigen Entwicklungsaktivitäten liegt auf der Erhöhung des Feststoffdurchsatzes bei gleichzeitiger Homogenisierung der Rauchgasströmung in Drehrohr und Nachbrennkammer. Ein weiteres Entwicklungsthema ist die Fortführung der Prozeßautomatisierung.

7.7.1 Erhöhung des Feststoffdurchsatzes

Die Konsistenz der zur thermischen Verwertung anstehenden Rückstände wird sich aufgrund der intensiven Bemühungen zur Vermeidung und stofflichen Verwertung zu höheren Feststoffanteilen hin entwickeln. Der Drehrohrofen ist damit gefordert, einen höheren Feststoffdurchsatz zu ermöglichen.

Die diskontinuierliche Aufgabe von Feststoffen (Gebinde) bedingt einen instationären Verbrennungsverlauf, der mit starken Temperatur- und Sauerstoffkonzentrationsschwankungen verbunden sein kann. Durch kontinuierliche Beschickung des Drehrohres wird eine Vergleichmäßigung der Verbrennungsbedingungen und dadurch ein erhöhter Feststoffdurchsatz bei gleichzeitiger Verringerung des Sauerstoffüberschusses erreicht.

Zur kontinuierlichen Feststoffaufgabe (Durchsatz 1 - 5 t/h) sind in der Rückstandsverbrennung drei Systeme in der Erprobung bzw. Planung:

- Dickstoffpumpe für schlammförmige Reststoffe,
- Schüttgutaufgabe für rieselfähige, nicht staubende Güter,
- Shreddersystem für Gebinde.

Begleitend zu diesen Verbrennungsuntersuchungen wird ein bei der BASF erstelltes mathematisches Modell weiterentwickelt, das den Feststoffausbrand im Drehrohr bei veraschender Fahrweise beschreibt.

7.7.2 Verminderung des Luftüberschusses

Die Vermeidung von Strähnen in der Rauchgasströmung ermöglicht eine zusätzliche Absenkung des Luftüberschusses, d. h. eine Verringerung der Rauchgasmenge und damit eine Erhöhung des thermischen Wirkungsgrades bei gleichzeitiger Verringerung der Belastung der Rauchgasreinigung.

Zur Homogenisierung der Rauchgasströme in Drehrohr und Nachbrennkammer werden sowohl experimentelle als auch theoretische Untersuchungen durchgeführt:

- Gezielte Luftzufuhr über die Drehrohrstirnwand,
- Mathematische Modellierung der Verbrennungsbedingungen im Drehrohr,
- Mathematische Modellierung der Verbrennungsbedingungen in der Nachbrennkammer.

7.7.3 Prozeßautomatisierung

Drei Entwicklungsprojekte auf dem Gebiet der Prozeßautomatisierung sollen die Anlagen- und Arbeitssicherheit weiter erhöhen und eine noch größere Anlagenverfügbarkeit ermöglichen:

- Fuzzy-Logic-Regelung zur Erhöhung des Automatisierungsgrades,
- Plausibilitätsüberprüfung der Betriebsmeßdaten,
- bar-code-Leser zur Gebindeidentifikation.

7.8 Zusammenfassung

Das System Drehrohr/Nachbrennkammer hat sich in 30 Betriebsjahren bei der BASF bewährt. Das Charakteristikum dieses Verfahrens, die Kombination aus zwei Verbrennungssystemen, erlaubt er, die Ausbrandbedingungen für den Feststoff - im Drehrohr - und die Gasphase - in der Nachbrennkammer - in gewissen Grenzen unabhängig voneinander zu optimieren.

Im Drehrohr wird bei hohen Temperaturen und langer Feststoffverweilzeit ein sehr guter Ausbrand des Feststoffanteils erreicht (>99,99 %). In der Nachbrennkammer brennen die Rauchgase unter definierten Bedingungen hinsichtlich Temperatur, Sauerstoffangebot und Verweilzeit weitgehend aus (>99,99 %). Für chlorierte, aromatische Kohlenwasserstoffe, wie z. B. PCB und Trichlorbenzol wird ein Zerstörungsgrad von 99,9999 % erreicht.

Die Rauchgasreinigung gewährleistet Reingaswerte für Staub, SO_2, HCI und HF die deutlich unter den Werten für Kraftwerksfeuerungen liegen. Der Einsatz eines

BASF-Katalysators reduziert die PCDD/PCDF- und NO_x-Emissionen auf die in der 17. BImSchV geforderten Grenzwerte.

Mit den neuen Rückstandsverbrennungsanlagen der BASF, die mit einem Restwärmekessel ausgerüstet sind, wird ein thermischer Wirkungsgrad von 74 % bezogen auf den Heizwert der eingesetzten Rückstände erreicht.
Die Drehrohrofentechnik hat einen hohen technischen Stand erreicht. In 30 Jahren stetiger Entwicklung hat sie sich zu einem Entsorgungsverfahren mit hoher Verfügbarkeit und großer Flexibilität hinsichtlich der Art und Menge der einzusetzenden Rückstände entwickelt. Sie wird auch in Zukunft einen wesentlichen Beitrag zur ökologisch sinnvollen Verwertung und Entsorgung von Rückständen und Abfällen leisten.

8 Wiedereinsatz von entschichteten Blechen in der Fertigung

8.1 Einleitung

Das 1988 gegründete Umwelt-Forum der RWTH richtet im September 1991 das durch die Deutsche Forschungsgemeinschaft geförderte Graduiertenkolleg „Interdisziplinäre Strategien zum Schutz der Umwelt" ein. Im Rahmen dieses Kollegs wird u. a. die Schließung von Stoffkreisläufen am Beispiel des Automobilrecyclings untersucht.

Das Institut für Bildsame Formgebung befaßt sich hier mit der Thematik des Wiedereinsatzes von Blechteilen aus Altfahrzeugen als Vormaterial für umformtechnische Fertigungsverfahren. Ziel der Wiederverwendung ist Energieeinsparung im Vergleich zur Herstellung von Neublech.

8.2 Das derzeit praktizierte Automobilrecycling und aktuelle Entwicklungen

Der wesentliche Prozeßschritt des derzeit praktizierten Automobilrecyclings ist die Zerkleinerung von kompletten Fahrzeugen im Shredder. Die hierbei entstandene Stoffmenge wird sortiert in die Stahlfraktion, die NE-Fraktion und die Shredderleichtfraktion. Für die Shredderleichtfraktion bestehen zur Zeit keine Verwertungsmöglichkeiten, so daß sie deponiert werden muß. Aufgrund der enormen Mengen an Shredderleichtmüll - 450.000 t/a in Westdeutschland [1] - ist in der BRD eine Deponieraumverknappung eingetreten, die zum Ansteigen der Deponiekosten geführt hat. Zur Entschärfung dieser Situation beabsichtigt der Bundesminister für Umwelt, Naturschutz und Reaktorsicherheit die „Verordnung zur Vermeidung, Reduzierung und Verwertung von Abfällen aus der Altfahrzeugentsorgung" (Altautoverordnung) [2] zu verabschieden. Diese Verordnung soll alle Aspekte des Automobilrecycling regeln.

Die wichtigste Auswirkung der Altautoverordnung wird sein, daß Automobilhersteller Altfahrzeuge von Letztbesitzer zurücknehmen müssen. Die Fahrzeuge müssen demontiert und ihre Komponenten wiederverwendet oder verwertet werden. Zur Umsetzung der Anforderungen der Altautoverordnung werden vor allen namhaften Herstellern bereits Pilotanlagen zur Demontage von Bauteilen und Entfernung von Betriebsflüssigkeiten betrieben.

Nach Einführung der Verordnung werden umfangreiche Demontageaktivitäten einsetzen, wobei das Recycling voraussichtlich nach der folgenden Organisationsform ablaufen wird (Abbildung 8.1) [3]:

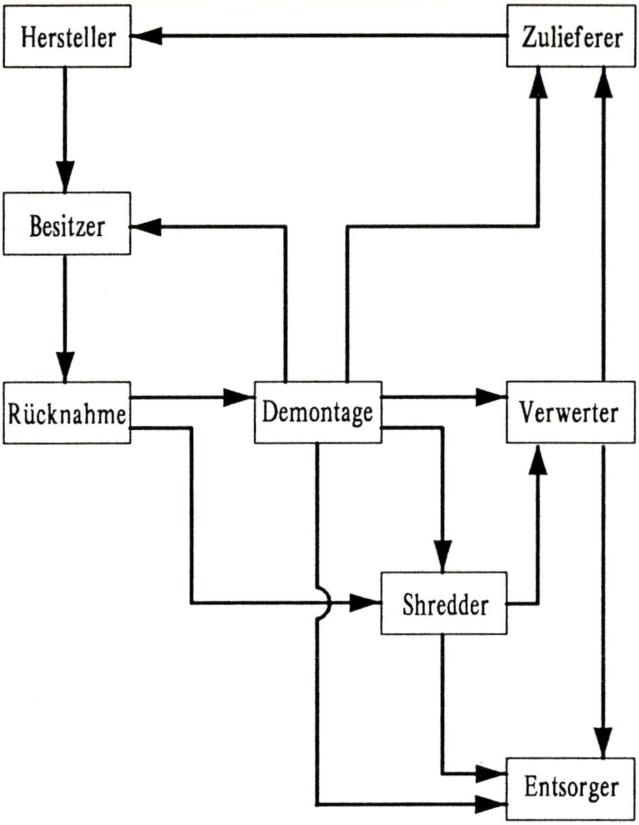

Abb. 8.1. Stationen des zukünftigen Altautorecyclings

- Der Letztbesitzer übergibt das Fahrzeug an eine lizensierte Rücknahmestation und erhält eine Bescheinigung über die ordnungsgemäße Entsorgung, ohne die er nicht aus der Kraftfahrzeugsteuerpflicht entlassen wird.
- Das Fahrzeug wird einem Demontagebetrieb zugeführt, wo recyclierbare Bauteile ausgebaut werden.
- Die demontierte Karosserie wird zur Gewinnung der Metallfraktion in einem Shredder zerkleinert.
- Verwerter übernehmen die sortenreine Erfassung und Aufbereitung der recyclierbaren Stoffe.
- Ein Entsorger ist für die ordnungsgemäße Behandlung oder Ablagerung nachweislich nicht verwertbarer Stoffe zuständig.

Innerhalb der Demontageanlagen, die zur Realisierung dieser neuen Form des Automobilrecycling eingerichtet werden müssen, können nicht nur Kunststoffteile, sondern auch Blechteile, die für eine Wiederverwendung geeignet sind, demontiert werden. Ziel dieser Demontage ist nicht die Reduzierung der Shredderleichtfraktion, sondern Energieeinsparung bei der Herstellung von Blechprodukten.

8.3 Prozeßschritte für die Altblechwiederverwendung

Prinzipiell sind folgende Prozeßschritte zur Wiederverwendung erforderlich:

- Demontage geeigneter Blechpartien aus dem Altfahrzeug,
- Entlackung der demontierten Bleche,
- Reinigung der Blechoberflächen.

Zur Wiederverwendung geeignet sind Blechpartien der Altfahrzeugs, die korrosionsfrei sind, eine geringe Vorverformung erfahren haben und für die Demontage gut zugänglich sind. Abbildung 8.2 zeigt solche Bereiche an einem Beispielfahrzeug. Diese Teile können mit Hilfe eines Plasmaschneiders im Handbetrieb ausgeschnitten werden. Durch Unfälle beschädigte und anschließend reparierte Blechteile sind nicht zur Wiederverwendung geeignet und müssen durch eine Eingangskontrolle aussortiert werden.

Abb. 8.2. Zum Wiedereinsatz geeignete Blechpartien

Auf die Blechdemontage folgt die Entlackung der Bleche. Für die Altblechwiederverwendung geeignet und ökologisch vertretbar ist die Wirbelbettentlackung. Durch diesen Prozeß wird der Lack in einem Sandbad bei Temperaturen von ca. 420° C verschwelt [4].

Abbildung 8.3 zeigt vereinfacht den Aufbau einer Wirbelbettanlage, die im wesentlichen aus drei Teilen besteht: Dem Wirbelbett, das mit dem erwähnten Sandbad identisch ist, der Retorte, die das Wirbelbett enthält und einer thermischen Nachverbrennung.

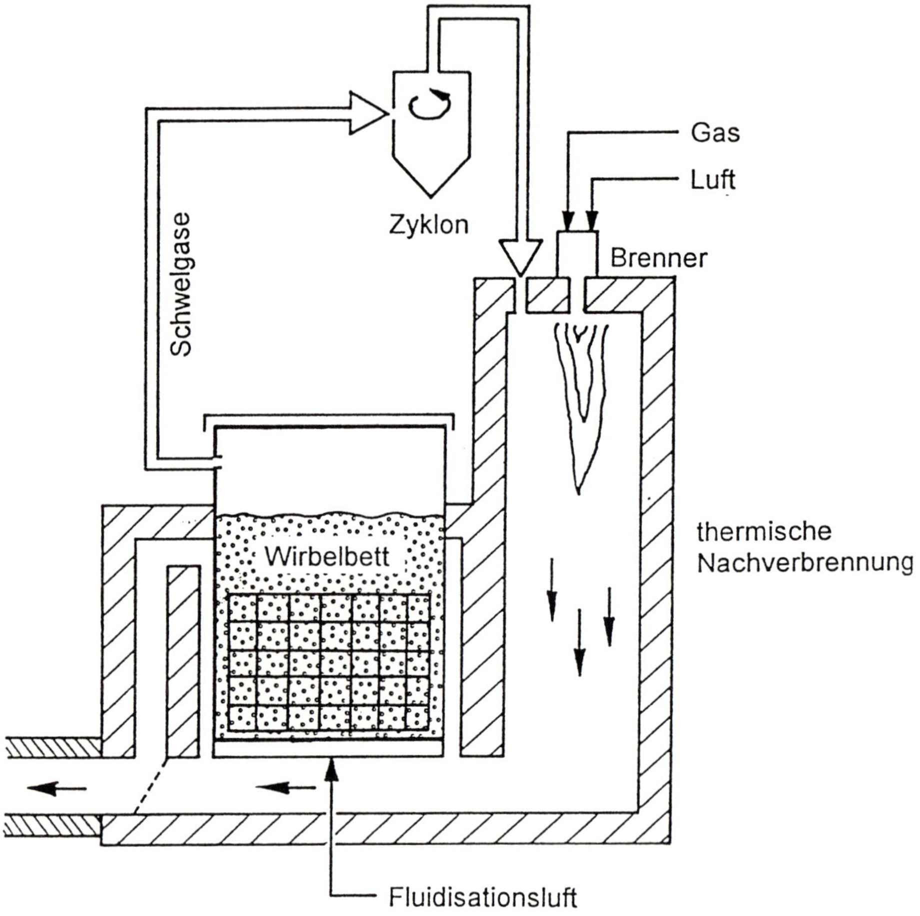

Abb. 8.3. Aufbau einer Wirbelbett - Entlackungsanlage

Luft, die durch die gasdurchlässige Bodenplatte der Retorte strömt, fluidisiert das Sandbad. Die zu entlackenden Teile können daher leicht eingetaucht werden. Der Ablauf des Entlackungsprozesses - beginnend von der Inbetriebnahme der kalten Anlage - ist wie folgt:

Mittels eines gasbetriebenen Brenners wird die thermische Nachverbrennung gestartet. Durch die hierbei entstehenden Heißgase wird das Wirbelbett auf Betriebstemperatur gebracht. Wenn diese Temperatur erreicht ist, wird der Deckel der Retorte abgehoben, die Blechteile werden in einer Gitterbox in das Sandbad eingetaucht und die Retorte wird wieder verschlossen.

Die organischen Bestandteile des Lacks werden oxidiert. Die hierbei entstehenden Gase werden erst einem Zyklon, der feste Bestandteile eliminiert und anschließend der thermischen Nachverbrennung zugeführt. Das Gas besteht aus Kohlenstoffverbindungen, Aromaten und anderen organischen Produkten, die durch die thermische Nachverbrennung bei Temperaturen von ca. 800° C bis 1000° C in weniger gefährliche Verbindungen wie Wasser, Kohlenmonoxid, Kohlendioxid und Stickstoff umgewandelt werden. Die thermische Energie des Gases wird zur indirekten Beheizung des Wirbelbettes genutzt. Der Brenner, der zum Starten der Anlage verwendet wird, kann in seiner Leistung zurückgefahren werden, so daß externe Energie eingespart wird.

Die Oxidation der organischen Lackbestandteile ist nach ca. 30 Minuten abgeschlossen. Die anorganischen Lackbestandteile bleiben als Asche auf der Blechoberfläche zurück. Das verbleibende, zu deponierende Volumen beträgt ca. 25 % der ursprünglichen Lackvolumens. Die Abgase werden nach einer Naßreinigung an die Umgebung abgegeben, wobei die Auflagen der TA Luft eingehalten werden.

Die Ascherückstände müssen durch eine Nachbehandlung entfernt werden. Für diese Anwendung eignet sich der Einsatz von Bürstmaschinen, die eine homogene, metallisch blanke Blechoberfläche erzeugen. Solche Maschinen werden bei der Herstellung von Neublechen und -bändern eingesetzt. Versuche zur Reinigung von durch das Wirbelbettverfahren entlackten Altblechen wurden bereits erfolgreich durchgeführt.

Falls für einen Weiterverarbeitungsprozeß plangerichtete Bleche als Einsatzmaterial erforderlich sind, kann dieser Forderung durch den Einsatz von Walzenrichtmaschinen Rechnung getragen werden. Aufgrund der vorliegenden Erfahrungen aus Betriebsversuchen kann auf diesen Prozeßabschnitt jedoch u. U. verzichtet werden. Nach den Prozeßschritten Demontage, Entlackung, Bürsten und evtl. einer Richtbehandlung stehen die Altbleche zur Weiterverarbeitung zur Verfügung.

8.4 Energieeinsparpotential der Altblechwiederverwendung

Eine Einsparung von Energie ist das wesentliche Motiv der Altblechwiederverwendung. Im folgenden wird der Energiebedarf von Wiederverwendung und Neublechproduktion verglichen.

Abbildung 9.4 beschreibt im großen dargestellten Kreislauf den Recyclingprozeß für die Eisen und Stahl-Fraktion des Shredders am Beispiel der Blechproduktion unter Verwendung von Shredderschrott.

Mehrere Prozesse dieses Kreislaufs, in erster Linie die Roheisenherstellung, laufen bei hohen Temperaturen ab und weisen daher einen hohen Energiebedarf auf. Diese Prozesse werden durch die Altblechwiederverwendung vermieden, die in Abbil-

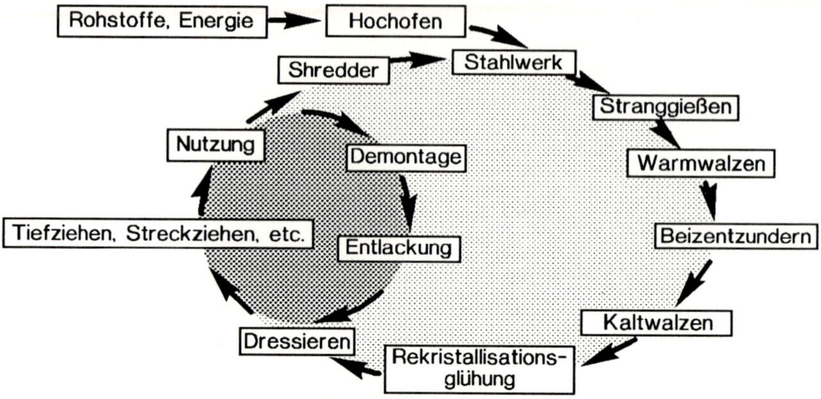

Abb. 8.4. Altfahrzeugrecycling
konventionell: Shredder - Recycling
alternativ: Altblechwiederverwendung

dung 8.4 durch den kleineren Kreislauf repräsentiert wird. Auf diese Weise werden beachtlicher Energieeinsparungen ermöglicht.

Tabelle 8.1 zeigt die Prozeßschritte der Herstellung von Blech für die Automobilindustrie mit dem jeweiligen Energiebedarf.

Tabelle 8.1. Energiebedarf der Neublechherstellung

Prozeßschritt	**Energiebedarf**
Hochofen	17.500 MJ/t
Stahlwerk	1.000 MJ/t
Stranggießen	400 MJ/t
Warmwalzen	2.500 MJ/t
Beizentzunderung	300 MJ/t
Kaltwalzen	1.000 MJ/t
Rekristallisationsglühung	1.100 MJ/t
Nachwalzen	50 MJ/t
	23.850 MJ/t

Wegen der bereits angesprochenen Hochtemperaturprozesse ergibt sich mit 24.000 MJ/t ein enormer Energieeinsatz pro Tonne erzeugten Blechs [5 - 8].

Tabelle 8.2 zeigt in analoger Darstellung die Energiemengen, die für die Altblechwiederverwendung benötigt werden [4;9].

Tabelle 8.2. Energiebedarf der Altblechwiederverwendung

Prozeßschritte	**Energiebedarf**
Plasmaschneiden	130 MJ/t
Wirbelbett - Entlackung	230 MJ/t
Bürsten	100 MJ/t
	460 MJ/t

Beim Ausschneiden der Bleche aus dem Altfahrzeug mittels der Plasmatechnologie werden nur kleine Bereiche des Blechs erwärmt, weshalb nur wenig Energie zur Verfügung gestellt werden muß.

Der Energiebedarf der Wirbelbettentlackung ist im Vergleich zur Neublechherstellung ebenfalls gering, da das Temperaturniveau niedrig und die Prozeßzeit kurz ist. Die nachfolgenden Behandlungsschritte Bürsten und Richten erfordern nur geringen Energieeinsatz für den Betrieb von Elektromotoren. Der resultierende Energiebedarf für die Altblechwiederverwendung beträgt ca. 460 MJ/t, was einer Energieeinsparung von 98 % im Vergleich zur konventionellen Blechherstellung entspricht.

Die Gesamtenergieersparnis, die bei der Umsetzung der Altblechwiederverwendung erreicht werden kann, läßt sich anhand der Anzahl der jährlich stillgelegten Fahrzeuge und der pro Fahrzeug wiederverwendbaren Fläche abschätzen. Zum Wiedereinsatz geeignet sind pro Fahrzeug ca. 2 bis 3 m^2 Blech. Derzeit werden in der Bundesrepublik Deutschland jährlich ca. 2,6 Mio. PKW verschrottet. Legt man die heutigen Neuzulassungszahlen zugrunde, so ist in 10 Jahren mit jährlich ca. 4,2 Mio. [10] zu verwertender Altautos zu rechen, woraus ca. 75.000 t Blechhalbzeug pro Jahr zum Wiedereinsatz kommen könnten. Vermindert wird der Anteil wiederverwendbarer Bleche durch stark beschädigte Unfallfahrzeuge.

Für die Herstellung von 75.000 t Neublech ist ein Energieeinsatz von ca. 488 Millionen KWh erforderlich. Dies entspricht dem Energiebedarf von ca. 220.000 Haushalten. Die Altblechwiederverwendung bietet somit ein Einsparungspotential, das genutzt werden sollte.

8.5 Ergebnisse aus Labor- und Betriebsversuchen

Am Institut für Bildsame Formgebung wurden verschiedene Labor- und Betriebsversuche durchgeführt, um die Eignung von Blechen aus Altfahrzeugen als Vormaterial für umformtechnische Fertigungsprozesse zu überprüfen.

In Flachzugversuchen wurde der Verfestigungsexponent n ermittelt, der die Vorhersage der Eignung für die Streckziehbearbeitung ermöglicht. Dieser Prozeß wird zur Herstellung von Karosserieteilen für die Automobilindustrie eingesetzt.

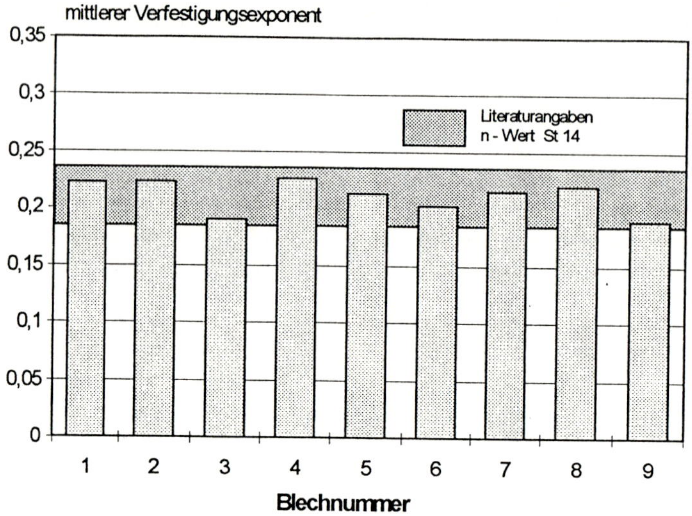

Abb. 8.5. Verfestigungsexponenten für verschiedene Altbleche

Abbildung 8.5 zeigt n-Werte für einige Altbleche im Vergleich zu typischen Eigenschaften für neue Tiefziehbleche der Qualität ST 14 [11].

Die Verfestigungsexponenten der untersuchten Bleche erfüllen diese Anforderungen. Die Weiterverarbeitung der Bleche ist aufgrund der Versuchsergebnisse also möglich.

Ein weiterer Kennwert, der im Flachzugversuch ermittelt wurde, ist die Fließgrenze. Abbildung 8.6 zeigt Fließgrenzen für Altbleche und neue ST 14 - Vergleichsbleche.

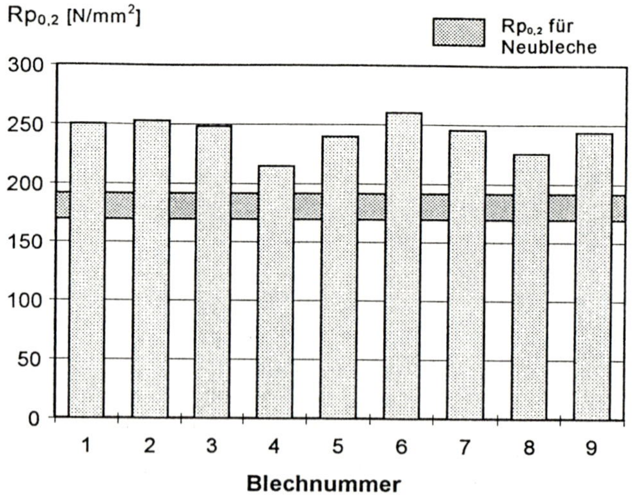

Abb. 8.6. Fließgrenzen für verschiedene Altbleche

Die Festigkeit der Altbleche ist durchschnittlich um ca. 30 % höher, was im wesentlichen auf die Kaltverfestigung aufgrund der Vorverformung zurückzuführen ist. Aufgrund der Fließgrenzen bestehen keine Bedenken gegen die Altblechwiederverwendung.

Nachdem in den durchgeführten Laborversuchen die Eignung von Altblechen zur Wiederverwendung nachgewiesen werden konnte, wurden Betriebsversuche im industriellen Maßstab durchgeführt. Rotationssymmetrische Lampenteile (Abbildung 8.7) wurden durch den Drückprozeß hergestellt.

Abb. 8.7. Aus Altblech hergestelltes Drückteil

Altbleche konnten ohne Variation der Prozeßparameter der Serienfertigung verarbeitet werden. Die Teile waren fehlerfrei und qualitativ den Serienteilen gleichwertig.

Ein weiteres Teil, das aus Altblech hergestellt wurde, ist der in Abbildung 8.8 gestellte Kotflügel.

Auch hier waren die Fertigungsbedingungen mit der Serienproduktion identisch. Die Bauteile erfüllten die Qualitätsanforderungen.

Aus allen durchgeführten Versuchen läßt sich das Fazit ziehen, daß eine Wiederverwendung von Altblechen technisch realisierbar ist. Abstriche müssen unter Umständen bei Umformprozessen gemacht werden, die mit besonders hohen Werkstoffbeanspruchungen verbunden sind. Weiterhin ist mit Problemen zu rech-

Abb. 8.8. Aus Altblech hergestellter Kotflügel

nen bei automatisierten Großserienprozessen, die enge Toleranzen der mechanischen Eigenschaften des Vormaterials erfordern.

8.6 Zukünftige Untersuchungen

Die Chancen für die Einführung der Altblechwiederverwendung in die Praxis hängen entscheidend von den Kosten ab, die bei der Demontage und Aufarbeitung der Bleche entstehen. Die Kosten der Herstellung von Neublechen dürfen nicht überschritten werden. Daher wird zur Zeit eine Wirtschaftlichkeitsstudie durchgeführt. Aufgrund der enormen Energieeinsparung durch die Altblechwiederverwendung hängt die Wirtschaftlichkeit der Wiederverwendung im Vergleich zur Neublechherstellung wesentlich von den Energiepreisen ab. Daher werden bei der Untersuchung die Einflüsse evtl. erwartender Energiepreisentwicklungen berücksichtigt werden.

Falls zukünftig die Verursacher von Umweltbeeinträchtigungen verstärkt zur Kasse gebeten werden - Energieverschwendung wird hier mit Umweltbeeinträchtigungen gleichgesetzt - muß mit Energiepreiserhöhungen gerechnet werden. Dies würde die

Kostensituation der Altblechwiederverwendung im Vergleich zum Neublech deutlich zum Positiven verschieben.

Weiterhin sollen zukünftig Dauerfestigkeitsuntersuchungen durchgeführt werden, die Aufschluß über die Möglichkeit der Altblechverwendung auch in sicherheitstechnisch kritischen Bereichen geben.

Des weiteren ist beabsichtigt, den Einsatz von Altblechen in einer Kleinserie von ca. 100 Stück zu erproben. Hierbei ist die Herstellung von Blechteilen, die für Kraftfahrzeugreparaturzwecke eingesetzt werden, vorgesehen.

8.7 Zusammenfassung

Die Wiederverwendung von Blechteilen aus Altfahrzeugen als Vormaterial für umformtechnische Fertigungsverfahren wurde untersucht. Der Energiebedarf für die Prozeßschritte der Wiederverwendung wurde mit dem der Neublechherstellung verglichen. Gegenüber der Produktion von Neublech kann eine Energieeinsparung von 98 % erreicht werden. In Labor-und Betriebsversuchen wurde die technologische Realisierbarkeit der Altblechwiederverwendung nachgewiesen.

8.8 Literatur

[1] P. v. Manteuffel: Konzept zur zukünftigen Altautoverwertung. Verband der Automobilindustrie e. V. (VDA), 22.10.1990.

[2] Bekanntmachung des Bundesministers für Umwelt, Naturschutz undReaktorsicherheit vom 1.08.1992.

[3] Ministerium für Wirtschaft, Mittelstand und Technologie NRW, Düsseldorf und Initiativkreis Ruhrgebiet, Essen: Wege zum Aufbau einer vernetzten Kreislaufwirtschaft bei Automobilen im Ruhrgebiet (1992).

[4] J. Halbertschlager: Untersuchungen verschiedener Entlackungsverfahren der Automobilindustrie unter Berücksichtigung umwelttechnischer Belange. VDI-Forschungsbericht, Reihe 3, Verfahrenstechnik 109. Düsseldorf: VDI-Verlag 1985.

[5] Stahl und Eisen 98-111 (1978-1991).

[6] J. Reisener; H. Vest; J. Krüger: Aluminium- und Weißblechgetränkedosen im Metallkreislauf. Metall 9 (1990).

[7] W. Mauch: Kumulierter spezifischer Energieverbrauch von Getränkedosen. Abfallwirtschaftsjournal 2 (1990).

[8] S. Kittel: Energiebedarf bei neuen Technologien der Stahlherstellung und -verarbeitung im Vergleich zu konventionellen Verfahren. Unveröffentlichte Diplomarbeit, Institut für Bildsame Formgebung, Aachen.

[9] G. Bernrath: Wiederverwendung von Karosserieblechen aus Altfahrzeugen -ganzheitliche Bilanzierung, Beurteilung von Wiederverwendungsmöglichkeiten. Unveröffentlichte Diplomarbeit, Institut für Bildsame Formgebung, Aachen.

[10] Information des Statistischen Bundesamtes.

[11] W. Müschenborn; L. Meyer: Kaltgewalztes Feinblech aus mikrolegierten Stählen. Forschung der August Thyssen-Hütte AG, Duisburg-Hamborn.

9 Werkstoffliches Recycling von technischen Thermoplasten aus Kfz-Anwendungen

9.1 Einleitung

Kunststoffe werden in zunehmendem Maße im Kraftfahrzeug eingesetzt, und zwar aus guten Gründen. Dafür sprechen [1]:

- Wirtschaftlichkeit,
- Gewichtsreduzierung,
- Optik, Stylistik,
- bessere Gestaltung, Integrierbarkeit verschiedener Funktionen,
- funktionelle Vorteile wie Dämpfung, Stoßadsorption,
- Isolationsfähigkeit,
- Wartungsvorteile,
- Korrosionsbeständigkeit.

In modernen Autos findet man heute schon einen Kunststoffanteil von 10 - 15 %. Dabei werden sehr unterschiedliche Kunststoffsorten verwendet, die zum Teil untereinander unverträglich sind und verschiedenen Polymergruppen zuzuordnen sind (Thermoplaste - Duroplaste - Elastomere).

Aus Kfz-Außenanwendungen wie Stoßfängern, Kühlergrills, Radzierblenden, Heckblenden, Rückleuchten und Scheinwerfern sind technische Thermoplaste wie Acryl-Butadien-Styrol-Copolymere (ABS), Polypropylene (PP), Polyamide (PA), Polybutylentherephthalate PBT), Polymethamethylacrylate (PMMA) nicht mehr wegzudenken. Scheinwerferstreuscheiben aus Polycarbonat oder Karosserieaußenteile aus Thermoplast-Metall-Verbunden zeigen neue Entwicklungstendenzen auf [2].

9.2 Problemkreis Altfahrzeugverwertung

Nach Beendigung des Autolebens werden die mehr oder weniger demontierten und trockengelegten Altfahrzeuge einer Entsorgung zugeführt. Über Altfahrzeugverwerter gelangt das Fahrzeug schließlich zum Shredder. Bei dieser Entsorgung fällt eine nicht unerhebliche und stetig steigenden Menge an Shreddermüll an. Diese Fraktion umfaßt etwa 25 % des Durchsatzes. Das sind ca. 500.000 t, die derzeit deponiert werden. Etwa ein Drittel davon sind Kunststoffe (ohne Elastomere). Selbst wenn 30 % der Kunststoffe, 70 % der Elastomere (Reifen) und 10 % des Glases zukünftig demontiert werden, wird diese Menge nicht reduziert.

Der Gesetzgeber versucht, dieser Entwicklung gegenzusteuern. Bereits mehrfach überarbeitete Entwürfe einer Verordnung zur Vermeidung, Verringerung oder Verwertung von Abfällen aus der Kraftfahrzeugentsorgung (Altfahrzeug-VO) sind vom Bundesminister für Umwelt, Naturschutz und Reaktorsicherheit vorgelegt worden. Ein Kernpunkt dieser Verordnung wird die Rücknahmeverpflichtung sein. Diese Regelung soll für alle Altfahrzeuge gelten. Dabei sind die im Kraftfahrzeug enthaltenen Wertstoffe vorrangig stofflich zu verwerten, gegebenenfalls differenziert nach alten und neu zugelassenen Fahrzeugen. Die nicht verwertbaren Reststoffe sind zukünftig thermisch zu entsorgen. Einige Fahrzeughersteller haben im Vorfeld derartiger Regelungen bereits die kostenlose Rücknahme bestimmter Fahrzeugtypen durch ihre Händlerorganisation erklärt.

9.3 Recyclingpotential technischer Thermoplaste

Die technischen Thermoplaste besitzen ein hohes Recyclingpotential. Sie sind wiedererschmelzbar und haben ein hohes Eigenschaftsniveau. Tabelle 9.1 zeigt das stabile Eigenschaftsniveau bei mehrfacher Verarbeitung für das Beispiel ABS.

Tabelle 9.1. Eigenschaften von ABS bei mehrfacher Wiederverarbeitung

Eigenschaft	Einheit	Erstverarbeitung	Material-Recycling I	Material-Recycling II	Material-Recycling III	Material-Recycling IV	Material-Recycling V
a_n/ISO 180/1C RT	kJ/m^2	69	63	60	59	61	64
-40° C	kJ/m^2	51	53	52	52	51	49
a_k/ISO 180/1A RT	kJ/m^2	17	16	15	14	15	15
0° C	kJ/m^2	14	12	12	10	11	13
Streckspannung	MPa	44	43	44	43	43	43
Zug-E-Modul	MPa	2460	2470	2470	2480	2510	2550
Vicat B 120	° C	98	97	98	99	98	98
MVI 220° C/10kp	ml/ 10min.	41	40	42	42	42	43

Auch hinsichtlich alterungsbedingter Eigenschaftseinbußen aufgrund eines jahrelangen Außeneinsatzes läßt sich am Beispiel ABS-Kühlergrill zeigen, daß nur in einer 10 μm dicken Oberflächenschicht Anzeichen für eine Schädigung zu erkennen sind [3]. Für die Eigenschaften dieses gebrauchten Bauteils bedeutet eine derartige Oberflächenschädigung einen spürbaren Verlust an Zähigkeit. Bezogen auf die Gesamtmenge ist der Anteil der geschädigten Schicht aber unbedeutend, so daß beim Recyclingprozeß die Eigenschaften des technischen Thermoplasten weitestgehend erhalten bleiben. Selbst thermisch höchstbeanspruchte Polyamide aus dem Motorraum, die zudem noch medienbeaufschlagt waren, weisen nach dem Recyclingprozeß noch derart interessante Eigenschaften auf, daß Entwicklungen im Hinblick auf einen erneuten Einsatz im Motorraum durchgeführt werden [4].

Die Probleme beim werkstofflichen Recycling resultieren weniger aus ungenügender Stabilität der technischen Thermoplaste gegenüber Alterung oder mehrfacher Verarbeitung als gegenüber ungenügender Sortenreinheit bei der Rückgewinnung.

9.4 Erzeugung sortenreiner Stoffströme

Der Ausbauaufwand hält sich bei Außenanwendungen in Grenzen. Da die Formteilgewichte teilweise verhältnismäßig hoch sind, lassen sich mit einem geringen Ausbauaufwand interessanten Mengen Altmaterial für eine Aufbereitung gewinnen. Die reine Demontagezeit für beide (PBT + PC)-Stoßfänger aus Fahrzeugen der Oberklasse beträgt beispielsweise 120 Sekunden Hinzu kommt eine Zerlegezeit zur Erzeugung einer reinen Kunststofffraktion von 460 Sekunden [5]. Laut FAT-Studie lassen sich bei einem nicht näher spezifiziertem Fahrzeug der unteren Mittelklasse in der reinen Demontagezeit von 34 Minuten insgesamt 48,2 kg Kunststoffteile demontieren. Hinzu kommt eine Zerlegezeit von 14,4 Minuten. Festgehalten sind dabei nur reine Verrichtungszeiten und nicht etwa auch Rüst- oder Leerzeiten. Außerdem wurden die Kunststoffe nicht komplett aus dem Fahrzeug entfernt: Bauelemente wie z. B. Kabelbaum oder Kühlerwasserkästen sind unberücksichtigt geblieben. So ist er nicht verwunderlich, daß an anderer Stelle von 3 Mannstunden für eine Komplettdemontage (erreichte Demontagetiefe: 80 - 85 %) bei Fahrzeugen bis 1000 kg Leergewicht ausgegangen wird [6]. Im Rahmen des PRAVDA-Projektes wurden bei der Demontage eines Mittelklasse-Pkw ca. 55 Minuten für die Demontage von insgesamt 20 kg Kunststoffe festgehalten [7]. Anzumerken ist, daß im Rahmen des PRAVDA - Projektes bestimmte Teile entsprechend eines Bauteilentnahmekatalogs entnommen wurden und einer Polymersorte zugeordnet werden mußten. Aus diesen Zahlen läßt sich schon nahezu ableiten, daß zur Altfahrzeugdemontage durchaus sehr unterschiedliche Konzepte verfolgt werden: von der einfachen Inseldemontage mit Hebebühne bis hin zur hochinvestiven, vollautomatischen Demontagestraße. Ebenso läßt sich daraus schon fast ableiten, daß unterschiedliche Trockenlegungs- und Demontagekosten diskutiert werden. Je nach Quelle findet man Angaben von 200 - 450 DM [7].

Bisher wurde bei der Demontage der Kunststoffe aus den Altfahrzeugen so vorgegangen, daß gemäß der Vorgaben der Hersteller in den Bauteilentnahmekatalogen sortiert wird. Dies bedingt durchaus sehr unterschiedliche Sortenreinheiten. Je nach Demontagebetrieb und demontierten Fahrzeugtypen liegen die Sortenreinheiten der so erzielten Fraktionen zwischen weniger als 80 % bis über 99 %. Viele der Kunststoffteile in den jetzt zu demontierenden Fahrzeugen sind noch nicht gemäß VDA 260, DIN 54 840 und ISO/DIS 11 469 gekennzeichnet, was die Sicherheit der Sortierung erschwert.

Um letztendlich sicher und kostengünstig zu sortenreinen Stoffströmen zu kommen, wird fieberhaft an Kunststofferkennungssystemen gearbeitet [8,9]. Es handelt sich dabei um mobile oder stationäre, robuste Spektroskopie-Geräte, die im Auflichtverfahren Polymere detektieren können. Pro Detektion bzw. pro Kunststoffteil sind beim derzeitigen Entwicklungsstand Signalverarbeitungszeiten im Sekundenbereich zu verzeichnen. Um zu automatisierten Massenstromverfahren zu kommen, sind intensive und konsequente Entwicklungen erforderlich. Eine weitere Möglichkeit, mittel- oder langfristig Polymere einfach detektieren zu können, stellt die Kennzeichnung von Kunststoffen mit Fluoreszensfarbstoffen dar [10]. Hier bedarf es einer grundsätzlichen Normierung, so daß die unterschiedlichen Kunststoffsorten jeweils einheitlich eingefärbt werden.

Kunststoffsortierprobleme liegen aber jetzt schon vor. Dafür müssen Sortierkonzepte umgesetzt werden. Die bereits verfügbaren, weitgehend automatisierten Techniken nutzen die unterschiedlichen Dichten der Kunststoffsorten aus. Diese Verfahren arbeiten mit Hilfe der Schwimm-/Sinktechnik in Wasser oder Salzlösungen oder Bariumsulfatsuspensionen. Eine Trennung erfolgt entweder aufgrund der einfachen Schwerkraft im Becken oder unter Zuhilfenahme der Zentrifugalbeschleunigung im Zyklon oder in der Zentrifuge. Sie stößt an Grenzen, wo immer Kunststoffe voneinander separiert werden müssen, deren Dichtebereiche sich überschneiden. Zum Beispiel bei ABS und gefülltem PP ist dies der Fall. Außerdem müssen die Bauteile, die aus Altfahrzeugen demontiert werden, zu Beginn des Prozesses in eine geeignete Form überführt werden. Eine bestimmte Korngröße des Mahlguts muß eingestellt werden, die Korngrößenverteilung darf nicht zu breit werden. Bei Formteilen aus technischen Thermoplasten, die aus Altfahrzeugen demontiert werden, liegen in der Regel Werkstoffverbünde aus Kunststoff-Kunststoff oder Kunststoff-Metall vor. Eine Verbundauftrennung muß in all diesen Fällen der Sortierung vorgeschaltet sein. Im folgenden Text werden einige Beispiele angesprochen.

9.5 Beispiele

9.5.1 Verschmutzte Altteile mit geringen Metallkontaminationen

Im Rahmen der Volkswagen-Werkstattentsorgung werden aus VW-Altfahrzeugen und Unfallwagen demontierte Kühlerschutzgitter bzw. Kühlergrills aus ABS gesammelt und einer Aufbereitung zugeführt. Eingehende Untersuchungen konnten zeigen, daß der langjährige Einsatz keine nennenswerten Eigenschaftseinbußen bewirkt hatte. Während des Gebrauchs wurde im wesentlichen nur eine dünne, mengenmäßig unbedeutende Oberflächenschicht geschädigt, so daß bei Recycling die Originaleigenschaften weitgehend erreicht werden [3]. Aus dem Novodur-R(ezyklat) konnten versuchsweise wieder Kühlergrills hergestellt werden (Abbildung 9.1).

Abb. 9.1. Kühlergrills der VW - Typen Golf A3 und Vento aus ABS-Rezyklat

Die Aufbereitung der Altteile zu Mahlgut definierter Qualität erfolgt im Naßverfahren. Die anhaftenden Metallteile wie Befestigungsschrauben oder Zierleisten werden schon vor der naß betriebenen Schneidmühle abgetrennt. In diesem Fall ist die Reinigung der Altteile neben der Abtrennung von Fremdstoffen von besonderer Bedeutung. Werden die aufgrund eines jahrelangen Außeneinsatzes am Altmaterial anhaftenden Schmutzpartikel in das Rezyklat eingearbeitet, verschlechtern sich die Rezyklateigenschaften. Dies belegen Parallelversuche mit trocken aufbereitetem Material.

Die wesentlichen Fremdstoffe neben anhaftenden Metallteilen sind Kontaminationen, bestehend aus diversen PP-Fremdteilen, Kühlergrills aus PA oder lackierten Frontends aus SMC.

9.5.2 Betriebsmittelkontaminierte Teile

Beispielhaft soll hier der Kühlerwasserkasten betrachtet werden. Beim Kühlerwasserkasten handelt es sich um die älteste Anwendung von Polyamid im Motorraum, die vor mehr als zehn Jahren umfassend eingeführt wurde. Unter dem Gesichtspunkt der Wiederverwertung handelt es sich um einen ausgesprochenen Glücksfall, da herstellerübergreifend immer ausschließlich PA 6.6 eingesetzt wurde. Dabei liegt nicht nur eine sortenreine, sondern auch eine typenreine Anwendung mit stets 30 Gew.-% Glasfasern von z. B. Durethan AKV 30 H. In diesem Fall spielt die Sortierung eine untergeordnete Rolle. Entscheidend ist die Auftrennung des Kühlers in Aluminium und Kunststoff und anschließend die Entfernung des eindiffundierten Frostschutzmittels aus dem Polyamid sowie die Abtrennung der metallischen Restbestandteile und der Verschmutzungen und Ablagerungen.

Versuchsweise konnten aus den Rezyklaten wiederum Kühlerwasserkästen abgespritzt werden. Abbildung 9.2 zeigt einen alten, gebrauchten und einen aus Rezyklat hergestellten Kühlerwasserkasten.

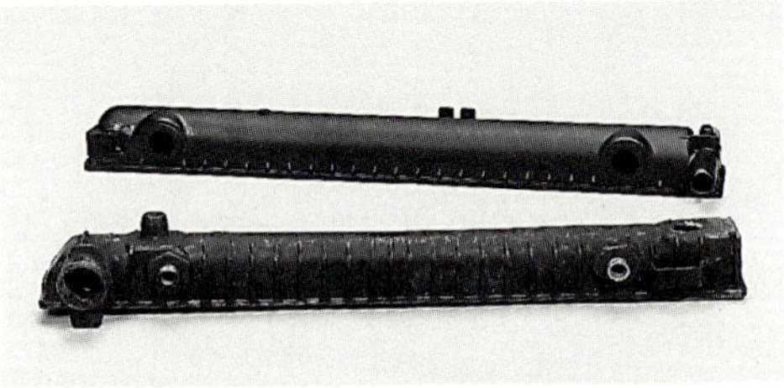

Abb. 9.2. Alter, gebrauchter Kühlerwasserkasten im Vergleich zum entsprechenden Teil aus Polyamid - Rezyklat

Die mechanischen Eigenschaften der Polyamidrezyklate liegen beinahe auf Neuwareniveau. Mit komplettierten Kühlern konnten auf Anhieb Standzeiten für den Rezyklatkühler erreicht werden, die bei etwa 60 % der entsprechenden Primaware liegen [4]. Grundsätzlich erscheint möglich, daß auch die extrem hohen Anforderungen, die an Motorraumteile aus Polyamid gestellt werden, mit Rezyklaten erfüllt werden können.

Gegenwärtig haben Polyamide an den Kunststoffen im Motorraum einen Anteil von mehr als 60 %. In Zukunft dürfte ihr Anteil weiter ansteigen, z. B. durch den verstärkten Einsatz in Ventildeckeln und Sauganlagen [12]. Die gute Rezyklierbarkeit der Polyamide wird den Einsatz im Automobil weiter positiv beeinflussen.

9.5.3 Beschichtete Bauteile

9.5.3.1 Lackierte Stoßfänger

Hochwertige Stoßfänger aus PC- und PBT-Blends, z. B. Pocan, sind heute mehr und mehr lackiert. Bei einem werkstofflichen Recycling stört der Lackanteil. Die verwendeten Lacke sind in vielen Fällen mit dem Polymeren unverträglich. Verbleibt der Lack im Polymeren, leidet vor allem die Zähigkeit, die für einen hochwertigen Wiedereinsatz entscheidend ist (Abbildung 9.3).

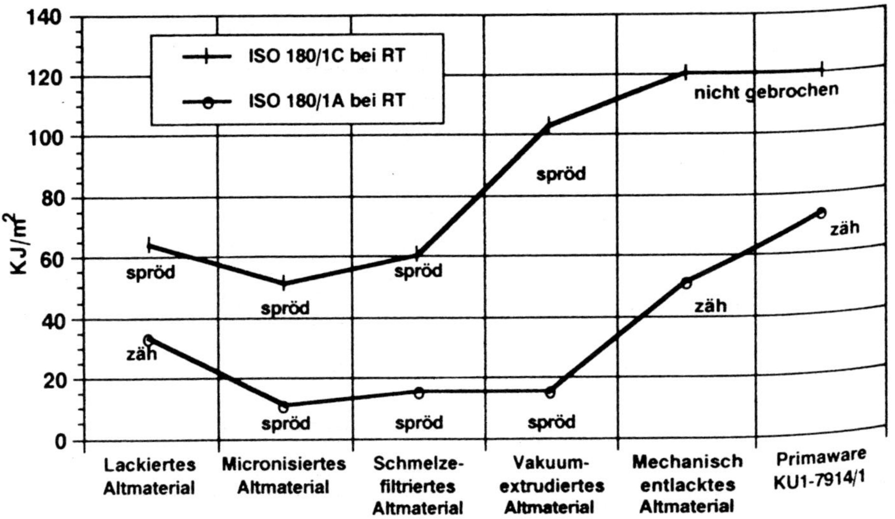

Abb. 9.3. Schlagzähigkeiten bei Anwendung unterschiedlicher Entlackungsverfahren

Im Vergleich erwies sich ein mechanisches Entlacken durch Bestrahlen mit abrasiven Partikeln als wirksamste Methode. Der Prozeß kann an vorzerkleinertem Stoßfängermaterial durchgeführt und dadurch wirtschaftlich betrieben werden. Mit Hilfe der Strahltechnik wird ein entlackter, gereinigter technischer Thermoplast zurückgewonnen, welcher während des mehrjährigen Einsatzes durch die Lackschicht vor Umgebungseinflüssen geschützt war.

9.5.3.2 Metallisierte Zierleisten

Der thermische Ausdehnungskoeffizient von Metallen und Kunststoffen unterscheidet sich deutlich. Dieses physikalisch unterschiedliche Verhalten kann dazu genutzt werden, metallische Beschichtungen von Kunststoffen sauber abzulösen. Durch schnelles Abkühlen mit flüssigem Stickstoff entstehen an der Grenzfläche vom Kunststoff zum Metall hohe Schubspannungsgradienten, so daß das Metall abplatzt. Die ca. 15 Gew.-% Metall, im Fall der galvanisierten Zierleisten lassen sich mit Hilfe der cryogenen Mahltechnik sauber ablösen und einer weiteren Verwendung zuführen. Zurückgewonnen wird ein hochwertiges (PC + ABS)-Blend [13].

9.5.3.3 Kaschierte Innenraumteile

Moderne Sitzkonstruktionen mit Sitzschalen aus Polyamid werden z. B. im neuen Reisebus Mercedes-Benz O 404 eingesetzt. Im Bereich der Rückenlehne ist das

Textil, ein Polyestergewebe, direkt mit dem Polyamid verklebt. Nach dem Entfernen der Bepolsterung hat das verbleibende Gewebe einen Gewichtsanteil von etwa 6 % an der Rückenlehne, die außerdem noch umspritzte Versteifungsteile aus Stahl enthält. Aus derartigen Lehnen hergestellte Polyamid-Rezyklate zeigen nach Abtrennungen des mit PA unverträglichen Gewebes Eigenschaften gemäß Tabelle 9.2.

Tabelle 9.2. Eigenschaften von Polyamid - Rezyklaten aus Bussitzen

Eigenschaft	**Einheit**	**Neuware**	**Neuware/Rezyklat 75/25**	**Rezyklat 100 %**
Biege-E-Modul	MPa	8030	7800	7550
Biegefestigkeit	MPa	249	244	219
Schlagzähigkeit +23° C	kJ/m^2	70	68	65
Schlagzähigkeit -30° C	kJ/m^2	70	64	55
Kerbschlagzäh. +23° C	kJ/m^2	16	16	14

Im Vergleich zu Neuware werden praktisch keine Qualitätseinbußen deutlich. Geringe, anhaftende Kleberreste wirken sich nur wenig aus. Versuchsweise wurden aus den Rezyklaten problemlos Lüfterzargen für den gleichen Bus hergestellt (Abbildung 9.4).

Abb. 9.4. Bussitz des MB O 404 mit Lüfterzarge des gleichen Busses aus Rezyklat

9.5.4 Kunststoff-Kunststoff-Verbünde

Ein klassischer Mehrschichtverbund aus dem Auto stellt der Instrumententafelträger dar. Trägermaterial sind häufig technische Thermoplaste wie ABS, (PC + ABS)-Blends oder PP-GMT. Diese werden mit einem PU-Schaum und dann mit einer PVC/ABS-Folie („slush"-Haut) beschichtet.

Schon bei der Fertigung fallen in der Regel beträchtliche Mengen Randbeschnitt oder Stanzabfälle an. An verschiedenen Stellen wird derzeit daran gearbeitet, diese Abfälle aufzubereiten, so daß mindestens der hochwertige Trägerwerkstoff mit dem größten Gewichtsanteil in die gleiche Anwendung zurückfließen kann. Zum Auftrennen derartiger Verbünde eignet sich ein neues Verfahren, das auf einer an sich bekannten Mahltechnik basiert [14]. Auf trockenem Weg werden Fraktionen der drei Komponenten mit hoher Reinheit erzeugt. Kern der neuen Technik ist, daß zunächst nur der Schaum mit Hilfe einer Hammer- oder Schlägermühle - quasi selektiv - fein zerkleinert wird und abgesiebt werden kann. Im zweiten Schritt folgt dann die Trennung von Träger und Schaum. Ein damit zurückgewonnenes (PC + ABS)-Blend aus Stanzabfällen läßt sich wieder zu Instrumententafelträgern verarbeiten.

9.5.5 Kunststoff-Metall-Verbünde

Durch eine geschickte Kombination dieser beiden sehr unterschiedlichen Konstruktionswerkstoffe kommen die jeweiligen Vorteile der Verbundpartner im Bauteil zum Tragen. Die hohe Steifigkeit und Festigkeit sowie eine große Arbeitsaufnahme des Stahls kombiniert mit der geringen Dichte, der großen Integrationsfähigkeit sowie der guten Wirtschaftlichkeit der technischen Thermoplaste lassen interessante Lösungen für Strukturteile zu. Bei der Verarbeitung kann das Stahlteil in ein Spritzgießwerkzeug eingelegt und umspritzt werden. Damit ist die Großserientauglichkeit nachgewiesen.

Im Rahmen eines europäischen Forschungsvorhabens wurde die Machbarkeit einer Pkw-Seitentür aus einem Kunststoff-Stahlblech-Verbund nachgewiesen. Kernstück der Tür ist ein Kunststoff-Stahlblech-Verbundbauteil, das zum Innenraum des Fahrzeugs mit einer Innenschale verkleidet ist. Die Aufnahme und Führung der Seitenscheibe wird von einem separaten Fensterrahmen übernommen. Das Türblatt wird von außen auf die Umfangskanten der Innenschale befestigt und schließt damit den Türkörper [2]. Das Verbundprofil hat die Form eines innen kreuzverrippten, dünnwandigen Stahlblech-U-Profils. Mit einer derartigen Struktur aus Stahlblech und glasfaserverstärktem Polyamid lassen sich bei hoher Torsionssteifigkeit deutliche Vorteile hinsichtlich Biege- und Druckbelastbarkeit erzielen. Ein Beulen tritt deutlich später auf als z. B. beim geschlossenen Kastenprofil aus Stahlblech. Werkstoffverbunde dieser Art lassen sich auch bei weiteren Strukturteilen im Automobil wie Stoßfängerträger, Pedalen, Instrumententafeln oder Sitzen (s.o.) anwenden.

Genau die oben beschriebenen Unterschiede im Werkstoffverhalten der beiden Konstruktionswerkstoffe Stahl und technischer Thermoplast sind es, die das Recycling der Verbundteile auf einfache Art und Weise zulassen. Die Thermoplaste, insbesondere wenn sie glasfaserverstärkt sind, verhalten sich bei Schlagbeanspruchung spröde und lassen sich so von Stahlblech regelrecht „abschlagen". Dieses Prinzip wird in der Hammermühle angewendet und das Ergebnis sind die beiden sortenreinen Fraktionen Stahl und Thermoplast (Abbildung 9.5).

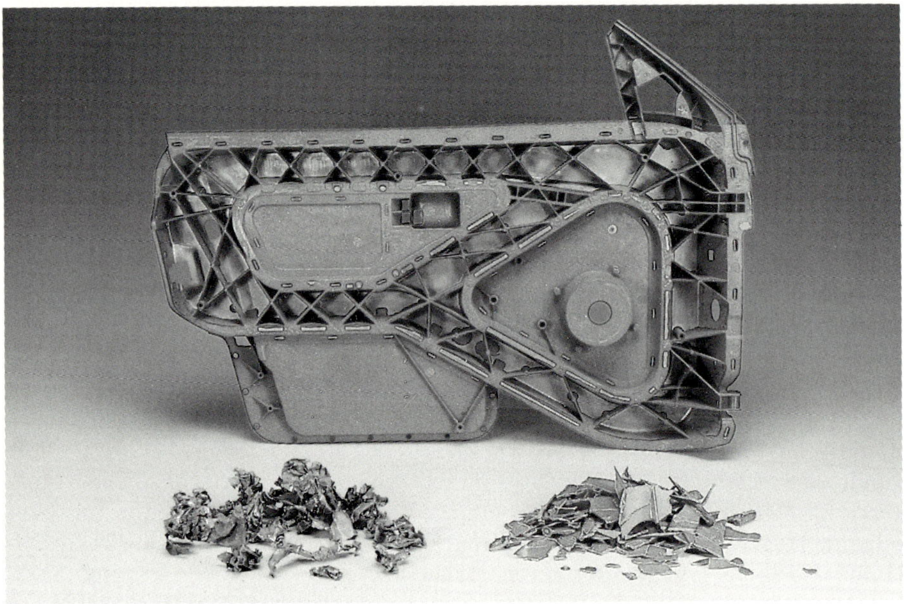

Abb. 9.5. Verbundtrennung am Beispiel Pkw - Seitentür

Da beim werkstofflichen Recycling die Zerkleinerungsoperationen ohnehin notwendig sind, ist vorstellbar, daß diese Verbundtrennung nicht einmal teurer sein muß als die konventionelle Zerkleinerung sortenreiner Kunststoffe. Eine erste Abschätzung der Kosten für eine derartige Verbundtrennung belaufen sich bei einem Anlageninvest in Höhe von 300 TDM und einem Durchsatz von 800 kg/h auf 0,13 DM/kg Input [15].

9.6 Querkompatibilitätskonzepte

Verbundpartner, die sich aufgrund ihrer physikalischen Eigenschaften deutlich von technischen Thermoplasten unterscheiden, lassen sich leicht abtrennen. Anders stellt sich die Situation dar, wenn eine Vielzahl unterschiedlicher Kunststoffe in die gleiche Anwendung gehen. Der Sortieraufwand wird erheblich zunehmen. Auf der anderen Seite wird eine breite Palette verschiedener Kunststoffe verlangt, um allen

Belangen hinsichtlich Konstruktion und Design zu genügen. Aus diesem Grund wurden zwei Konzepte erarbeitet, die es erlauben, daß mittel- bis langfristig ganze Baugruppen aus dem Kraftfahrzeug in einer einzigen Sammelbox landen dürfen.

9.6.1 Innenraumkonzept

ABS als Basiskomponente und Schlagzähmodifikator zahlreicher Polymer-Blends bietet optimale Voraussetzungen für ein solches Konzept. Auf Basis von ABS sind Blends aus PC + ABS, PC + ASA, ABS + TPU und PBT + PC bereits heute weit verbreitet. Alle genannten Blendpartner sind weitgehend miteinander verträglich und können gezielt zu neuen Mehrkomponenten-Blends kombiniert werden. Dabei können heute schon verträgliche Lacksysteme, verträgliche Textilien auf Basis Polyester und verträgliche Folien auf Basis ASA genannt werden [16].

Alle Innenraumteile werden in eine Sammelbox gegeben (Abbildung 9.6).

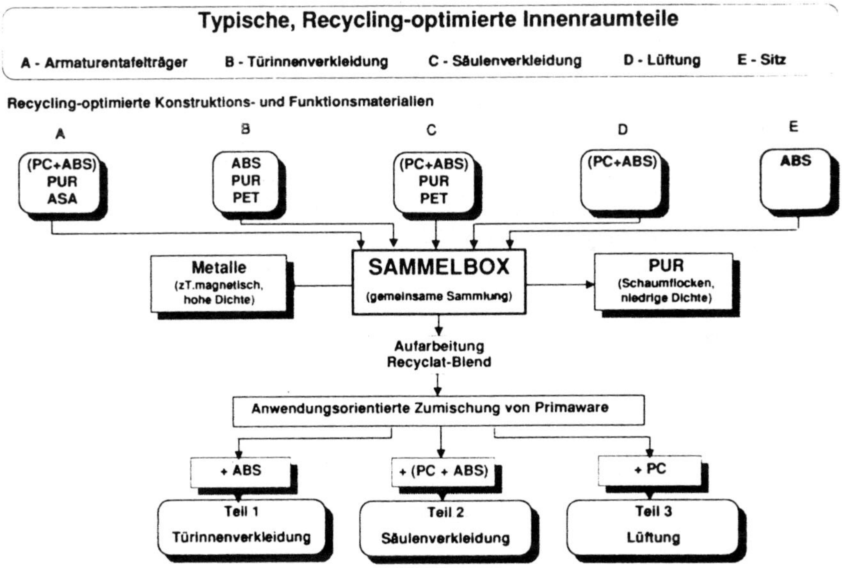

Abb. 9.6. Verträglichkeitskonzept für den Kfz - Innenraum

Nach Abtrennung der Metalle, Schäume und der Gläser wird ein verträgliches Thermoplastgemisch zurückgewonnen, das durch Zugabe bzw. durch Abmischen mit weiteren Komponenten gezielt zu einem Rezyklat-Blend aufbereitet wird. Dieses Blend kann an gleicher Stelle, also im Fahrzeuginnenraum wieder eingesetzt werden.

9.6.2 Scheinwerferkonzept

Analog dazu wurde auch für den Fahrzeugscheinwerfer ein Konzept erarbeitet mit Polycarbonat als Bezugsgröße für die Verträglichkeitsaspekte beim Recycling. Dieses Konzept beinhaltet eine Streuscheibe aus PC, einen Reflektor aus hochwärmeformbeständigem PC (z. B. Apec HT von Bayer) sowie ein Scheinwerfergehäuse aus PC + ABS oder alternativ aus PC + PBT. Die Thermoplaste sind untereinander verträglich und können gemeinsam zu einem Rezyklat-Blend aufbereitet werden, das z. B. wieder als Gehäusematerial für den Scheinwerfer eingesetzt werden kann (Abbildung 9.7).

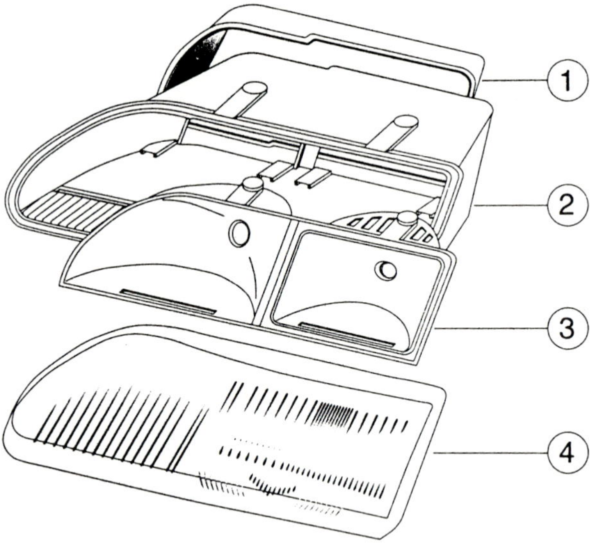

Abb. 9.7. Konzept für Pkw - Scheinwerfer (© Bayer AG Leverkusen)

9.7 Ausblick

Die aufgeführten Beispiele zeigen, daß mit den eingesetzten technischen Thermoplasten qualitativ hochwertige Konstruktionswerkstoffe nach Beendigung des Autolebens auf der Deponie landeten und immer noch landen. Die mit vertretbarem Aufwand recyclierbaren Konstruktionswerkstoffe zeigen oft Eigenschaften, die einen Wiedereinsatz im Kraftfahrzeug ermöglichen. Einige Beispiele sind bereits umgesetzt. Allerdings handelt es sich dabei bisher nur in Ausnahmefällen um ein Recycling von Materialien aus Altfahrzeugen. Die Mengenströme an Kunststoffen aus Altfahrzeugen sind einfach noch nicht vorhanden. Zaghaft werden erste Kunststoffströme aus der Entsorgung der Vertragswerkstätten der Automobilunternehmen zusammengeführt. Sobald den Behörden bekannt wird, daß Recyclingunternehmen Kunststoffe aus dem Auto aufbereiten und vermarkten können, wird die Deponierung entsprechender Altteile erschwert.

Jedenfalls ist momentan eine Aussage über die Wirtschaftlichkeit eines werkstofflichen Recyclings von technischen Thermoplasten aus dem Auto schwierig. Bei der Betrachtung unterschiedlicher Szenarien kann immerhin jetzt schon festgehalten werden, daß das ressourcenschonende werkstoffliche Recycling von technischen Thermoplasten zu mit Neuware vergleichbaren Kosten möglich sein kann, insbesondere dann, wenn hochwertige Werkstoffe betrachtet werden.

9.8 Literatur

[1] Walter, G.: Aktivitäten zur Altfahrzeugwiederverwertung und -entsorgung. Kunststoffe im Automobilbau, Jahrestagung 1991, Kunststoffe im Automobilbau, Mannheim. Düsseldorf: VDI Verlag 1991.

[2] Goldbach, H.; Koch, B.: PKW - Tür aus Kunststoff - Stahlblech -Verbund. Kunststoffe 81 (1991).

[3] Meyer, H.; Schmiemann, A.; Frohberg, E.; Seesing, J.; Germer, A.; Kähn, R.: Kühlergrill - Recycling, Stoffkreislauf in der Praxis. Kunststoffe 83 (1993).

[4] Baierweck, P.; Fritzsche, TH.; Schmiemann, A.; Willenberg, B.: Betriebsmittelkontaminierte Kfz - Teile wiederverwerten. Kunststoffe 82 (1992).

[5] Horsch, G.: Demontage und Verwertung von Kunststoffen aus Automobilen. FAT Schriftenreihe Nr. 100.

[6] Seibert, W; Boes, J.: CARS: Ein Automobilrecycling - Konzept, HTW Saarbrücken.

[7] Schmid, D.; Schmidt, J.: Demontagekonzepte für das Recycling von Altautos. Vortrag anläßlich der Fachtagung "Gewerbeabfall - Bilanzierung und Steuerung gewerblicher Abfälle" vom 9.-11.11.1993, Göttingen.

[8] Vornberger, K.; Zachmann, G.; Willenberg, B.: First Experiences at the BMW Dismantling and Recycling Center, Recycle 1994, 14.-18.03.1994 Davos, Schweiz.

[9] Schmidt, K. G. et. al.: Identifikation von Kunststoff - Sorten und ihrer Zusatzstoffe, Vortrags- und Diskussionsworkshop, 12./13.04.1994, Duisburg-Rheinhausen.

[10] N. N.: Kennzeichnung von Kunststoffen mit Fluoreszensfarbstoffen. Anwendungstechnische Information 917, KU 48.821, Bayer AG Leverkusen (1994).

[11] Stolzenberg, A.: Mechanische Aufbereitung von Stoßfängern, Praxiskonferenz, 2./3.03.1994, Garmisch-Partenkirchen.

[12] Altmann, O.; Jeschonnek, P.; Korinth, J.: Entwicklung von Kunststoffbauteilen im Motorraum. Kunststoffe im Automobilbau, Jahrestagung 1991 Kunststoffe im Automobilbau, Mannheim. Düsseldorf: VDI Verlag 1991.

[13] Schmiemann, A.: Orth, P.; Meyer, H.: Entschichten von Kunststoff - Altmaterialien. Kunststoffe 84 (1994).

[14] DE 4216638

[15] N. N.: Basierend auf Daten der Hosokawa Alpine AG, Augsburg 1993.

[16] Meyer, H.; Schmiemann, A.; Orth, P.: Recycling von ABS - Vorhandene Technologien und Zukunftsperspektiven. Plastverarbeiter 45 (1994).

10 Stand des metallurgischen Recyclings für Altautos

10.1 Einleitung

Das metallurgische Recycling von Altfahrzeugen hat zwei grundlegende Ziele:

- Die Reduzierung der Abfallmengen und Abfallströme, die eine Umweltschonung in allen relevanten Bereichen wie Luft, Wasser und Boden bewirkt und,
- die Schonung der natürlichen Ressourcen durch die Rückführung der gewonnenen sekundären Rohstoffe, wodurch eine Einsparung von Rohstoff- und Energieaufwänden im Produktionsablauf erreicht wird.

Beim metallurgischen Recycling von Altfahrzeugen haben beide Zielsetzungen die gleiche Bedeutung.

Die Automobilindustrie beschäftigt sich im Rahmen der vom Gesetzgeber vorgesehenen Umweltschutzmaßnahmen mit der Verwertung von Altfahrzeugen. Dabei ist ein als PRAVDA - Konzept bekanntes Behandlungsschema - Demontage mit nachgeschalteter Shreddertechnologie inkl. thermischer Verwertung des Shredderabfalls oder alternativ hierzu das metallurgische Recycling der demontierten Karosse - entstanden.

Parallel dazu haben Mercedes-Benz und VOEST-ALPINE (Voest Alpine Technologie) eine Studiengesellschaft zur Entsorgung von Altfahrzeugen (EVA) gegründet, die ein integriertes Autoentsorgungssystem entwickeln soll. Die EVA hat zunächst eine Studie erstellt, die sämtliche ökologischen und ökonomischen Aspekte eines kompletten Recyclings von Altfahrzeugen zum Inhalt hat. Im Rahmen dieser Studie wurden Realisierungskonzepte und Wirtschaftlichkeitsstudien, die Prüfung von Kooperationsmöglichkeiten mit Dritten und die Klärung der Standortfrage für eine Erstanlage durchgeführt.

Wichtige Aspekte sind die Erarbeitung des entsprechenden Know-hows für die Schrottaufbereitung und die Schmelzmetallurgie sowie die zeitgemäße Entsorgung der Abfallprodukte.

10.2 Altfahrzeugaufkommen

Derzeit sind in der Bundesrepublik Deutschland ca. 30 Mio. Pkw zugelassen. Gemäß den Angaben des statistischen Bundesamtes für das Jahr 1991 wurden 2,3 Mio. Autos aus dem Verkehr gezogen.

Unter der Annahme, daß unter den 2,3 Mio. aus dem Verkehr genommenen Fahrzeugen ca. 500 000 als Gebrauchtfahrzeuge exportiert und ca. 500 000 Fahrzeuge demontiert exportiert werden, stehen in Deutschland ca. 1,3 Mio. Fahrzeuge zum Verschrotten zur Verfügung, die derzeit nur über die Shredder-Route recycelt werden. Der dabei entstehende Shredderabfall wird nahezu vollständig deponiert.

10.3 Zusammensetzung der im Automobilbau verwendeten Werkstoffe

Die stoffliche Zusammensetzung des dem Recyclingprozeß zugeführten Materials ist sowohl für die Verfahrenstechnik als auch für die Wirtschaftlichkeit des Prozesses von wesentlicher Bedeutung. Die mittleren Anteile der Werkstoffe an einem Altfahrzeug sind beispielhaft nachfolgend dargestellt.

Ein derartiges Auto besteht aus:

- ca. 57 % Stahl,
- ca. 11 % Gußeisen,
- ca. 18 % Kunststoffe und Gummi,
- ca. 8 % Nichteisenmetalle (Aluminium, Kupfer),
- ca. 2,5 % Flüssigkeiten (Treibstoff, Öle und Fette),
- ca. 2,5 % Glas,
- ca. 1 % andere Stoffe.

Von all den angeführten Anteilen eines Pkws können z. Z. nur die metallischen Komponenten der Produkte gewinnbringend verkauft werden. Die nichtmetallischen Anteile, die ca. 24 % des Fahrzeug-Gesamtgewichtes ausmachen werden dagegen wie angedeutet nahezu ausschließlich deponiert.

10.4 Materialrecycling bei der Altfahrzeugverwertung

Angesichts der Endlichkeit der natürlichen Ressourcen und des verfügbaren Deponieraumes wird das Recycling als vordringliches, ökologisches Gebot betrachtet werden.

Die Industriegesellschaft steht vor der Aufgabe, die Wiederaufbereitung und Wiederverwertung bereits benutzter Materialien so optimal wie möglich zu lösen. Jeder Altauto enthält eine Reihe von Wertstoffen, die auch unter betriebswirtschaftlichen Gesichtspunkten wiederaufbereitet werden können. Autorecycling ist sinnvoll, da das beträchtliche Materialaufkommen einen rationellen Betrieb von Großanlagen ermöglicht.

10.4.1 Shreddern von Altfahrzeugen

Derzeit werden die anfallenden Altautos von den Fahrzeugverwertern und Schrotthändlern gesammelt und je nach Zustand verwertet oder verschrottet. Die Autowracks werden überwiegend in sogenannten Shredderanlagen in handgroße Stücke zerschlagen und der Stahl- sowie Eisenschrott über Magnetabscheider abgeschieden und wieder der Eisen- und Stahlindustrie zugeführt.

Die Nichteisenmetalle werden über ein spezielles Schwimm-/Sinkverfahren aussortiert und in der Hüttenindustrie in verschiedenen Prozessen wiederaufbereitet.

In der Shredderanlage fällt aber auch der weitgehend unverwertbare "Müll" an, der nahezu ein Viertel des Gesamtgewichtes eines Neuautos ausmacht und Heute hauptsächlich deponiert werden muß.

Da die Anzahl der zu entsorgenden Altautos stark ansteigt und der Kunststoffanteil in den Fahrzeugen sich vergrößert, wird die Shredderabfallmenge auch deutlich ansteigen. Schätzungen ergeben eine Zunahme des Shredderabfalls in der BRD von heute 500 000 t/a auf nahezu 800 000 t/a bis Ende des Jahrtausends.

Soll das Shredderabfallaufkommen zumindest auf dem Stand von 1990 gehalten werden, müßten sich Recyclingraten von 50 % (Kunststoffe, Glas u. Textilien) bzw. 20 % bei Elastomeren darstellen lassen. Dies wird auch unter optimistischen Annahmen kaum zu realisieren sein, so daß Massenstromverfahren für die Behandlung vordemontierter Fahrzeuge unbedingt weiterentwickelt werden müssen (Ziel Reststoffaufkommen <5 %).

10.4.2 Metallurgisches Recycling von Altfahrzeugen

EVA hat eine Altfahrzeug-Aufbereitungslinie konzipiert, an deren Ende eine Paketierpresse bzw. Schrottschere steht. Der nach der Demontagelinie in der Karosse noch enthaltene Kunststoff ist ein ausgezeichneter Energieträger, der zum Schmelzen des Schrottes eingesetzt werden kann und andere Ressourcen schont.

Das Altfahrzeugentsorgungssystem besteht hauptsächlich aus fünf Verfahrensschritten, in denen aus einem angelieferten Altfahrzeug verschiedene Metalle und Betriebsstoffe einer Wiederverwertung zugeführt werden.

- Flüssigkeitsentnahme durch Abziehen von Kraftstoff, Betriebsölen und Kühlflüssigkeiten.
- Demontage des Motors inkl. Getriebe, der Lichtmaschine und des Anlassers. Diese Teile werden einer gesonderten Aufbereitung unterzogen. Gut erhaltene Teile werden einer Wiederverwendung zugeleitet, während die unbrauchbaren Teile über einen Motor- und Getriebebrecher wieder dem metallurgischen Recycling zugeführt werden.

- Demontage aller wirtschaftlich wiederverwertbaren Kunststoffteile. Bei einer weiterführenden Montage werden speziell kupferhaltige Teile wie Elektromotoren oder Hauptkabelsatz entfernt und einer Wiederverwertung in der Buntmetallindustrie zugeführt.
- Entfernen der Reifen mittels einer speziellen Reifen-Abziehschere (die Felgen werden dem metallurgischen Recycling zugeführt).
- Pressen bzw. Schneiden der verbleibenden Karosse in folgenden Arbeitsgängen
  - Pressen der Autokarossen auf einen Querschnitt von ca. 500 x 500 mm
  - Schneiden der auf einen Strang gepreßten Autokarossen mittels einer Schere auf eine Länge von ca. 500 mm.

Die auf diese Art gewonnenen Pakete werden dem metallurgischen Recycling als Hauptbestandteil des metallischen Einsatzes zugeführt. Die Pakete enthalten vor allem Stahl, aber auch Kunststoffe, Glas, Lack, etc.

Ein wesentlicher Bestandteil der Altfahrzeugaufbereitung ist das Entfernen von Kupferteilen, um die Anforderungen der Stahlindustrie in Hinsicht auf die Stahlqualität zu erfüllen, die aus dem Autoschrott zusammen mit Mischschrott erzeugt wird.

In jedem Altfahrzeug sind ca. 1,7 % Kupfer, bezogen auf den Fe-Anteil, enthalten, der - je nach Demontagezeit - auf bis zu 0,11 % (bei einer Demontagedauer von ca. 120 min) reduziert werden kann. Da außer Kupfer auch Zinn, Nickel, Molybdän und Arsen zur Gänze im Stahl enthalten bleiben und im Rahmen des metallurgischen Recyclings nicht oxydiert werden können, ist auch bei der Demontage auf die Reduzierung des Zinnanteiles zu achten.

So können Stähle mit Cu + 10 x Zinngehalt > 0,23 % hergestellt werden, die eine breite Anwendung im Qualitätsstahlbereich ermöglichen.

10.5 Technologie des metallurgischen Recyclings, dargestellt in einem Schmelzprozeß

Wodurch unterscheidet sich das EVA-Konzept von den herkömmlichen Entsorgungsmethoden?

Bei den bisher bekannten Konzepten wurde die vollständige Trennung des Kunststoffanteiles vom Altfahrzeug durchgeführt. Das EVA - Konzept sieht eine nahezu komplette Entsorgung vor und stellt ein ökologisches wie ökonomisches Recycling vom Automobilschrott und anderen Mehrkomponenten-Schrottsorten dar.

Im Rahmen der Aufbereitung der Altfahrzeuge werden die Autopakete bzw. der geschnittene Autoschrott inkl. der enthaltenen Kunststoffanteile als Einsatzgut dem metallurgischen Schmelzaggregat zugeführt.

Das metallurgische Verfahren erlaubt eine flexible Anpassung an sich verändernde zukünftige Altautos im Hinblick auf Werkstoffzusammensetzung und Einsatzmenge.

Wie bereits erwähnt, ist bei der Aufbereitung der Altfahrzeuge auf den Anteil der Nichteisenmetalle in bezug auf den Endverwendungszweck der Produkte zu achten.

Bei den Oxidationsprozessen der Begleitelemente, die sowohl beim Blasstahlverfahren als auch beim Elektro-Lichtbogenofenverfahren ablaufen, ist daher auf die Begleitelemente, die nicht oder nur teilweise entfernt werden können, erhöhtes Augenmerk zu legen.

Folgende Begleitelemente

- bleiben zur Gänze im Stahl: Cu, Sn, Ni, Mo, As;
- werden teilweise oxydiert: Mn, P, S, Cr;
- werden weitgehend oxydiert: Si, Al, Ti, Er, B, V;

(Pn und Zn verdampfen größtenteils).

Die in den Autoschrottpaketen enthaltenen Kunststoffe werden als Aufkohlungsmittel verwendet bzw. thermisch verwertet und dienen dann als Energieträger zum Schmelzen und zum Vorwärmen des Schrottes sowie für die Prozeßdampf- bzw. Fernwärmeerzeugung oder Stromerzeugung.

Die organischen Bestandteile der Kunststoffe werden bei diesem Stahlschmelzprozeß, bei dem Temperaturen über 1.500° C vorherrschen, vollständig und rückstandsfrei in die Grundmoleküle CO, CO_2, H_2O, N_2 und eventuell H_2S + COS zerlegt. Bestandteile der Kunststoffe werden zum Großteil in der Schlacke gebunden bzw. im Filter oder Waschsystem der nachgeschalteten Abgaskühl- und Reinigungsanlage abgeschieden.

Die flüchtigen Verbindungen wie Schwefel, Chlor und Fluor werden ebenfalls hochkonzentriert in der Abgaskühl- und Reinigungsanlage ausgeschieden, womit eine zukunftsweisende Absenkung der Schadstoffemission erreicht werden kann.

10.6 Prozeßschritte des Autoverwertungs-Verfahrens

Die in der Aufbereitungsanlage wie vorher erläutert demontierten Autokarossen werden in Form von Paketen bzw. Scherenschrott in ein Schmelzaggregat eingesetzt.

Aufgrund der großen Enthalpie der im Autoschrott enthaltenen Kunststoffe wäre es bei 100 %iger Nutzung dieser Energie bereits möglich, bei Einsatz von 50 % Autoschrott in diesem Schmelzgefäß einen autothermen Prozeß ablaufen zu lassen, das heißt, es ist geplant, folgenden Einsatzmix für ein derartiges Schmelzgefäß zu wählen:

- ca. 50 % Autoschrott mit 20 - 25 % Kunststoffanteil,
- ca. 20 - 40 % Mischschrott,
- ca. 10 - 30 % Rücklaufschrott.

Dieser Schrottmix, der mit Kunststoffen und organischen Bestandteilen beladen ist, wird in einem Schmelzaggregat weiterverarbeitet, und je nach Endverwendungszweck wird der Schrott zu Flüssigstahl bzw. synthetischem Roheisen oder flüssigem Gußeisen für die Gießerei-Industrie eingeschmolzen. Die Kunststoffanteile werden dabei verfahrenstechnisch grundsätzlich über Pyrolyse, Verbrennung oder Vergasung genutzt.

1 kg Kunststoff hat den Heizwert von rund 1 l Heizöl und ist daher ein wertvoller Energieträger.

Wieweit die chemische Energie der Kunststoffe tatsächlich für den Einschmelzvorgang genutzt werden kann, hängt von der Art der Einbringung des Kunststoffes in das Schmelzaggregat ab.

Die chemische Energie wird zur Vorwärmung des Schrottes durch Nachverbrennung im oberen Teil des Schmelzgefäßes, zum Einschmelzen des Schrottes in Form von Pyrolysekoks im Schmelzbereich und durch Dampferzeugung im Abhitzekessel genutzt.

Bei dem hier diskutierten Prozeß des metallurgischen Prozesses erwarten wir für die organischen Bestandteile eine Nutzung als Aufkohlungsmittel (ca. 20 % Kokssubstitution sind erreichbar) oder eine Nutzung der chemischen Energie von ca. 30 % für den metallurgischen Prozeß, das heißt, daß ca. 1/3 der Energie für das Schmelzen des Schrottes eingespart werden kann.

Bei gezielter Einbringung der Kunststoffe in den Schmelzbereich ohne vorheriges Vergasen der Organik ist eine nahezu 100%ige Nutzung der chemischen Energie für das Schmelzen des Schrottes möglich. Da aber insbesondere die Kunststoffanteile zu einer entsprechend hohen Abgasbelastung führen, ist eine aufwendige Abgasbehandlung erforderlich. Dabei sind die Vorgaben der 17. BImSchV einzuhalten.

Abgaskühl- und Reinigungsanlage

Die dem Schmelzgefäß nachgeschaltete Abgaskühl- und Reinigungsanlage ist so dimensioniert, daß die Rauchgasmengen für eine max. Abgastemperatur von 1200° C und für die durch den Kunststoffanteil entsprechend hohen Abgasbelastungen gereinigt werden können. Die Abgaskühl- und Reinigungsanlage besteht hauptsächlich aus folgenden Verfahrensschritten bzw. Aggregaten:

- Dem Thermoreaktor, in dem unter hoher Temperatur (über 1 000° C) die noch vorhandenen organischen Bestandteile zerstört werden. Dioxine und andere schwere Kohlenwasserstoffe werden bei einer Verweildauer von ca. 0,5 Sekunden in ihre Bestandteile zerlegt.
- Dem Abhitzekessel, in dem die noch immer ca. 1 100° C heißen Abgase zur Energierückgewinnung genutzt werden. Die im Abhitzekessel gewonnene Energie wird entweder als Prozeßdampf für die Stromerzeugung bzw. zum Antrieb von Aggregaten oder als Fernwärme genutzt.
- Dem Quencher, in dem das Abgas auf ca. 150° C durch Eindüsung von Wasser abgekühlt wird.
- Dem Puls-Jet-Filter zur Abscheidung des prozeßbedingten Staubes, in dem das Abgas über Gewebefilter auf einen Reingasstaubgehalt < 10 mg/Nm^3 gereinigt wird.
- Der Rauchgasentschwefelungs- und Entchlorungsanlage.
- Dem Aktivkohlefilter als "Polizeifilter", um die im Thermoreaktor eventuell nicht vollständig zerstörten organischen Substanzen bzw. die rückgebildeten PCDDs und PCDFs bis auf ein TCDD-Äquivalent von < 0,1 ng/Nm^3 zu adsorbieren.
- Dem Gebläse- und Reingaskamin zum Abführen der gereinigten und nicht mehr umweltbelastenden Abgase.

10.7 Realisierungskonzepte

Welche technischen Möglichkeiten stehen derzeit zur metallurgischen Autoschrottentsorgung zur Verfügung?

a) Niederschachtofen (modifizierter Kupolofen)
Das Schachtofen-Verfahren erlaubt die Erzeugung von flüssigem Roheisen bzw. Gußeisen und ist bestens geeignet in Gießerei-Industrien sowie für die Erzeugung von Flüssigstahl in vorhandenen Konverter-Stahlwerken bzw. in Elektrostahlwerken.

Ein spezielles Anwendungsgebiet für den Schachtofen (modifizierten Kupolofen) ist der Erzeugung von perlitischem Guß in der Gießerei-Industrie, der bis zu 3 % Cu enthalten kann, so daß eine Demontage von Kupferteilen aus den Altfahrzeugen nicht erwünscht ist, da bei einem max. Kupfergehalt von 1,7 % im Altfahrzeugschrott noch eine Kupferzulegierung stattfinden muß.

Das Hauptmerkmal dieses Schachtofens liegt im Koksbett am Boden des Schachtes, wodurch der Stahlschrott zu flüssigem, synthetischem Roheisen bzw. Gußeisen umgeschmolzen wird (C-Gehalt mindestens 3 %).

Schmelzprodukt: Synthetisches Roheisen bzw. Gußeisen.

b) Reaktor-Raffinator
Dieses zweistufige Verfahren zeichnet sich durch eine Kombination zwischen einem Schachtofen und einem Elektro-Ofen, der die sekundärmetallurgische Arbeit und das Aufheizen der Vorschmelze übernehmen soll, aus.

Zum Unterschied vom modifizierten Kupolofen besitzt dieser Schachtofen kein Koksbett, so daß eine FeO-angereicherte Vorschmelze aus dem Schacht herausfließt, die im Elektro-Ofen durch elektrische Energie aufgeheizt und mit Kohle sowie Sauerstoff zu Stahl reduziert werden muß.

Schmelzprodukt: Stahl

10.8 Schlußfolgerungen und Ausblick

Die derzeit praktizierte Wiederverwertung der Altfahrzeuge durch Shreddern und Deponieren des Shreddermülls wird aufgrund des immer knapper werdenden Deponieraums und der aus diesem Grunde stark steigenden Deponiekosten immer problematischer.
Das von der EVA entwickelte Konzept, das sowohl die ökologischen als auch ökonomischen Aspekte berücksichtigt, umfaßt durch die spezielle Demontage der Altfahrzeuge, die Wiederverwertung von Teilen und das nachgeschaltete metallurgische Recycling ein Altfahrzeug-Verwertungskonzept, das auch zukünftige Entwicklungen berücksichtigt.

Es handelt sich hierbei um ein komplettes Recyclingkonzept, das durch die Nutzung des organischen Kunststoffes als Schmelz- und Aufheizenergie sowie für die Dampfgewinnung und die Bindung der anorganischen Komponenten in der Schlacke eine wesentliche Reduzierung der Abfallstoffe und der Emissionswerte erreicht.

Dieses Konzept berücksichtigt auch zukünftige Entwicklungen in der Automobilindustrie bei der Wiederverwertung der Einsatzstoffe.

Die konzipierte Abgaskühl- und Reinigungsanlage erlaubt eine wesentliche Absenkung der Schadstoffemissionen, d. h. eine Unterschreitung der geplanten Emissionsgrenzwerte.

Je nach Vordemontagegrad der Altfahrzeuge kann auch eine Stahlqualität erzeugt werden, die den jeweiligen Qualitätsanforderungen entspricht.

Das Verfahren ist sowohl im Hinblick auf die Stahlerzeugung als auf die Erzeugung von Gußeisen in der Gießerei-Industrie geeignet.

Grundsätzlich müssen sich jedoch alle Konzepte an einer positiven Ertragslage orientieren, denn nur so können diese Betriebe ihre Anlagen wirtschaftlich betreiben und zur Entsorgung von Altfahrzeugen und zur Vermeidung einer Deponierung von Shreddermüll beitragen.

11 Mechanische Vortrennung der Shredder-Leichtmüllfraktion als Vorstufe zur thermischen Verwertung

11.1 Status und Entwicklung im Automobilrecycling - eine Einführung in den Themenkomplex aus dem Blickwinkel eines Shredderbetreibers

Bei der klassischen Altautoverwertung ist der Shredderprozeß seit Anfang der 70er Jahre ein wesentlicher Bestandteil der Recyclingkette. In den letzten zwei Jahrzehnten durchlief das Auto auf seinem letzten Weg in der Regel folgende Schritte:

- Zunächst erfolgt die Übergabe des Fahrzeugs an einen Altautoverwerter, entweder direkt durch den Letzthalter oder über eine Werkstatt. Neben den so legal abgegebenen Fahrzeugen werden die vom Besitzer wild abgestellten Altautos durch die Kommunen Altautoverwertern zugeführt.
  Hier erfolgt die Entnahme von Betriebsflüssigkeiten sowie der Ausbau noch verwendbarer, d. h. verkauffähiger Teile. Komponenten, die stofflich verwertet werden können und entsprechende Marktpreise erzielen, werden ebenfalls demontiert.
- Die vorbehandelten Karossen fließen dann einem Shredderbetrieb zu. Beim Shredderprozeß wird mit dem Shredderschrott ein Eisenkonzentrat gewonnen, daß in Hochöfen und Gießereien wieder Einsatz findet. Daneben fällt eine nicht eisenmetallreiche Schwerfraktion und Shredderleichtmüll an.
- Durch die Weiterverwendung gebrauchter Teile und die stoffliche Verwertung von Eisen- und NE-Schrotten werden derzeit etwa 75 % des Autogewichtes in der Wirtschaftskreislauf zurückgeführt.
  Die entnommenen und gesammelten Betriebsflüssigkeiten wurden bisher vorwiegend in Verbrennungsanlagen entsorgt, der Shredderleichtmüll, in dem knapp 25 % des Autogewichts enden, wird im allgemeinen auf eine Deponie verbracht.

In den letzten Jahren führten eine Reihe von Entwicklungen zu einer kritischen Situation für die Shredderbetreiber. Die nachfolgenden Punkte sind dabei besonders hervorzuheben:

- Der drastische Anstieg der Deponiegebühren für Shredderleichtmüll:
  In wenigen Jahren stiegen die Deponiegebühren von deutlich unter 100,- DM/t zum Teil auf über 600,- DM/t in Deutschland an. Dieser Anstieg fiel aber nicht überall gleich aus, so daß ein reger Tourismus von Shreddervormaterial zu Betrieben mit noch niedrigen Deponiegebühren begann. Der stetig wachsende Unterschied besonders zu Betrieben in den Niederlanden, Belgien, Frankreich und Italien führte dazu, daß im Jahre 1992 von etwa 2,8 Millionen stillgelegten

Fahrzeugen in Deutschland nur ungefähr 1,8 Millionen in deutschen Shreddern landeten. Die geplante TA Shredderabfall wird das Problem weiter verschärfen.

- Der Abfluß aufgebauter Karossen Richtung Osten:
  In den letzten zwei Jahren begann ein neuer Abflußkanal den Shreddern in Deutschland das Vormaterial zu entziehen. Aufgebaute Karossen werden in großem Umfang heute Richtung Osten, bevorzugt nach Polen aber auch nach Tschechien, Finnland, die baltischen Staaten und Rußland exportiert, um dort wieder aufgebaut oder als Ersatzträger verwendet zu werden. Damit steigt die Exportquote weiter.
- Die Steigende Nachfrage nach weniger sauberen Schrotten am Weltmarkt:
  Die steigende Nachfrage nach Schrott in den letzten Monaten aus den USA, vor allem aber aus Indien, China und Südostasien verändert die Situation der Shredderbetreiber. Zusätzlich zur Entwicklung und Industrialisierung wird der asiatische Markt für seine entstehenden oder bereits bestehenden Elektrostahlwerke große Mengen an Schrott über einen sehr langen Zeitraum einführen müssen. Dies wird zum großen Teil Scherenschrott auch aus vordemontierten Karossen sein. Damit dürfte der Anteil der über Shredder laufenden Schrottmengen weiter sinken.

- Alternative Verwertungswege:
  Letztendlich können alternative Verwertungswege, wie etwa das metallurgische Recycling, den Shredder in vielen Bereichen überflüssig machen.

Vor diesem Hintergrund läßt sich prognostizieren, daß in den nächsten Jahren eine größere Zahl an Shreddern in Deutschland stillgelegt werden muß. Das Shredderleichtmüll-Problem wird sich mengenmäßig verringern, verschwindet aber nicht. Für das Überleben der verbleibenden Shredderbetriebe könnte die Lösung dieses Problems noch wichtiger werden.

Für das Altauto-Recycling unter Einsatz von Shreddern wird daher das in Abbildung 11.1 dargestellte Gesamtverfahrenskonzept zum Einsatz kommen müssen.

Eine weitergehende Trockenlegung und eine höhere Ausbauquote nichtmetallischer Komponenten aus dem Fahrzeug vor dem Shredderprozeß wird in absehbarer Zeit den Shredderleichtmüllanteil sowie dessen Belastung durch Kohlenwasserstoffe sinken lassen. Hierzu baut die PREUSSAG RECYCLING GmbH bis 1997 ein bundesweit flächendeckendes Altauto-Recycling-System auf.

Durch die Erschließung neuer Verwertungskanäle für Glas, Gummi und Kunststoffe soll sich der Shredderleichtmüllanteil pro Karosse von derzeit 25 % auf bis zu 13 % des Gesamtgewichts verringern.

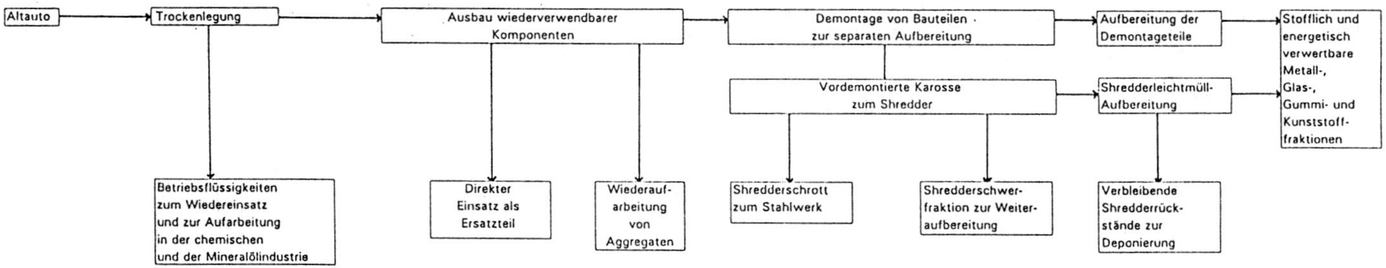

- Gefahrlose Entsorgung von Betriebsflüssigkeiten
- Maximale Wiederverwendung gebrauchsfähiger Bauteile

- Wiederverwendung regenerierbarer Bauteile
- Gezielte Demontage von Komponenten und deren Aufbereitung zum Erzeugen stofflich wiederverwendbarer Produkte

- Sondermüll- Reduktion durch Aufbereitung des Shredderleichtmülls und Rückgewinnung verwertbarer Fraktionen

Abb. 11.1. Gesamtverfahrenskonzept Automobil - Recycling

Dieser Rest kann durch eine mechanische Aufbereitung in verhüttbare Metallkonzentrate, einen deponiefähigen Inertstoffanteil und thermisch verwertbare Fraktionen separiert werden. Die Eröffnung von Kanälen zur thermischen Verwertung letztgenannter Stoffströme zu wirtschaftlich tragbaren Konditionen ist Vorbedingung für den Einsatz der mechanischen Vortrennung.

Seit 1990 wird bei der Preussag an der Entwicklung eines Verfahrens zur mechanischen Aufbereitung von Shredderleichtmüll gearbeitet. Nachfolgend soll zunächst auf die Zusammensetzung von Shredderleichtmüll aus unvordemontierten Karossen und die Möglichkeiten einer Auftrennung in verschiedene Fraktionen eingegangen werden.

11.2 Zusammensetzung und Materialeigenschaften von Shredderleichtmüll

Für einen Leichtmüll, wie er in Shreddern und Zerdiratoren bei der Verarbeitung von Kraftfahrzeugen ohne vorangehende Demontage anfällt, sind die Angaben in den Tabellen 11.1 und 11.3 charakteristisch.

Tabelle 11.1. Kornspektrum von Shredderleichtmüll

Kornfraktion [mm]	Mengenanteil in den Fraktionen	
	Spanne [Masse %]	Mittelwert [Masse %]
>80	3 - 15	6
40 - 80	5 - 34	8
20 - 40	10 - 30	14
10 - 20	9 - 14	12
5 - 10	4 - 12	10
2 - 5	5 - 12	10
1 - 2	8 - 14	10
< 1	10 - 40	30

Eine Siebinhaltsstoffanalyse von einer Probencharge, mit der nachfolgend Aufbereitungsversuche durchgeführt wurden, ist in Tabelle 11.2 gegeben. Kornaufbau und Inhaltsstoffverteilung liegen im Rahmen der durchschnittlichen Werte.

Die Gehalte an anderen Schwermetallen, Edelstahl und Magnesium sind vernachlässigbar. Die mittlere Schüttdichte von Shredderleichtmüll beträgt 0,3 bis 0,5 t/m^3, der mittlere Heizwert 10 bis 14 MJ/kg.

Tabelle 11.2. Siebinhaltsstoffanalyse einer Shredderleichtmüllprobe

Kornfraktion [mm]	Mengenanteil [Masse %]	Gehalt [Masse %]				
		Asche	Cl	Fe	Al	Cu
> 80	4	28	3,9	4,7	3,8	0,3
40 - 80	8	33	4,2	7,5	5,1	0,4
20 - 40	9	35	3,5	11,0	4,8	0,6
10 - 20	13	40	3,1	13,0	3,6	0,8
5 - 10	10	58	2,7	19,0	2,3	1,6
2 - 5	10	64	2,8	17,0	2,1	2,4
1 - 2	12	70	1,9	18,0	1,0	1,6
< 1	34	81	0,6	23,3	0,7	0,6
Summe	100	60	2,2	17,2	2,3	1,0

Tabelle 11.3. Stofflicher Aufbau von Shredderleichtmüll

Produktgruppe	Mittlerer Anteil [Masse%] normiert auf 100 %
Chlorfreie Thermoplasten Hauptanteile PP, PS, ABS, PE, PA (i.w. Formteile, untergeordnet Folien, Styropor u. a.)	13
PVC (i.w. Folien, Kunstleder, Kabelummantelungen, Unterbodenschutz)	6
PUR (Schaumstoff)	7
Andere Thermo- und Duroplasten	3
Elastomere (i.w. Gummi aus Reifen, Matten, Manschetten etc.)	23
Holz/Zellulosestoffe (Holz, Pappe, Papier etc.)	4
Andere Faser- und Bezugstoffe (Div. Textilfasern, Glasfasern Leder etc.)	6
Lack	3
Glas und Keramik	13
Eisen	13
Kupfer	1
Aluminium	3
Andere Bestandteile und Fremdstoffe (Sand, Staub, Rost, Blei, Zink, u. a.)	5

11.3 Anforderungen an das Aufbereitungsverfahren

Bereits in ersten Voruntersuchungen an handverlesenen Materialien zeigte sich, daß durch eine mechanische Aufbereitung zu vertretbaren Kosten keine Kunststoff- oder Gummifraktionen in ausreichender Reinheit hergestellt werden können, um einer direkten stofflichen, d. h. physikalischen, Verwertung zugeführt werden können. Daher muß sich für den organischen Anteil das Augenmerk auf die Erzeugung energetisch verwertbarer Fraktionen richten. Aus diesem Grund wurden nachfolgend entsprechende Stoffströme als Brennstoffe deklariert. Möglichkeiten einer chemischen Aufbereitung wurden zunächst nicht berücksichtigt.

Aus den Daten in den Tabellen 11.1 bis 11.3 lassen sich für die Aufbereitung von Shredderleichtmüll somit folgende Anforderungen stellen:

- Eine Aufbereitung möglichst des gesamten Kornspektrums ist anzustreben. Wie Tabelle 11.2 verdeutlicht, kann durch eine Siebklassierung allein kaum eine Fraktion abgetrennt werden, die stofflich oder als Energieträger verwertbar wäre oder den Anforderungen an zu deponierendes Material (organischer Restanteil < 10 %, entsprechend Aschegehalt > 80 - 90 %) genügen würde.
- Aufgrund stark schwankender Aufgabezusammensetzungen und zu erwartender Änderungen des Problemstoffs im Rahmen vorgeschalteter Demontageschritte ist eine hohe Flexibilität des Verfahrens erforderlich.
- Ein Erzeugen energetisch nutzbarer Produkte, gegebenenfalls in verschiedenen Fraktionen, aus PUR, chlorfreien Thermoplasten, Elastomeren sowie Holz und Zellulosestoffen evtl. unter Aushaltung von PVC und Kupfer ist anzustreben.
- Metallurgisch verwertbare Fe-Konzentrate sind abzutrennen. Neben der Rückgewinnung ist die Reduktion der verbleibenden Problemstoffmenge wichtig.
- Metallurgisch verwertbare NE-Konzentrate sind zu erzeugen. Dieser Schritt ist primär unter dem Aspekt der Wertstoffgewinnung zu betrachten, verknüpft sich aber mit der Notwendigkeit, die Kupfergehalte der energetisch verwertbaren Brennstofffraktionen ausreichen abzusenken.
- Ein deponiefähiger Reststoff mit möglichst geringen Gehalten organischer Bestandteile ist abzutrennen.

Auf der Basis dieser Anforderungen wurden Untersuchungen im Labor- und Pilotmaßstab durchgeführt und das nachfolgende Verfahrenskonzept entwickelt.

11.4 Verfahrenskonzept für die Aufbereitung von Shredderleichtmüll

Durch mehrstufige Klassierung, selektive Zerkleinerung und den Einsatz verschiedener Sortiertechniken ist, wie in Abbildung 11.2 dargestellt, eine Zerlegung des Shredderleichtmülls in folgende 8 Produkte möglich:

- Fe-Konzentrat: mittelkörniges Eisenkonzentrat, weitgehend metallisch,
- NE-Konzentrat I: Nichteisenmetallkonzentrat, überwiegend aus mittelkörnigem Aluminium mit geringen Anteilen an Messing und Kupfer,
- NE-Konzentrat II: Nichteisenmetallkonzentrat, überwiegend aus feinen Kupferdrähten mit geringen Anteilen an Messing und Aluminium,
- Brennstoff I a: nahezu reiner PUR-Schaumstoff mit geringen Anteilen an Textilfasern und dünnen Folien,
- Brennstoff I b: dominiert von Gummi und Material aus Formteilen (Stoßfänger, Innenraumteile, Teile von Heizung, Kühlung, Lüftung, Aggregate, Elektrik), im wesentlichen PP, PS, ABS und PA,
- Brennstoff I c: Holz, Papier, Styropor und Textilfasern,
- Brennstoff II: PVC und PVC-haltige Komponenten (Folien und Kunstleder, Kabelummantelungen, Unterbodenschutz) sowie Leder, Textilfasern, Restanteile an chlorfreien Thermoplasten, Duroplasten, Elastomeren und mitausgetragenem anorganischem Material,
- Inertstofffraktion: fein- und feinstkörniges Material (100 % < 1 mm), bestehend aus Glas, Keramik, Glasfaser, Sand, Lackpartikeln, Rost, Staub sowie untergeordnet diversen anderen Substanzen.

In Tabelle 11.4 sind die Massen-, Gehalts- und Ausbringensverteilungen für die Produkte aus oben dargestellten Verfahrensablauf aufgelistet. Die angegebenen Spannen resultieren aus den analysierten Werten aus der Probecharge und den geschätzten Schwankungsbreiten in Abhängigkeit von der Aufgabezusammensetzung des Shredderleichtmülls. Eine Verringerung der Schwankungsbreiten in der Aufgabezusammensetzung wird durch eine Vergleichmäßigung des Shreddervorlaufs, insbesondere bei Shredderung vordemontierter Karossen, erfolgen.

Tabelle 11.4. Massen-, Gehalts- und Ausbringungsverteilung über die Produkte der Shredderleichtmüll-Aufbereitung

Produkt	Massenanteil (%)	Gehalte (%)					Ausbringen (%)			
		Asche	Cl	Fe	Al	Cu	Cl	Fe	Al	Cu
Fe-Konz.	8-13			> 85		0,2-0,4		50-70		
Ne-Konz. I (Al)	1-2				50-70	0-20			40-60	0-10
Ne-Konz. II (Cu)	1-2				0-10	60-70			0-10	65-80
Brennst. Ia	5-8	10-15	0,1-0,5			0,05-0,10				
Brennst. Ib	4-24	5-10	0,1-0,2			0,01-0,05				
Brennst. Ic	5-9	10-20	0,5-1,0			0,10-0,40				
Brennst. II	25-45	30-40	1,0-5,0			0,10-1,00	80-90			
Inertstoff-frakt.	25-35	80-90				0,10-0,50				
Summe	100	35-65	2-4	10-20	2-4	1-3				

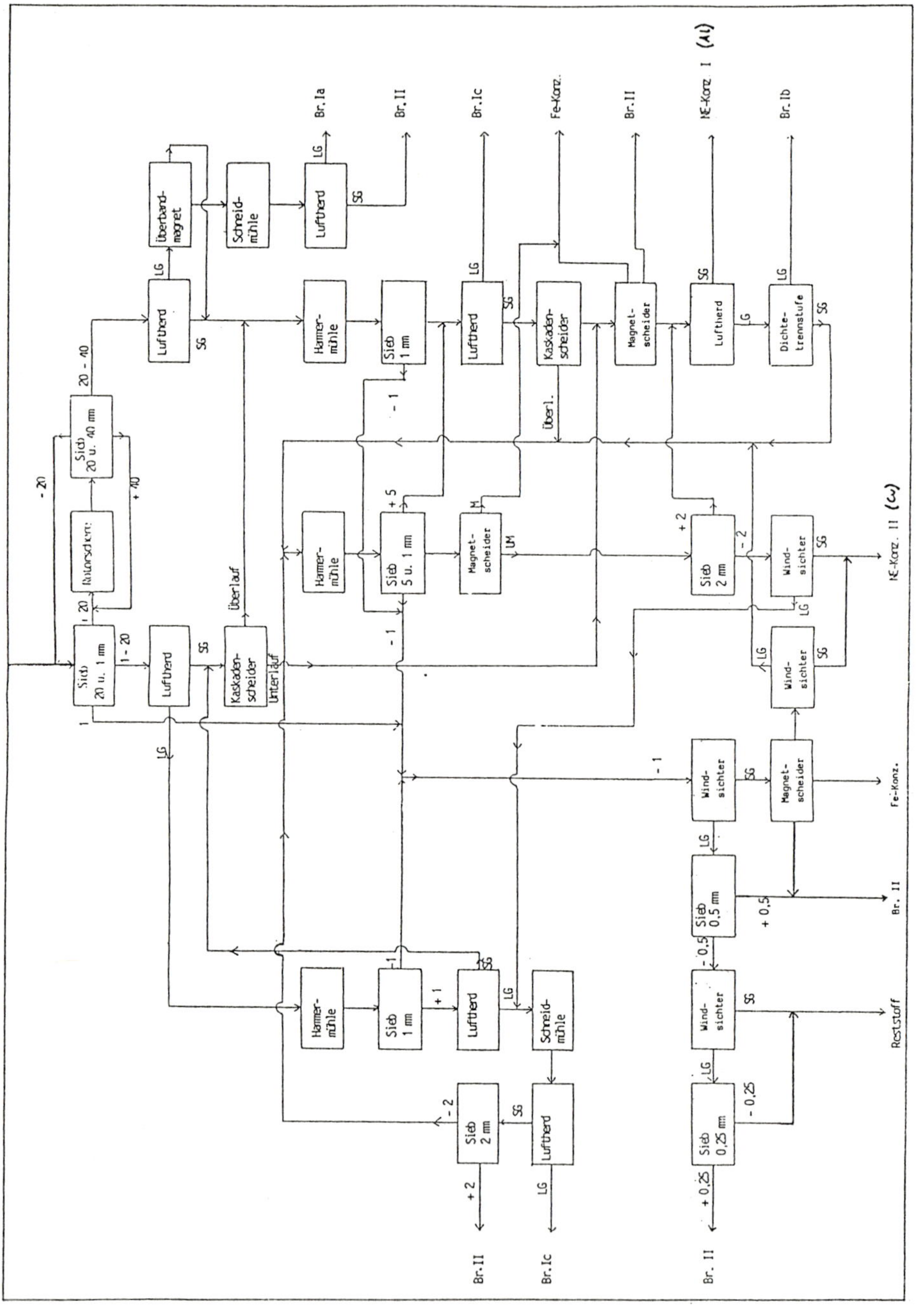

Abb. 11.2. Verfahrensfließbild zur Shredderleichtmüll - Aufbereitung

Aufgrund vorliegenden Datenmaterials ist davon auszugehen, daß für den zu deponierenden Reststoff PCB-Gehalte unter 10 ppm und KW-Gehalte unter 2 % (entsprechend den gesetzlichen Anforderungen) erreicht werden können. Der Anteil dieser Fraktion beträgt ca. 30 Masse % des Ausgangsmaterials, jedoch nur etwa 10 % des Ausgangsvolumens (bezogen auf das Schüttvolumen).

Die relativ aufwendige Prozeßführung des vorgestellten Verfahrenskonzepts bietet die Möglichkeit einer weitestgehenden Auftrennung des Shredderleichtmülls in verschiedene Fraktionen. Inwieweit die einzelnen Schritte erforderlich sind, hängt von den Anforderungen an die Produkte ab.

11.5 Verwertungs- und Entsorgungsmöglichkeiten für die gewonnenen Fraktionen

Ausgehend von den chemischen Analysen ergeben sich prinzipiell Möglichkeiten, die Metallkonzentrate wieder Hüttenprozessen zuzuführen.

Die Brennstofffraktionen I a - c eignen sich gegebenenfalls als Zuschlagbrennstoff zu Primärfeuerungsanlagen, genauere Aussagen hierüber sind aber erst durch Verbrennungstests größerer Chargen zu erhalten. Die Brennstofffraktion II ist thermisch zu entsorgen, wobei sich die Kosten hierfür durch den vergleichsweise niedrigen Aschegehalt und, damit verbunden, dem höheren Heizwert günstiger gestalten sollten als beim unaufbereitetem Shredderleichtmüll.

Wird für die thermische Behandlung eine Pyrolyse in Verbindung mit einer Vergasungs- und Hydrierungsanlage vorgesehen, kann auf die Trennung der Brennstofffraktion I und II verzichtet werden. Hierdurch vereinfacht sich das Aufbereitungsverfahren erheblich.

Je nachdem, welche Anforderungen die Anlagen zur thermischen Verwertung an den Vorlauf bezüglich Heizwert, Aschegehalt, Körnung und Gehalt an kritischen Stoffen stellen, kann das Verfahren vereinfacht werden bzw. muß es bis zu einem gewissen Grad erweitert werden.

In diesem Zusammenhang kann auch eine gezielte Demontage bestimmter Baugruppen vor dem Shredderprozeß sinnvoll sein.

Die Inertstofffraktion ist gegebenenfalls nach Verfestigung auf eine Mineralstoffdeponie (Deponieklasse 2 nach NRW-Richtlinie) verbringbar.

11.6 Einfluß einer vorgeschalteten Demontage der Altfahrzeuge auf die Shredderleichtmüll-Aufbereitung

Eine dem Shredderprozeß vorgeschaltete Demontage der Fahrzeuge wird zu einer merklichen Vereinfachung des Aufbereitungsverfahrens führen. Essentiell wirken sich vor allem eine weitestgehende Entnahme der Betriebsflüssigkeiten sowie die Entfernung von Reifen (Rädern), PUR-Schaum aus den Sitzen und Scheiben aus. Werden die Betriebsflüssigkeiten soweit, wie im Preussag-Demontage-System vorgesehen, entnommen, sinken die KW-Gehalte im verbleibenden Shredderleichtmüll trotz tiefergehendem Ausbau an "verdünnenden" Materialien.

Gummi und PVC fallen in einer Fraktion an, die sich nur schwer weiter auftrennen läßt. Hierbei stellt Reifenmaterial den Hauptanteil. Eine Vordemontage aller Reifen reduziert diesen eher problematischen Stoffstrom deutlich.

PUR-Schaum ist zwar nur mit etwa 7 Masse - % im Shredderleichtmüll vertreten, macht aber gut 50 % des Volumens aus. Abgesehen von zusätzlichen materialspezifischen Zerkleinerungs- und Sortieraggregaten für dieses Material zwingt der Schaumstoff zu einer unverhältnismäßig großen Auslegung mehrerer Maschinen.

Autoscheiben lassen sich, wenn sie gesteckt und nicht geklebt sind, leicht demontieren. Damit sinkt die Masse des zu deponierenden Materials merklich.

Wie bereits erwähnt, soll der Shredderleichtmüll-Anteil durch die vorgeschaltete Demontage von derzeit 25 % auf ca. 13 % des Autogewichts sinken. Hierbei verändert sich dessen Zusammensetzung etwa wie folgt:

- deutliche Volumenreduzierung,
- deutliche Zunahme des Eisengehalts,
- deutliche Abnahme des Aluminiumgehalts,
- leichte Abnahme des Kupfergehalts,
- leichte Abnahme des zu deponierenden Inertstoffanteils,
- leichte Zunahme des organischen Anteils mit insgesamt höheren Chlorgehalten.

Durch eine optimierte Prozeßführung sind mit dem Gesamtverfahrenskonzept etwa 95 % des Autogewichts verwertbar.

> Demontage - Shreddern - mechanische Aufbereitung von Shredderleichtmüll sowie der Shredderschwerfraktion und von demontierten Bauteilen - stoffliche Verwertung von Metallen, Glas, Kunststoffen, Elastomeren und Flüssigkeiten - thermische Verwertung einer organischen Restfraktion

In Abhängigkeit von gesetzlichen und wirtschaftlichen Rahmenbedingungen dürfte dieses Konzept für einen gewissen Teil der Altautos, nämlich demjenigen, der auch in Zukunft in Deutschland über Shredder läuft, Realität werden.

12 Die thermische Behandlung von Autoshredder - Leichtfraktion im Siemens Schwel - Brenn - Verfahren

12.1 Die Aufgabe

Die Menge an Autoshredder - Leichtfraktion und ihre teilweise problematischen Inhaltsstoffe führten den Gesetzgeber dazu, spezifische Entsorgungsvorschriften zu planen. Im vorliegenden Entwurf der "TA Shredderrückstände" wird definiert:

"Shredderrückstände im Sinne dieser Technischen Anleitung sind die Leichtfraktion und die Filterstäube aus den Shredderanlagen (Abfallschlüssel 57801 bzw. 57802), die als Abfälle bei der Zerkleinerung von Altkraftfahrzeugen entstehen, oder Abfälle aus Anlagen, die die Shredderrückstände als Reststoffe oder Abfälle physikalisch behandeln."

Die TA Abfall gibt für die nicht verwertbaren Shredderrückstände mit Präferenzklasse 1 die thermische Behandlung vor, mit Präferenzklasse 2 die oberirdische Ablagerung auf Sonderabfalldeponien, Hausmülldeponien oder Monodeponien. Die oberirdische Ablagerung ist gemäß dem Entwurf der TA Shredderrückstände jedoch nur zulässig, wenn der Gehalt an PCB (Polychlorierte Biphenyle) unter 10 mg/kg und an Kohlenwasserstoffen unter 4 Gew. - % beträgt (Zuordnungswert für PCB = Bestimmungwert nach DIN 51527 multipliziert mit 5).

Der VDI - Arbeitskreis "Thermische Behandlung von Rückständen aus der Automobilindustrie" hat thermische Verfahren darauf untersucht, inwieweit sie zur Behandlung der Autoshredder - Leichtfraktion geeignet sind. Die Beurteilungskriterien waren: Deponieentlastung, Wirkung als Schadstoffsenke und Wertstoffrückgewinnung. Auf dieser Grundlage wurde auf Veranlassung, im Auftrag und in Zusammenarbeit mit der Firma BAYER AG getestet, wie sich das Siemens Schwel-Brenn - Verfahren für die thermische Behandlung von Autoshredderabfällen mit integrierter Wertstoffgewinnung eignet.

12.2 Die Autoshredder - Leichtfraktion

Bei der Entsorgung alter Autos gibt es trotz Beachtung der Verwertungsgebotes noch unverwertbare Reststoffe, zu denen verschiedenartige Kunststoffe erheblich beitragen. Der Kunststoffanteil am Fahrzeug beträgt gegenwärtig etwa 8 % und wird zur weiteren Gewichtsreduzierung ansteigen. Beim Shreddern eines Altfahrzeugs fallen rund 20 % seines Gewichts als Shredderleichtfraktion an [1]. In Deutschland werden jährlich in der Größenordnung 3 Millionen Kraftfahrzeuge

endgültig außer Betrieb genommen [2]. Ein Teil davon geht ins Ausland, ein Teil wird weitgehend demontiert.
Die Menge und die Zusammensetzung der Autoshredder - Leichtfraktion werden wesentlich beeinflußt durch die Art der Vorbehandlung [3]. Die Anteile von Reifen, Glas und Kunststoff - Teilen, die zuvor ausgebaut und getrennt verwertet wurden, haben einen entscheidenden Einfluß auf die Gesamtmenge, den Heizwert und den Aschegehalt. Abbildung 12.1 zeigt Heizwerte, Asche - Gehalte und die Feuchte von Autoshredder - Leichtfraktion im Vergleich zu Hausmüll, Braunkohle und Steinkohle. Die Autoshredder - Leichtfraktion hat einen vergleichsweise hohen Heizwert trotz des großen Ascheanteils.

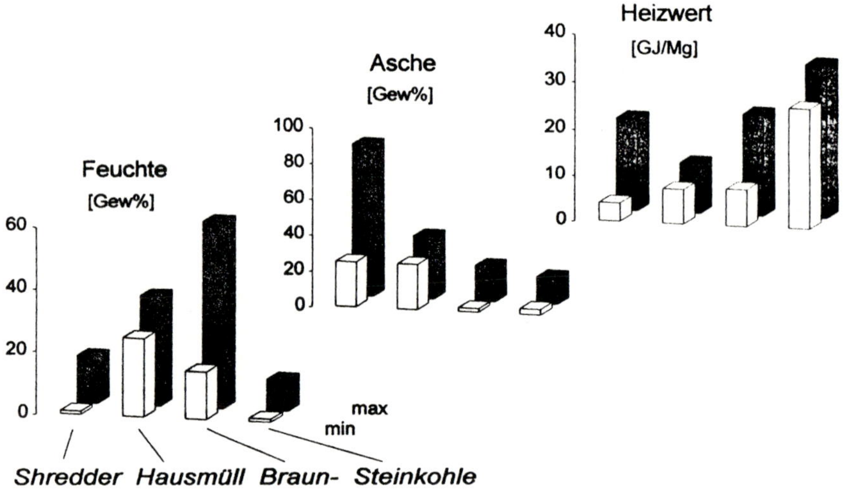

Abb. 12.1. Heizwert, Asche - Gehalt und Feuchte von Autoshredder - Leichtfraktion

12.3 Das Schwel - Brenn - Verfahren

Die Firma SIEMENS AG hat seit über 10 Jahren anlagentechnische Erfahrung mit Abfallpyrolyseanlagen. In den ersten Jahren wurden Schweltrommeln mit einem Durchsatz von 3.000 bzw. 300 kg Abfall je Stunde betrieben. Das Schwel - Brenn - Verfahren wurde zur Behandlung von Hausmüll, hausmüllähnlichem Gewerbemüll und Klärschlamm entwickelt [4 - 10]. alle Verfahrensschritte und Betriebsphasen wurden durch umfangreiche Messungen und Analysen unabhängiger Institute abgesichert, Fachbehörden hatten jederzeit Zutritt zur Anlage und haben die Entwicklung begleitet.

Das Schwel - Brenn - Verfahren hat folgende Ziele:

- Nahezu vollständige Umwandlung des Abfalls in verwertbare Stoffe, Nutzung des Energieinhalts, Deponie - Entlastung,
- Zerstörung der organischen Anteile durch Hochtemperaturverbrennung, Einbindung des feindispersen Schwermetall - Anteils in ein auslaugbeständiges Schmelzgranulat, teilweise Aufkonzentrierung dieser Schwermetalle im Rückstand der Rauchgasreinigung,
- Umweltfreundliche Prozeßführung, zum Beispiel durch ein geringes Abgasvolumen und durch abwasserfreien Betrieb.

In Ulm-Wiblingen wird seit 1988 eine Schwel - Brenn - Demonstrationsanlage betrieben. Sie hat einen Durchsatz bis zu 300 kg Abfall je Stunde. Abbildung 12.2 zeigt das Schema der Demonstrationsanlage. In Abbildung 12.3 sieht man die Großanlage, die zur Zeit in Fürth gebaut wird, in Abbildung 12.4 das Verfahrensschema.

12.4 Arbeitsweise des Schwel - Brenn - Verfahrens beim Einsatz der Autoshredder - Leichtfraktion

Für die Behandlung der Autoshredder - Leichtfraktion wurden weder das Verfahren noch Komponenten der Demonstrationsanlage angepaßt. Sie ist für Hausmüll und Hausmüll gemischt mit Klärschlamm ausgelegt. Eine Rotorschere zerkleinert den Abfall. Bei der Shredder - Leichtfraktion war das nicht nötig. Über einen Müllsilo mit rotierenden Räumerarmen, eine Abzugschnecke, eine Schleuse mit Wägeeinrichtung und eine Stopfschnecke wird das Material in die Schweltrommel gefördert.

Heizrohre in der Schweltrommel übertragen die zum Schwelen (auch Konversion genannt) nötige Energie auf den Abfall. Beim Betrieb mit der Shredder - Leichtfraktion kühlte das Heizgas dabei von 520° C auf etwa 310° C ab. Das Schwelgut wandert im Gegenstrom und erreicht am Trommelende eine Temperatur von etwa 480° C. die Heizenergie wurde zum einen Teil aus dem Dampferzeuger bezogen, zum anderen Teil durch Verbrennen von Heizöl in einem Heizgaserzeuger. Der Schwelrückstand, Reststoff genannt, wird über Austragsschnecken gekühlt und trocken der Reststoffaufbereitung zugeführt. Es ist ein Gemisch aus Eisen, anderen Metallen, Glas, Steinen, Keramik, kohlenstoffhaltigem Material und Staub.

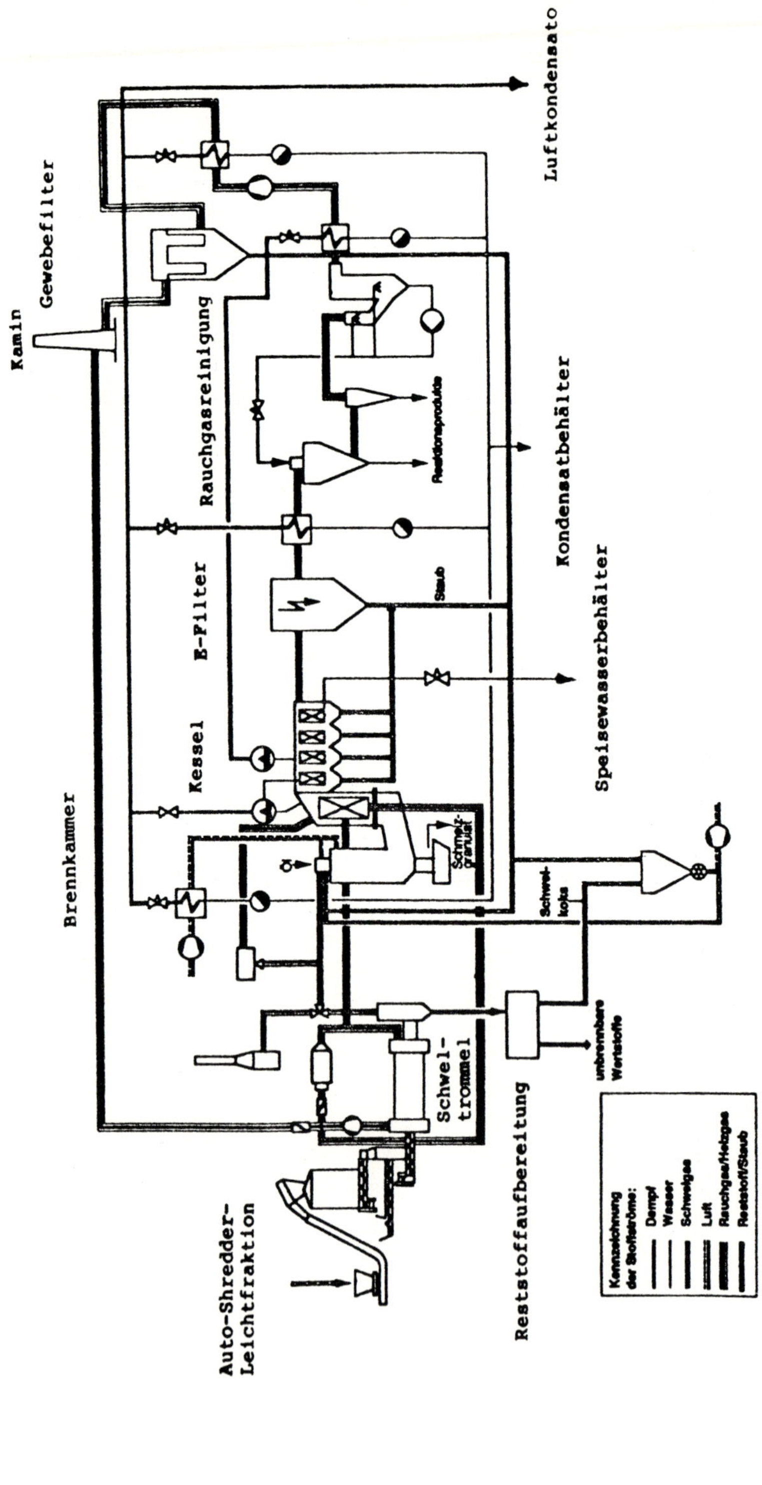

Abb. 12.2. Schema der Schwel - Brenn - Demonstrationsanlage in Ulm-Wiblingen

Abb. 12.3. Architekturmodell der Schwel - Brenn - Anlage in Fürth (© Siemens AG)

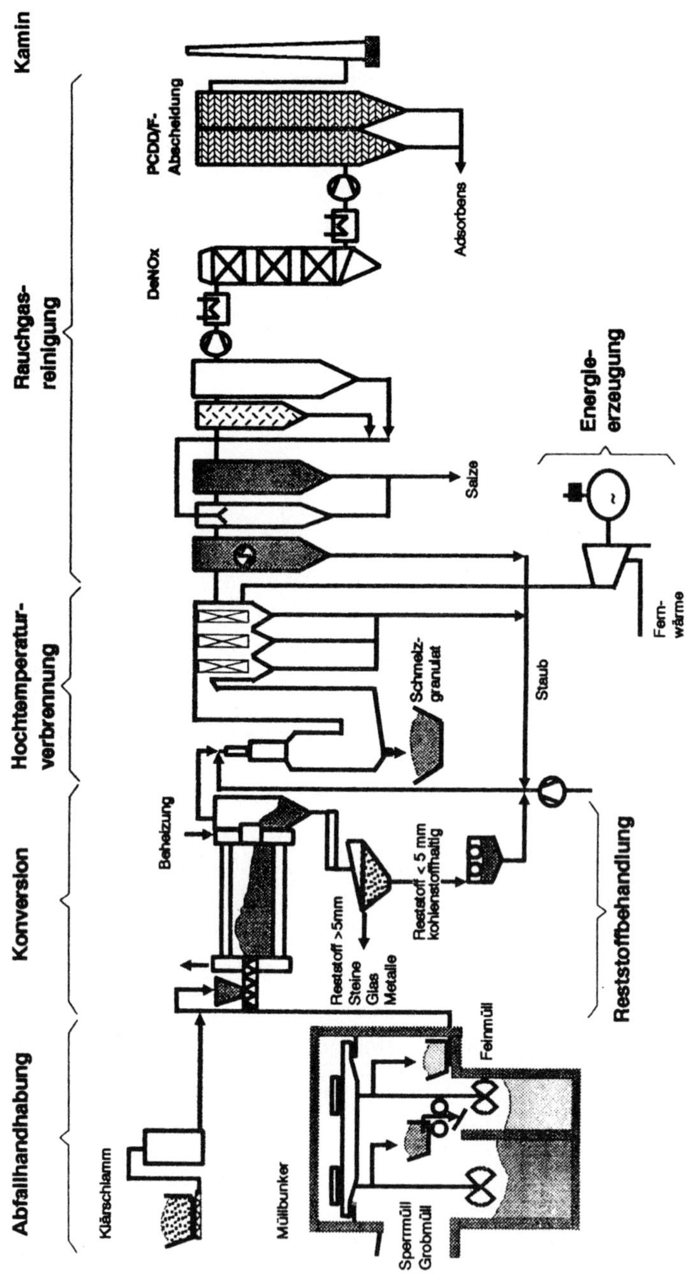

Abb. 12.4. Verfahrensschema der Schwel - Brenn - Anlage in Fürth

Aus dem Reststoff werden durch Sieben, Windsichtung, Magnetscheidung, Wirbelstrom - Induktion und Entstaubung folgende Wertstoff - Fraktionen abgetrennt. Sie fallen sortenrein, frei von Schadstoffen und trocken an:

- Eisen (läßt sich durch Einschmelzen unmittelbar nutzen),
- andere Metalle (Nutzung nach Trennen in Aluminium, Kupfer, Messing, Edelstahl),
- Inerte Grobfraktion aus Glas, Steinen, Keramik (läßt sich als Baurohstoff nutzen).

Es bleibt eine kohlenstoffhaltige Feinfraktion. Sie wurde auf eine Korngröße unter 1 mm gebrochen und in einen Dosiersilo gefördert. Dorthin kommen auch die Stäube aus dem Dampferzeuger und dem Elektrofilter. Das Staubgemisch wird dann pneumatisch in die Hochtemperatur - Brennkammer geführt. Dort verbrennen das Prozeßgas (Schwelgas) aus der Schweltrommel und der Kohlenstoff gemeinsam bei einer Temperatur von 1.250 bis 1.300° C.

Die unbrennbaren Anteile schmelzen und bilden einen Schlackefluß, der im Naßentschlacker erstarrt. Dabei entsteht ein Schmelzgranulat, das man als Baurohstoff einsetzen kann.

Das Rauchgas gibt seine Wärme in einem Dampferzeuger ab. Im Bereich der Konvektionszüge wird es mit Vibratoren, im Economizer mit einem Schallsender entstaubt. Der Elektrofilter arbeitet bei einer Temperatur von etwa 200° C, also unterhalb des typischen Bereichs für Dioxin - Neubildung. Das Rauchgas wird anschließend auf 230° C erwärmt, um die Wäscher - Ablauge in einem Sprühtrockner einzudampfen. Salze und Staub werden in einem Zyklon abgeschieden. Dann wird das Rauchgas gewaschen, bei der Demonstrationsanlage mit einem einstufigen Venturiwäscher unter Zugabe von Natronlauge und Fällungsmittel für Quecksilber. Zur Feinreinigung ist ein Gewebefilter nachgeschaltet, das mit Sorbalit ^{R} belegt war. Sorbalit ^{R} ist ein pulverfeines Gemisch aus Calciumhydroxid und 3 bis 5 Gew. - % Herdofenkoks.

Die Demonstrationsanlage hat keinen Turbosatz, deshalb wird die Energie teils intern verwertet, teils an die Umgebung abgegeben. Eine Großanlage erzeugt natürlich Strom und kann auch Fernwärme abgeben.

12.5 Betrieb und Erfahrungen beim Einsatz der Autoshredder - Leichtfraktion

Bei einem dreitägigen Probelauf traten keine Probleme auf. Anschließend verarbeitete die Schwel - Brenn - Demonstrationsanlage über drei Wochen ausschließlich Autoshredder - Leichtfraktion. In der dritten Woche wurde bei gleicher Betriebsweise ein umfangreiches Meß- und Analysenprogramm durchgeführt.

Die verfahrensbestimmenden Anlagenteile, das sind die Schweltrommel, die Hochtemperaturverbrennung und der gesamte Rauchgaspfad, zeigten keine Auffälligkeiten. Einige Abweichungen zum Betrieb mit Hausmüll bzw. Hausmüll mit Klärschlamm wurden beobachtet.

Reststoff - Austritt aus der Schweltrommel :
Große Mengen von Sitzfedern, Bowdenzügen und Kupferlitzen verhedderten sich so ineinander, daß etwa alle 25 Stunden ein bis 20 kg schweres "Drahtgewölle" entstanden war. Durch eine Trennvorrichtung am Trommelaustritt läßt sich hier Abhilfe schaffen.

Reststoffaufbereitung:
Der Schwingsiebboden verklebte bei hoher relativer Luftfeuchtigkeit mit einem feuchten Belag aus feinstem Reststoff. Ursache war die Aufnahme von Luftfeuchtigkeit durch Zink- und Calciumchlorid. Durch Vorwärmung der Förder- und der Kreislaufluft auf über 45° C wurde das Problem dauerhaft gelöst.

Verbrennung und Rauchgasreinigung:
Der Kesselbereich zeigte gegenüber dem Betrieb mit Hausmüll etwas stärkere, jedoch lockere, nur gering haftende Staubablagerungen. Sie ließen sich mechanisch leicht entfernen. Der Salzsäure - Gehalt im Rauchgas war deutlich erhöht. Er ist ein wichtiges Kriterium bei der Auslegung der Rauchgasreinigungsanlage.

Schweltrommel, Brennkammer, Dampferzeuger und Elektrofilter wurden nach dem Betrieb mit Autoshredder - Leichtfraktion gründlich inspiziert. Dabei zeigten sich keine Veränderungen.

Zusammenfassung der Betriebserfahrungen:
Die Demonstrationsanlage verarbeitete mit Erfolg und störungsfrei über drei Wochen Autoshredder - Leichtfraktion. Das Schwel - Brenn - Verfahren verwandelt diesen Abfall in sekundäre Rohstoffe, wie das Kreislaufwirtschafts- und Abfallgesetz vom 27. 9. 94 verlangt.

Eine Anlage, die überwiegend Autoshredder - Leichtfraktion verarbeiten soll, kann mit geringem Aufwand an die spezifischen Eigenschaften des Einsatzmaterials angepaßt werden.

12.6 Untersuchungsergebnisse und Emissionsmessungen

Die verarbeitete Autoshredder - Leichtfraktion stammte von einem deutschen Shredderbetrieb. Er verarbeitete alle Fahrzeugtypen. Die Betriebsmittel und die Reifen der Altfahrzeuge wurden vor dem Shreddern entfernt. Die Shredder - Leichtfraktion unterschied sich vom Hausmüll vor allem durch den Chlorgehalt, der mit 1,8 Gew. - % rund doppelt so hoch war.

Die Tabellen 12.1 und 12.2 zeigen den Umfang der Untersuchungen. Hier können die wichtigsten Ergebnisse mitgeteilt werden. Die Tabelle 12.3 bietet Daten, die das Umweltverhalten kennzeichnen.

Die Güte der Verbrennung zeigte sich an der Kohlenmonoxid - Konzentration im Reingas, unter 4 mg / m^3, und ebenso beim Gesamtkohlenstoff, unter 2 mg / m^3. Der "Dioxin" - Wert lag mit 0,005 ng TE / m^3 wesentlich unterhalb des Grenzwerts der 17. BImSchV. Die Angaben beziehen sich auf trockenes Rauchgas im Normalzustand und einen Sauerstoff - Bezugsgehalt von 11 Vol. - %.

Tabelle 12.1. Umfang der Untersuchungen an Feststoffen

	Shredder - Leicht-fraktion	**Feinrest-stoff**	**Schmelz-granulat**	**Kessel-stäube**	**E - Filter-stäube**	**RG. - Reaktions-produkte**
Heizwert	X	X				
Ges. Feuchte	X	X	X		X	X
Asche (815° C)	X	X	X			
Glühverl. (550° C)					X	X
flüchtige Best.	X	X	X			
CO_3-Kohlenst.	X	X	X		X	X
C, H, S, N, P	X	X	X	XC,H,P	X	X
TOC	X	X	X		X	X
Ges-F, Cl, Br	X	X	X	X Cl	X	X
Massenbildner						
Si, Na, K, Mg, Ca, Ba, Al, Ti, Fe	X	X	X	X ohne Ba	X	X
Schwermetalle	X	X	X	X	X	X
PCDF / D	X	X	X		X	X
PBCDF / D	X		X		X	
PCB	X	X	X		X	X
PCBz	X	X	X		X	X
PCPh	X	X	X		X	X
PAH	X	X	X		X	X
Eluiertest, DEVS4, SET			X			
Schmelzverhalten ox./red.	X/X	X/X				
Röntgenphasen-analyse					X	X
Asbest		X	X			
Heizwert	X	X				
physik./bautechn. Untersuchungen			X			

Tabelle 12.2. Umfang der Untersuchungen am Rauchgas

Kessel — E-Filter — Sprühabsorber — Wäscher — Gewebefilter — Kamin

↓ (hinter E-Filter) ↓ (hinter Wäscher) ↓ (hinter Gewebefilter)

Parameter	hinter E - Filter	hinter Wäscher	hinter Gewebefilter
H_2O	X	X	X
O_2	X	X	
Staub, SM	X	X	
Br, Cl, CN	X	X	
PCDF / D	X	X	X
PCBDF / D	X	X	X
PCB	X	X	X
PCBz	X	X	X
PCPh	X	X	X
PAK	X	X	
KW	X	X	
CKW	X	X	
Hg	X		X
CO	X	X	
CO_2	X	X	
SO_2	X	X	
NOx	X	X	

Tabelle 12.3. Wichtige Emissionsdaten

Reingas hinter Feinfilter				**Grenzwert gemäß 17. BImSchV**	
CO	[mg/m³ i N 3 Vol% O_2]	< 5 bis 12		50	
Hg		0,04		0,05	
PCDD/F	[ng TE/m³ i N 3 Vol% O_2]	0,006		0,1	
Eluat gemäß		**DEV-S4**	**SET**	**NRW/Kl. I**	**CH-Inertstoffdep.**
pH		10,8	5,7	5,5 bis 10	6 bis 12 (in H_2O)
Leitfähigkeit	[mS/m]	17,5		100	
Zn	[mg/l]	0,006	0,8	0,1	1
Pb		0,005	0,002	0,05	0,1
Cu		0,012	0,7	0,1	0,2
Cd		< 0,0005	0,008	0,005	0,01

DEV-S4 : Elution von Granulat mit H_2O
SET : Elution von Granulat mit $H_2O + CO_2$

Die Tabelle 12.3 zeigt Ergebnisse der Eluiertests am Schmelzgranulat. Die Auswahl der hier aufgeführten Elemente richtet sich nach [11]. Beide gebräuchlichen Eluierverfahren wurden angewandt: Gemäß dem deutschen Standard DIN 38 414 (DEV - S4) wird mit entsalztem Wasser eluiert. Die Schweizer Technische Verordnung über Abfälle (TVA) sieht die Elution mit kohlendioxid - gesättigtem, entsalztem Wasser vor. In den Eluaten wurden jeweils etwa 40 Parameter bestimmt. Die Grenzwerte des früheren Nordrhein - Westfälischen Entwurfs für Deponieklasse I [12] und die Grenzwerte des neuen LAGA - Entwurfs [13, 14] wurden unterschritten. Das gilt auch für die Parameter, die in der Tabelle 12.3 nicht aufgeführt sind.

Das Schmelzgranulat wurde auch auf "Dioxine" untersucht. Mit 1 ng TE / kg liegt der Gehalt im Bereich der Hintergrundbelastung von Böden in Reinluftgebieten. Ebenso niedrige Werte findet man auch für die inerte Grobfraktion.

Während des Betriebs wurden wichtige Massenströme bilanziert. Abbildung 12.5 zeigt die Auftrennung der Shredder - Leichtfraktion durch die Verschwelung und die Reststoffaufbereitung.

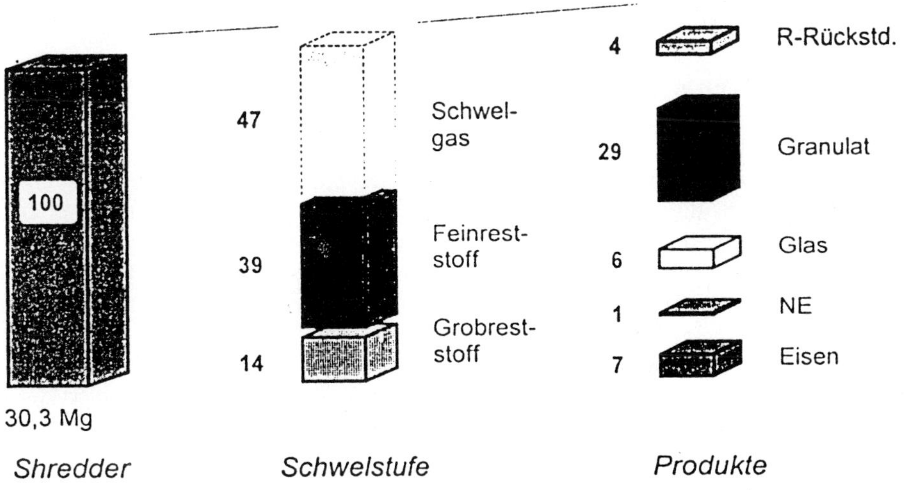

Abb. 12.5. Massenfluß bei der Behandlung von Autoshredder - Leichtfraktion

Man sieht, daß hier erhebliche Mengen an Eisen, anderen Metallen (vorwiegend Aluminium und Kupfer) sowie Glas sortenrein anfallen. Die Verbrennungsstufe erzeugt aus dem verbliebenen mineralischen Anteil das Schmelzgranulat. Alle diese Produkte sind Wertstoffe. Nur der Rückstand der Rauchgasreinigung (30 bis 40 kg pro Mg Shredder - Leichtfraktion) muß als Sondermüll deponiert werden.

Durch die vollständige Rückführung der Stäube aus dem Dampferzeuger und dem Elektrofilter in die Brennkammer, können sich teilflüchtige Schwermetalle im Staub anreichern. Die Abbildung 12.6 zeigt die Konzentration dieser Elemente im

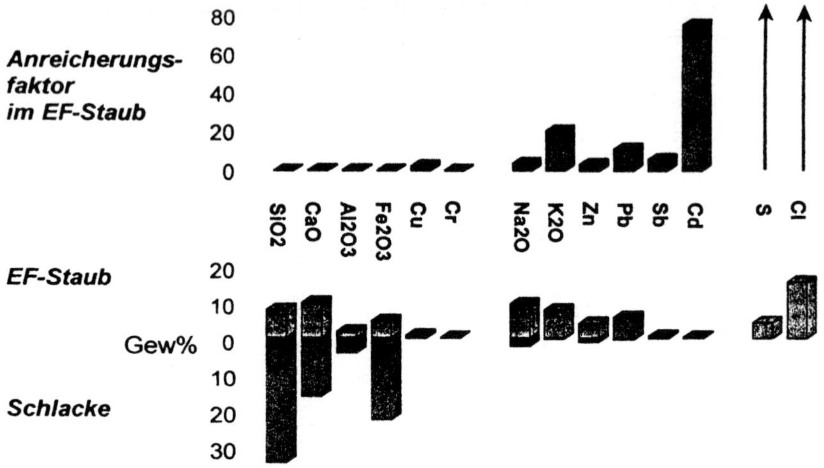

Abb. 12.6. Schwermetall - Konzentrationen im Flugstaub und im Schmelzgranulat

Staub, im Schmelzgranulat und das Konzentrationsverhältnis, auch Anreicherungsfaktor genannt.

Man kann die Brennkammer als idealen Rührkessel mit zwei Eingängen (Brennstoff und rückgeführter Flugstaub) und zwei Ausgängen (Schlacke und ausgetragener Flugstaub) betrachten. Für den stationären Zustand läßt sich ein einfaches Bilanzmodell aufstellen und daraus der Einbindungsgrad teilflüchtiger Elemente in das Schmelzgranulat näherungsweise errechnen.

Aus den langjährigen Untersuchungen an der Schwel - Brenn - Demonstrationsanlage in Ulm, eingeschlossen der Betrieb mit der Autoshredder - Leichtfraktion, ergaben sich folgenden Einbindungsgrade in das Schmelzgranulat. Sie beziehen sich jeweils auf den Anteil, der nicht mit den anderen Wertstoff - Fraktionen abgetrennt wurde:

gegen	100 %	von	Cu, Mn, Cr
>	95 %	von	Zn, Pb, Sb
>	75 %	von	Cd, As
gegen	0 %	von	Hg, S, Cl

Der Rest ist an den Feinstaub gebunden oder gasförmig, schlupft durch das Elektrofilter und gelangt letztlich in den Rückstand der Rauchgasreinigung.

Abbildung 12.7 zeigt den Energiefluß einer Schwel - Brenn - Anlage für die Behandlung von Autoshredder - Leichtfraktion. Etwa 18 % des Energieinhalts lassen sich als Strom nutzen. Bei Bedarf kann man auch Fernwärme abgeben.

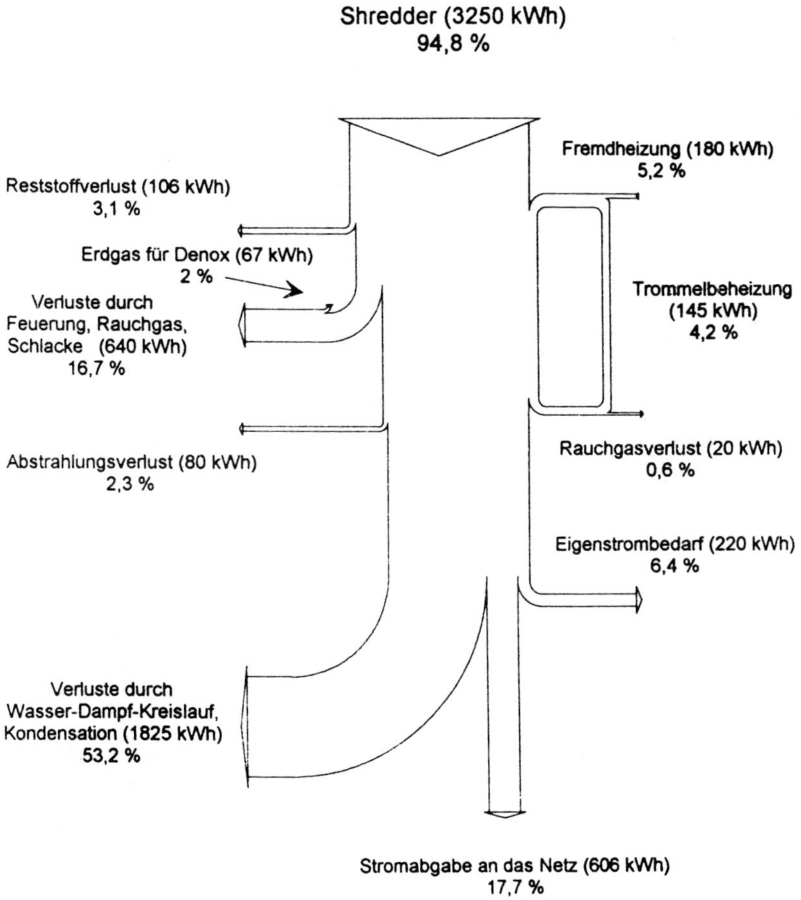

Abb. 12.7. Energiefluß einer Schwel - Brenn - Anlage zur Behandlung von Autoshredder - Leichtfraktion

12.7 Nutzung der inerten Grobfraktion und des Schmelzgranulats

Beide Fraktionen sollte man als hochwertiges Baumaterial einsetzen. Beispiele dafür sind Schotter, Frostschutzschichten, bituminös oder hydraulisch gebundene Tragschichten im Straßenbau sowie Zuschlagstoffe zur Herstellung von Beton.

Schon früher, bei der Verarbeitung von Hausmüll, wurden die guten Eigenschaften dieser Fraktionen als Zuschlag für eine Bitumkies - Asphalttragschicht gezeigt.

In einem Baustofflabor wurde geprüft, ob sich das Schmelzgranulat als Zementmörtel - Zusatz eignet, d. h. für Beton. Als Referenz diente ein Normmörtel nach DIN 1164. Diese Prüfung bestand aus mehreren Teilen:

Kornzusammensetzung:
Die Kornzusammensetzung im Anlieferungszustand wurde nach DIN 4226 geprüft. Durch Nachbrechen des Schmelzgranulats ist die gewünschte Korngrößenverteilung erreichbar.

Raumbeständigkeit nach DIN 1164, Teil 6:
Sowohl nach dem Kochversuch als auch nach 28tägigem Lagern in Wasser wurden am Granulat - Mörtelkuchen wie auch am Norm - Mörtelkuchen keine Treib- und Schwindrisse festgestellt.

Raumbeständigkeit nach ASTM C 151:
Nach der Autoklavbehandlung wurde bei beiden Mörteln eine geringe Gewichtszunahme (< 1,0 %) festgestellt. Mit 0,01 % beim Granulat - Mörtel, bzw. 0,06 % beim Normmörtel war die Autoklavausdehnung gering.

Das Untersuchungsergebnis war:
"Bei den Prüfungen wurden beim Granulat - Mörtel im allgemeinen niedrigere Raumänderungen als beim Normmörtel festgestellt". Das Schmelzgranulat ist also zur Herstellung von Beton einsetzbar.

12.8 Zusammenfassung

Das Schwel - Brenn - Verfahren von Siemens ist zur thermischen Behandlung von Autoshredder - Leichtfraktion geeignet, sowohl hinsichtlich der Handhabung wie auch der Emissionen.

Die Bestandteile der Shredder - Leichtfraktion werden in Wertstoffe getrennt bzw. umgewandelt: Eisen und andere Metalle (vorwiegend Aluminium und Kupfer) kann man unmittelbar bzw. nach weiterer Trennung in den Stoffkreislauf zurückführen. Die Grobfraktion aus Glas / Steinen / Keramik und das Schmelzgranulat sind frei von organischen Schadstoffen und lassen sich als sekundäre Baurohstoffe einsetzen. Nur eine kleine Rückstandsmenge aus der Rauchgasreinigung (3-4 Gew. - % des Einsatzguts) muß als Sonderabfall deponiert werden. Der Energieinhalt der Shredder - Leichtfraktion wird weitgehend genutzt.

Das Siemens - Schwel - Brenn - Verfahren erfüllt somit die Vorgaben der geplanten Technischen Anleitung Shredderrückstände. Der VDI-Arbeitskreis "Thermische Behandlung von Rückständen aus der Automobilindustrie" kam zu folgender Bewertung:

"Das Schwel - Brenn - Verfahren erreicht die vorgegebenen Verfahrensziele. Der VDI-Arbeitskreis empfiehlt zur Behandlung der Autoshredder - Leichtfraktion das Schwel - Brenn - Verfahren".

Die bisherigen Erfahrungen mit dem Schwel - Brenn - Verfahren lassen einen breitgefächerten Einsatz auch für andere Arten von Abfall erwarten, zum Beispiel für Kunststoffabfälle, Teppichboden - Reste, verbrauchtes Kieselgur aus Brauereien, Lackschlämme.

Bei der Entwicklung regionaler Abfallwirtschaftskonzepte muß man die Abfallströme aus Haushalten, Gewerbe und Industrie erfassen und die zukünftige Entwicklung abschätzen. Zukunftsorientierte Abfallpolitik solle darauf gerichtet sein, verschiedene Arten an Restmüll nach stofflichen Gesichtspunkten zusammenzufassen und gemeinsam in einer Anlage zu behandeln. Dadurch sinken die Aufwendungen für die Infrastruktur im Entsorgungsgebiet und die spezifischen Entsorgungskosten.

Das Schwel - Brenn - Verfahren hat den Vorzug, daß es viele Arten von Abfall zusammen mit Hausmüll in einem weiten Mischungsverhältnis verarbeiten kann.

12.9 Literatur

[1] Gottselig, B.: Altautos demontieren und verwerten. Umwelt 22, 267-270 (1992).

[2] Birke, C.; Grothe, U.; van Wickeren, P.: Altautoverwertung: Konzept für das Ruhrgebiet. Entsorga-Magazin Entsorgungswirtschaft 11, 31-34 (1992).

[3] Vosteen, B.; Martin, R.; Vehlow, J.: "Die Autoshredder - Leichtfraktion als Abfallbrennstoff. VDI-Tagung "Thermische Behandlung von Konsumgüter - Reststoffen am Beispiel der Altfahrzeugverwertung", Mannheim, 13.-14.05.1992.

[4] May, K. W.; Ahrens - Botzong, R.: Das Schwel - Brenn - Verfahren mit integrierter Reststoffverwertung. Chem.-Ing.-Tech. 64, 930-931 (1992).

[5] Berwein, H. - J.; Kanczarek, A.: Das Schwel - Brenn - Verfahren für Restmüll und Klärschlamm. Entsorgungspraxis 9, 227-234 (1991).

[6] Ahrens-Botzong, R.; Redmann, E: Das Schwelbrennverfahren zurBehandlung von Abfällen und Klärschlamm. Umweltwissenschaften und Schadstoff-Forschung 3, 76-78 (1991).

[7] Neubert, W.; Engelhardt, R.: Schmelzbehandlung beim KWU - Schwelbrennverfahren. Beihefte zu Müll und Abfall 29, 107-111 (1990).

[8] Ahrens - Botzong, R.; Redmann, E.: Das Schwel - Brenn - Verfahren:Restmüllbehandlung wie die Abfallpolitik vorgibt. Brennstoff Wärme Kraft 45, 225-228 (1993).

[9] Marb, C.; Riedel, H.: Thermische Behandlung von Klärschlamm mit Hausmüll nach dem Schwel - Brenn - Verfahren: Betriebs- und Meßergebnisse, Bewertung. Chem.-Ing.-Tech. 65, 442-444 (1993).

[10] May, K. W.; Redmann, E.; Ahrens - Botzong, R.: Verwertbare Stoffe durch das Schwel - Brenn - Verfahren. Beihefte zu Müll und Abfall 31, 73-76 (1994).

[11] Reimann, D. O.: Auslaugverhalten von Reststoffen aus Abfallverbrennungsanlagen, Vortrag beim VDI - Seminar "Reststoffentsorgung ausVerbrennung und Rauchgasreinigung", München, 19.-20.9. 1991.

[12] Entwurf einer Richtlinie über die Untersuchung und Beurteilung von Abfällen, Teil 2, Landesamt für Wasser und Abfall Nordrhein-Westfalen. Düsseldorf, Juni 1987.

[13] Merkblatt über die Entsorgung von Abfällen aus Verbrennungsanlagen für Siedlungsabfälle. Mitteilungen der Länderarbeitsgemeinschaft Abfall (LAGA) 19. Berlin: Erich Schmidt Verlag 1994.

[14] Anforderungen an die stoffliche Verwertung von mineralischen Reststoffen/Abfällen - Technische Regeln, Mitteilungen der Länderarbeitsgemeinschaft Abfall (LAGA) Nr. 20/1. Berlin: Erich Schmidt Verlag 1994.

13 Reststoffverwertung in den Vergasungsanlagen der Lausitzer Braunkohle AG

13.1 Problemstellung

Schwarze Pumpe ist ein traditioneller Industriestandort zur Erzeugung von Energie aus der schwefelarmen Lausitzer Braunkohle.

Dieser Werkbereich, der nach der Fusion der Energiewerke Schwarze Pumpe AG (ESPAG) mit der Lausitzer Braunkohle Aktiengesellschaft (LAUBAG) zu diesem Unternehmen gehört, besitzt mit seinen Anlagen zur Braunkohlenveredelung, vor allem den vorhandenen Anlagen zur Kohle-, Öl- und Staubvergasung, dem Tanklager einschließlich der Gas- und Gaswasseraufbereitungstechnik, den biologischen Abwasserreinigungsanlagen, der vorhandenen Infrastruktur sowie dem qualifizierten Personalbestand günstige Voraussetzungen für den Aufbau eines spezialisierten Verwertungszentrums zur Vergasung von Braunkohle und festen sowie flüssigen Reststoffen.

Die Ausgangssituation kann man wie folgt kennzeichnen:

- Das klassischen Produkt Stadtgas unterliegt einer stark sinkenden Nachfrage, der Markt wird spätestens Ende 1995 nicht mehr vorhanden sein.
- Die Nachfrage nach Entsorgungs- und Verwertungsleistungen in den neuen Bundesländern ist hoch, aber nicht nur hier.
- Es besteht ein Zeitvorteil durch die Nutzung von in Betrieb befindlichen Anlagen mit gutem technischen Niveau.
- Die Errichtung von Neuanlagen der Verbrennung oder weiterer Entsorgungstechniken bedarf erheblicher Zeit und eines höheren Kapitaleinsatzes.

Die Idee für den Aufbau eines Reststoffverwertungszentrums in Schwarze Pumpe geht davon aus, durch umweltgerechte Vergasung die effiziente Verwertung von festen, flüssigen und pastösen Reststoffen zu einem neuen Geschäftsfeld auszubauen.

13.2 Vergasungstechnik in Schwarze Pumpe

Die Vergasungsanlagen in Schwarze Pumpe arbeiten bei einem Betriebsdruck von 25 bar in reduzierender Atmosphäre bei Maximaltemperaturen von 1250 bis 1800° C mit den Vergasungsmitteln Sauerstoff und Wasserdampf.

Die Grundbausteine der heutigen Vergasungstechnik in Schwarze Pumpe sind folgende:

13.2.1 Festbettdruckvergasung

Die Festbettdruckvergasung mit integrierter Gaskühlung und Wärmegewinnung (6 Reaktoren mit einer Durchsatzleistung von ca. 15 t/h je Aggregat für feste Stoffe) ist als klassischer Gegenstrom-Schachtreaktor ausgeführt.

Als Einsatzstoffe für die Festbettdruckvergasung können zusammen mit Kohle solche Stoffe wie Kunststoffe, Klärschlämme, Altgummi, Lacke, Shredderleichtgut, Altholz, Farbreste und andere kohlenwasserstoffhaltige Reststoffe eingesetzt werden.

Der Vergasungsstoff wird als festes und stückiges Produkt in einer Körnung von 0 - 100 mm (vorzugsweise 20-80 mm) in einen Reaktor (3,6 m Durchmesser und 9 m Höhe) gebracht, in welchem er mit Hilfe von Sauerstoff und Wasserdampf bei Temperaturen von 800-1.300° C vergast wird. Der Vergasungsstoff und das Vergasungsmittel werden im Gegenstrom durch den Reaktor geführt. Der Vergasungsvorgang ist ein autothermer Prozeß, bei dem der Wärmebedarf durch die ablaufenden Reaktionen gedeckt wird. Der Kohlenstoff des eingesetzten Vergasungsstoffes reagiert mit dem Vergasungsmittel zu brennbaren Gasen. Nichtbrennbare mineralische Bestandteile der Einsatzprodukte bleiben in der Schlacke zurück. Im Reaktor selbst herrscht eine reduzierende Atmosphäre.

13.2.2 Flugstromvergasung

Bei der Flugstromvergasung handelt es sich um ein Verfahren zur thermisch nichtkatalytischen Spaltung von Kohlenwasserstoffen. Sie ist in Schwarze Pumpe in zwei verfahrenstechnischen Varianten ausgeführt:

- 2 Reaktoren mit Feuerfestausmauerung als Schutz für die Reaktionsraumkontur (Durchsatz von je 10 - 15 t/h Vergasungsstoff).
  Als Vergasungsstoff kommen Abfallöle der Festbettdruckvergasung, Altöle, Lösungsmittel, Öl-Wasser-Gemische sowie Öl-Wasser-Emulsionen zum Einsatz. Die mit Feuerfestmaterial ausgemauerten Reaktoren arbeiten bei Temperaturen von 1.350° C.
  Diese sogenannten Öldruckvergasungsanlagen sind seit 1969 Bestandteil der Grundgaserzeugung in Schwarze Pumpe zur Herstellung von Stadtgas. Eingesetzt wurden die bei der Braunkohlenhochtemperaturverkokung und Kohledruckvergasung anfallenden Leichtöle und Teere.
- Eine Reaktoranlage mit gekühlter Reaktionsraumtemperatur.
  Diese Anlage ist für die Vergasung von Ölen und Öl-Feststoff-Suspensionen (Slurry) geeignet. Die Reaktoranlage wurde ursprünglich als Kohlenstaub-Flugstromvergasung, bekannt als GSP-Verfahren, entwickelt und ab 1985 als Pilotanlage für 30 t/h Braunkohlenstaub-Durchsatz betrieben. Seit 1992 erfolgt die Vergasung von flüssigen Einsatzstoffen. In dem mit einem Kühlschirm ausgerüsteten Reaktor erfolgt die Spaltung von Kohlenwasserstoffen bei 1 600 - 1

800° C, wobei die Asche in flüssiger Form den Reaktor verläßt.
Mittelfristig wird der Einsatz von Teerschlämmen, Altöl, Lösungsmitteln, Öl-, Farb- und Lackschlämmen, Filterstäuben und anderen feinkörnigen Feststoffen vorgesehen.

13.3 Ergebnisse der Betriebsfahrten mit der Kohle-Reststoffvergasung

In der ehemaligen ESPAG, jetzt Lausitzer Braunkohle Aktiengesellschaft, werden seit 1990 Untersuchungen zur Vergasung von Reststoffen als alternativer Weg zur Verbrennung durchgeführt. Die Untersuchungen erfolgten im Rahmen wissenschaftlich-theoretischer Arbeiten, Labortests, Technikumsuntersuchungen sowie großtechnischer Einsatzversuche und Meßfahrten.

Für die Durchführung der erforderlichen Meß- und Betriebsfahrten liegt eine befristete Genehmigung des zuständigen Landesoberbergamtes vor. Im Zuge der Meß- und Betriebsfahrten konnten verschiedene Produkte erprobt werden (Tabelle 13.1).

Der Schwerpunkt der Untersuchungen lag auf der Vergasung von Kohle im Gemisch mit Kunststoffen und Klärschlamm in aufbereiteter Form. Aber auch solche Stoffe, wie Altgummi und Altreifen, gebrauchtes Altholz sowie ölhaltige feste Betriebsmittel und auch Bleicherde wurden bereits durchgesetzt. Die Erweiterung dieser Palette von Reststoffen ist vorgesehen und wird schrittweise vorgenommen.

Im Zeitraum vom Juni 1992 bis zum Februar 1994 wurden im großtechnischen Betrieb bereits ca. 52 000 t feste Reststoffe zu Synthesegas umgesetzt.

Die vorhandenen Festbettdruckvergaser können neben Kohle in Form von Brikett als Feststoffstützgerüst stündlich pro Generator je 5 - 10 t feste Reststoffe verwerten. Unter anderem wurde für Altkunststoffe der Nachweis der Verwertbarkeit in der Vergasung erbracht. Die Zertifizierung als stoffliche Verwertungsanlage für Verpackungskunststoffe ist durch die TÜV Arbeitsgemeinschaft DSD, einem Konsortium aus TÜV Bayern Sachsen, TÜV Rheinland und RW TÜV, erfolgt.

Mit der Vergasung von schwermetall-, chlor- und PCB-belasteten Ölen im Rahmen der genehmigten Betriebsfahrten wurde begonnen (Menge ca. 4 000 t). Der Chlorgehalt betrug dabei bis zu 2 %, der PCB-Gehalt bis zu 300 ppm.

Bei diesen großtechnischen Betriebsfahrten, die über den Charakter von Pilotversuchen weit hinausgehen, wurde die Regelfähigkeit der Anlagen einzeln und im Verbund nachgewiesen. Durch die Redundanz im System und Nutzung von Synergieeffekten zwischen den Verfahren ist ein jahresdurchgängiger Betrieb der Reststoffvergasung möglich. Erprobte Sicherungssysteme gestatten das gefahrlose und umweltgerechte An- und Abfahren der Anlagen.

Tabelle 13.1. Verwertung von festen und flüssigen Reststoffen

Reststoffe/Reststoffgemische	**durchgesetzte Mengen (t)**	**max. Zumischraten (MA.-%)**
Altkunststoffe gesamt	16.325	30
kompaktiert	9.540	
Klärschlamm gesamt	9.200	50
getrocknet	2.370	
kontaminiertes Holz	2.175	50
ölhaltige Betriebsmittel	2.000	15
Gummiabfälle	520	30
Altlacke, Lackschlamm	170	15
Shredderleichtgut	1.270	30
kontaminierte Böden, Bauschutt	16.785	29
Teer- und Sandfangrückstände	3.460	20
feste Reststoffe gesamt	51.905	
belastete Öle (PCB,Cl u.a.) Öl-/Wassergemische Lösungsmittelgemische	180.840	100
Reststoffe gesamt	232.745	

13.4 Umweltverträglichkeit

Mit den Betriebsfahrten konnte der Nachweis angetreten werden, daß alle umweltrelevanten Daten eingehalten werden und in allen Fällen die geltenden Grenzwerte der 17. Bundes-Immissionsschutzverordnung (BImSchV) deutlich unterschritten werden.

Die Untersuchung der Dioxin-/Furangehalte des Reingases bei Einsatz verschiedener Reststoffe in den Vergasungsanlagen unterstreicht diese Aussage (Abbildung 13.1).

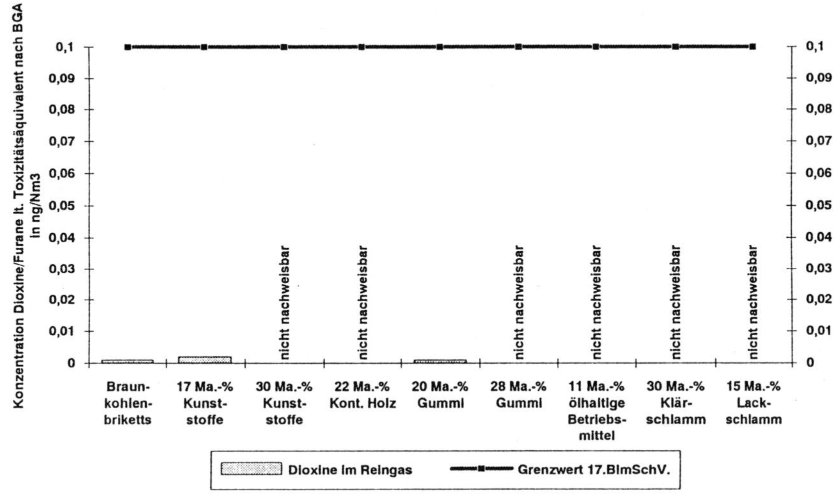

Abb. 13.1. Konzentration der Dioxine / Furane im Reingas beim Einsatz verschiedener Reststoffe in der Festbettrückvergasung

Gleichermaßen konnte mit den Betriebsfahrten nachgewiesen werden, daß die verbleibenden festen Rückstände die Grenzwerte der Deponieklasse 2 (NRW) bzw. die Grenzwerte für die Deponieklasse 1 der TA-Siedlungsabfall, einhalten (Abbildung 13.2)

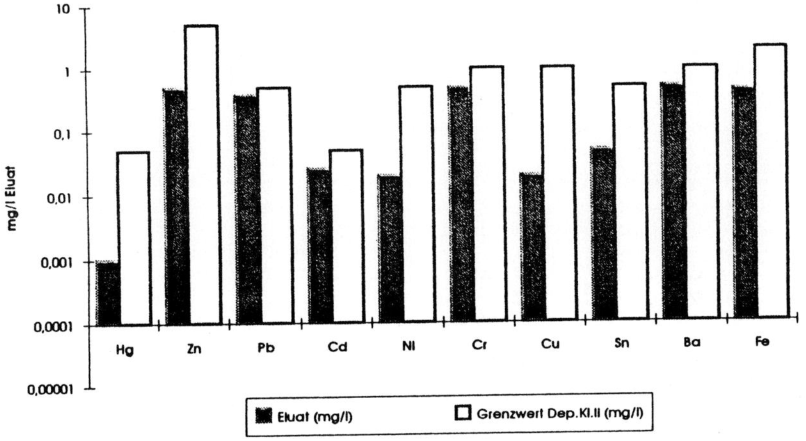

Abb. 13.2. Schwermetallgehalte in den Eluaten der Aschen der LAUBAG - Vergasungsanlagen

Sie sind damit unproblematisch einlagerbar. Wir arbeiten darüber hinaus an einer Weiterverwendung für die Bauindustrie (Betonzuschlagstoff, Straßenbau, Dammbau).

Bezüglich der Abwassereinleitwerte in die Spree konnte im Zuge der Betriebsfahrten ebenfalls die Einhaltung der Überwachungswerte bzw. sogar die deutliche Unterschreitung nachgewiesen werden.

13.5 Konzept für den Ausbau als Reststoffverwertungszentrum

Unter Berücksichtigung der Ergebnisse des praktischen Betriebes wurde ein Konzept für den Aufbau eines Reststoffverwertungszentrums entworfen. Dabei wird zunächst von der Fortsetzung der Langzeitbetriebsfahrten ausgegangen. Die Errichtung der neuen Anlagen soll bei laufendem Betrieb erfolgen. Im Endausbau wird eine neue technische Auslegung erreicht (Abbildung 13.3).

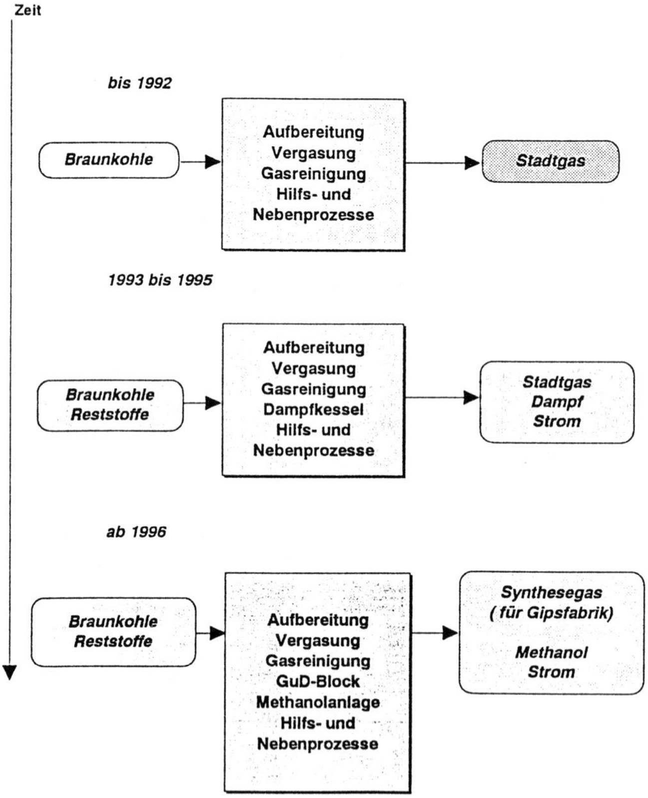

Abb. 13.3. Wandlung der wirtschaftlichen Grundlagen der Vergasung in der LAUBAG

Das Ausbaukonzept (Abbildung 13.4) geht davon aus, daß Kohle und feste Reststoffe in vorhandenen Festbettdruckvergasern unter Zugabe von Dampf und Sauerstoff in die Produkte Synthesegas, Schlacke und Flüssigprodukte umgewandelt werden.

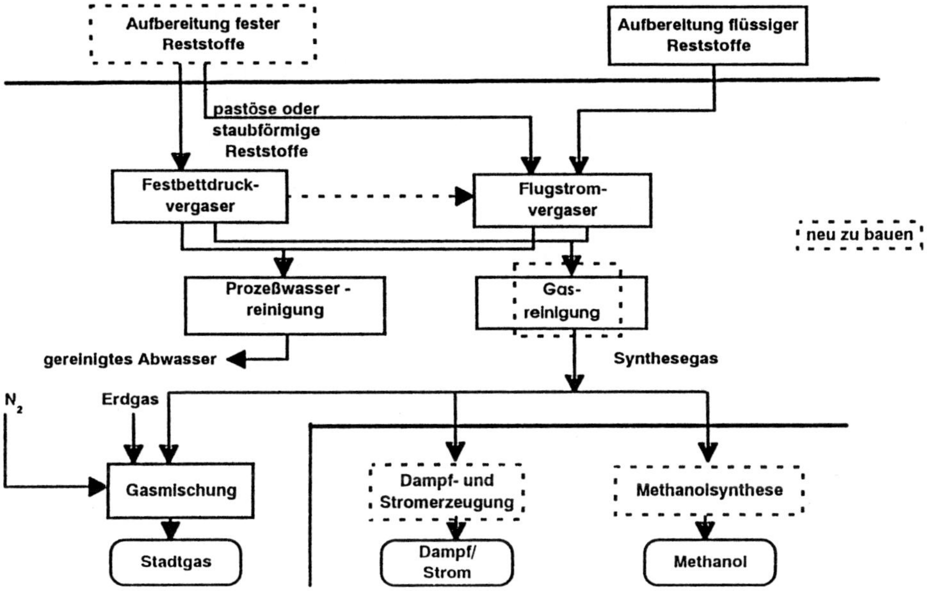

Abb. 13.4. Anlagenkonzept des Reststoffverwertungszentrums

Die anfallenden Flüssigprodukte werden der Flugstromvergasung zugeführt und dort ebenfalls in Synthesegas umgewandelt. Das gesamte Gas wird in einer Gasreinigung von allen Begleitkomponenten gereinigt. Der derzeitige Verwertungsweg für Gas in Form des Verkaufes als Stadtgas wird künftig nicht mehr zur Verfügung stehen.

Die neu zu errichtenden Anlagen im Umfang von ca. 290 Mio. DM beziehen sich hauptsächlich auf die Aufbereitung der einzuliefernden Produkte, die Wasserreinigung sowie die Methanolanlage und die Dampf- und Stromerzeugung.

Das Reststoffverwertungszentrum soll vorrangig Kunststoffe und Klärschlämme verwerten und darüber hinaus sonstige Reststoffe einer Verwertung zuführen. Mit der geplanten Kapazität bis zu 220 kt/a festen Reststoffen und bis zu 50 kt/a belasteten Ölen, Öl-Wasser-Gemischen sowie Stäuben und Schlämmen kann das Reststoffverwertungszentrum in Schwarze Pumpe auch einen wesentlichen Beitrag für die Lösung von Entsorgungsproblemen der Länder Sachsen, Brandenburg und Berlin leisten (Tabelle 13.2).

Tabelle 13.2. Geplanter Reststoffdurchsatz im Verwertungszentrum

Feste Reststoffe	
220 000 t/a davon:	feste Reststoffe, durch Zumischung zu 220 000 t/a Trockenkohle - Regelbereich 50 bis 120 %
80 bis 130 000 t/a	Altkunststoffe, wovon ca.70 % kompaktiert, der Rest in loser Form angeliefert werden; die losen Altkunststoffe werden im Werkbereich Schwarze Pumpe kompaktiert
80 bis 130 000 t/a	getrockneter und nasser Klärschlamm, der in Trockenkohle einbrikettiert bzw. agglomeriert wir, diese Brikett bzw. Agglomerate bilden das Stützgerüst in der Festbettvergasung
30 bis 50 000 t/a	sonstige Reststoffe, wie Shredderleichtgut, Altholz, ölverschmutzte Betriebsmittel u. a.
Flüssig-pastöse Reststoffe	
bis 50 000 t/a	belastete Öle, Öl-Wassergemische, Stäube oder Schlämme für die Flugstromvergaser

Die technischen Voraussetzungen in Schwarze Pumpe gewährleisten eine wirtschaftlich günstige Lösung zur rohstofflichen Verwertung von Reststoffen und Abfällen. Dieser Sachverhalt wird durch die Chance der Nutzung vorhandener Anlagen unterstützt.

Eine Bewertung der Stoff- und Energiebilanz der Reststoffverwertung - auch im Rahmen einer Begutachtung durch den TÜV - hat gezeigt, daß bis zur Stufe Gas ein Umwandlungswirkungsgrad von ca. 77 % und bis zur Stufe Strom und Methanol ein energetischer Wirkungsgrad von ca. 39 % erreicht wird. Beide Ergebnisse liegen deutlich besser als die der Verbrennung und führen in Summe zu einer rohstofflichen Verwertung (Abbildung 13.5). Dieser Sachverhalt wird durch das vorliegende Gutachten bestätigt.

Derzeit wird die Planung der Anlagen vorgenommen. Der Genehmigungsantrag für den Dauerbetrieb des Reststoffverwertungszentrums ist beim Sächsischen Oberbergamt Freiberg als bergrechtliches Planfeststellungsverfahren eingereicht. Unter Zugrundelegung der bisher abgestimmten Zeitabläufe ergibt sich die Verfügbarkeit der vollen Kapazität für das Reststoffverwertungszentrum im Jahre 1996.

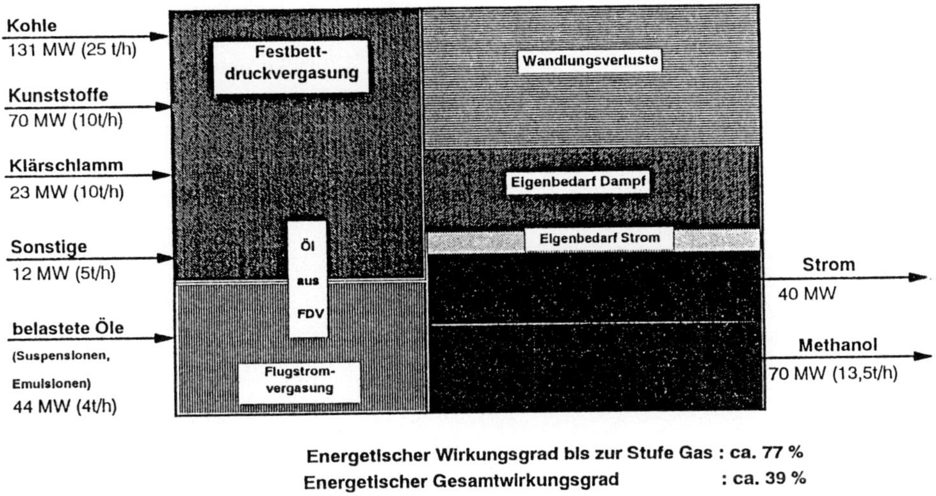

Abb. 13.5. Stoff- und Energiebilanz der Reststoffverwertung bei der Vergasung

13.6 Zusammenfassung

In Schwarze Pumpe sind großtechnische Vergasungsanlagen zur Erzeugung von Stadtgas aus Braunkohle vorhanden. Wesentliche Anlagenteile sind in langjährig erprobter Form verfügbar. Die Eignung für die Vergasung von ausgewählten Reststoffen und Abfällen ist nachgewiesen. Die dafür durchgeführten Betriebsfahrten im kommerziellen Maßstab bilden die Basis für den Aufbau eines Reststoffverwertungszentrums. Die neuen Produkte Methanol und Strom werden aus Altkunststoffen, Klärschlamm und weiteren festen und flüssigen Reststoffen gewonnen.

Im Konzept sind drei Wege der Gasverwendung enthalten:

- Zuführung des Synthesegases zur CO-Konvertierung und nachgeschalteter Methanolsynthese zur Herstellung von Methanol als Ausgangsprodukt für weitere chemische Prozesse.
- Verwertung des Synthesegases in der benachbarten Gipsfabrik zur Aufbereitung des REA-Gipses aus der Rauchgasentschwefelung des neu zu errichtenden 2 x 800 MW Braunkohlekraftwerkes in Schwarze Pumpe.

- Einsatz von Synthesegas in einem GuD-Block mit dem Ziel der Umwandlung in Strom und Dampf zur Eigenversorgung bei günstigem energetischen Wirkungsgrad.

Der Aufbau des Reststoffverwertungszentrums soll 1996 abgeschlossen werden.

14 Chemisches Recycling von Kunststoffen mit Hilfe der Solvolyse (Hydrolyse, Alkoholyse, Glycolyse)

14.1 Einleitung

Unter chemischem Recycling ist eine Umwandlung hochmolekularer Strukturen von Kunststoffen in niedermolekulare Bausteine zu verstehen. Diese können auf Rohstoffniveau erneut in den Herstellungsprozeß von Kunststoffen zurückgeführt werden. Im Gegensatz zum stofflichen Recycling, bei welchem lediglich physikalische Veränderungen vorgenommen werden, sind bei diesem sogenannten rohstofflichen Recycling chemische Umwandlungen notwendig.

Wenigstens zwei chemische Prozesse (Abbau- und Aufbaureaktion) sind erforderlich, um den ursprünglichen Stoff zurückzuhalten. Der dafür notwendige Verfahrens- und Energieaufwand ist wesentliches Kriterium bei der Einordnung des rohstofflichen Recyclings zwischen dem stofflichen und energetischen Recycling von Kunststoffen.

Weitaus der größte Teil der heute verwendeten Kunststoffe sind Thermoplaste und prinzipiell durch thermische Umformung wiederverwertbar. In der Praxis gilt dies für sortenreine unverschmutzte Kunststoffe. Vermischte und verunreinigte Kunststoffe müssen entweder aufwendig gereinigt und getrennt oder zu minderwertigen Produkten verarbeitet werden. Vor allem bei Massenkunststoffen ist bei hohem Trenn- und Reinigungsaufwand rohstoffliches Recycling eine interessante Alternative. Allerdings ist bisher bei der im Pilotmaßstab erprobten Pyrolyse und Hydrierung die technische und ökonomische Nutzbarkeit nachweisbar.

Eine Reihe hochwertiger, vorwiegend technischer Kunststoffe, aber auch synthetische Fasern sind auf sauerstoff- und stickstoffhaltigen Polymergerüsten aufgebaut. Die wichtigen Vertreter wie Polyester, Polyamide, Polyacetate enthalten einen Bindungstyp, der chemisch aktiv und leicht spaltbar ist. Hier gelingt es, im Gegensatz zur Pyrolyse oder Hydrierung, unter relativ milden Bedingungen einheitlich höherwertige Rohstoffe zurückzugewinnen.

Diese als Solvolyse bezeichnete Spaltung erfolgt unter Einwirkung geeigneter Agentien. Verschiedene Solvolyseagentien, Reaktionsparameter und Additive sorgen für vielfältige methodische und anwendungstechnische Möglichkeiten.

Es ist naheliegend, Ester-, Amid- und Urethanbindungen mit Wasser zu spalten. Diese Methode wird als Hydrolyse bezeichnet. Werden als Spaltungsangentien Alkohole eingesetzt, wird der Begriff Alkoholyse benutzt. Schließlich werden bei der selten angewandten Aminolyse Amine zur Spaltung bevorzugt.

Handelt es sich bei den genannten Polymeren um Thermoplaste, hat auch hier das stoffliche gegenüber dem chemischen Recycling Priorität, wenn deren Reinheit und Unversehrtheit die Möglichkeit dazu bieten.

Elastomere und Duromere, wie z. B. meist bei Polyurethanen, entziehen sich einem Umschmelzprozeß. Stoffliches Recycling ist hier nur in Form von Partikelrecycling in begrenztem Umfang, z. B. in Verbundwerkstoffen, möglich. Da Polyester, Polyamide und Polyurethane zu den hochwertigen (energie- und rohstoffintensiven) Kunststoffen gehören, ist der Wertverlust hoch, wenn durch Verbrennung lediglich der Energieinhalt des Stoffes zurückgewonnen wird. (Roh)stoffliches Recycling ist daher deutlich höherwertig anzusetzen als bei einfachen Massenkunststoffen.

14.2 Pyrolyse

Nur wenige Kunststoffe lassen sich durch Erhitzen in Umkehrung der Polymerisation (Depolymerisation) mit vertretbaren Ausbeuten in Monomere zurückverwandeln, die ohne Umwege erneut in die entsprechenden Polymere umgewandelt werden können. Die meisten (auf Kohlenstoffketten basierenden Polymere) ergeben bei der Pyrolyse undefinierbare Stoffgemische auf niedrigem Wertniveau. Depolymerisierbare technisch bedeutsame Kunststoffe sind:

- Polymethylmethacrylat (PMMA),
- Polyamind-6 (Polycaprolaktam, PA-6),
- Polyacatal (Polyoximethylen, POM).

Während bei PMMA die Rückspaltung zum Monomer in kleineren Anlagen erprobt bzw. bereits praktiziert wird, befindet sich die Spaltung von Polyacetat im Versuchsstadium. Zumindest in Deutschland wird die technische Umsetzung des Verfahrens nicht weiter verfolgt.

Der durch Säure katalysierte Abbau erfolgt vollständig zu den Monomeren Formaldehyd und Trioxan, die gereinigt zu neuem Polyoximethylan polymerisierbar sind. Die Depolymerisation von Polyamid-6 erfolgt ebenfalls unter der Einwirkung von Säuren (Phosphorsäure) unter Bildung des Monomeren Caprolaktam. Ein früher auf dieser Basis praktiziertes Verfahren bei der Bayer AG in Dormagen wurde eingestellt, da zu entsorgende Produktionrückstände erhebliche Probleme bereiten. Dagegen befinden sich zwei nach diesem Prinzip arbeitende Recyclinganlagen in den USA und Kanada in Betrieb.

14.3 Hydrolyse

Die Spaltung von Polyestern, Polyamiden und Polyurethanen mit Wasser verläuft sehr langsam, schließlich beruhen viele Anwendungen dieser Kunststoffe u. a. auf ihrer Beständigkeit gegen Wasser, auch bei höheren Temperaturen. Vertretbare Hydrolysezeiten erfordern drastische Reaktionsbedingungen, verbunden mit aufwendiger Verfahrenstechnik. Lediglich bei Polyurethanen wurden Hydrolyseprozesse untersucht und entwickelt.

Die hydrolytische Spaltung von Polyurethanen verläuft nach dem in Abbildung 14.1 dargestellten Reaktionsschema, wobei Primärpolyole, Kohlendioxid und die dem Ausgangsisocyanat zugrundeliegenden Amine entstehen.

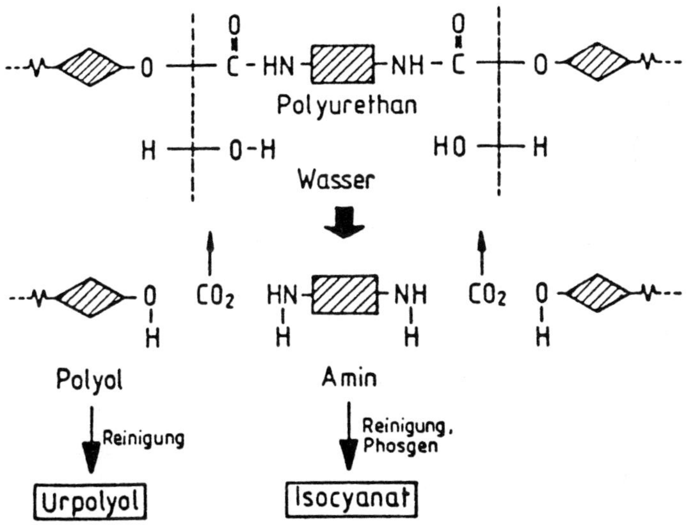

Abb. 14.1. Reaktionsschema der Hydrolyse von Polyurethanen

Zur Reaktionsbeschleunigung muß bei hohen Temperaturen und damit unter Druck oder zusätzlich mit Lösungsmitteln gearbeitet werden. Eine Reihe von Arbeiten sind vorwiegend in Form von Patentschriften publiziert worden, wobei entweder diskontinuierlich [1,2] oder kontinuierlich im Extruder [3] umgesetzt wird.

Die Umsetzung zu einem Gemisch aus Aminen, Wasser und Polyol wird bei diesen Bedingungen als quantitativ beschrieben. Eine Trennung des Produktionsgemisches in reine Einzelkomponenten ist möglich, jedoch mit einem erheblichen verfahrenstechnischen Aufwand verbunden. Das gereinigte Polyol kann als Rohpolyol wieder zur Herstellung von Polyethanen eingesetzt werden, während für die Aminkomponenten keine direkte Verwendung möglich ist. Eine Rückführung dieser

Amine in Isocyanatproduktionsprozesse der Großchemie ist, zumindest theoretisch, möglich.

Von den Firmen Bayer AG, Leverkusen, und General Motors, Detroit, wurden für Polyurethan-Weichschaumstoffe Hydrolyseverfahren bis zur Technikumsreife entwickelt. Abbildung 14.2 zeigt eine schematische Darstellung einer zu diesem Zwecke verwendeten Extruderanlage.

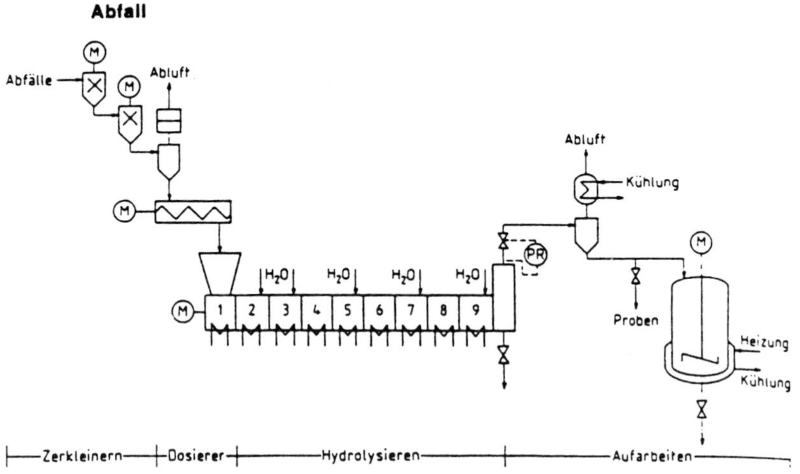

Abb. 14.2. Schema einer kontinuierlichen Hydrolyse - Anlage fürPolyurethan - Weichschaumstoffe

Anwendbar sind diese Methoden nach heutigen Erkenntnissen lediglich für Produktionsabfälle, deren Rohstoffbasis bekannt und gleichbleibend ist. Bei gemischten Weichschaumstoff-Abfällen, z. B. aus Altautomobilen, werden die Chancen der Hydrolyse aufgrund nicht definierter Zusammensetzung eher skeptisch beurteilt. Nach der Hydrolyse sind Polyole nicht mehr, Amine nur mit zusätzlichem Aufwand trennbar.

Die Hydrolyse von Polyestern und Polyamiden verläuft prinzipiell nach einem ähnlichen Abbaumechanismus, wobei im Fall von Polyethylenterephtalat (PET) die Ausgangsmonomeren Terephtalsäure und Glykol im Fall von Polyamid-6 Caprolaktam bei Polyamid-6,6 die bei den Monomeren Hexamethylendiamin und Adipinsäure bzw. deren Salz (AH-Salz) gebildet werden. Es ist bekannt, daß Polyester und Polyamide sehr beständig gegen Wasser sind, so daß für ausreichend hohe Abbauraten hohe Temperaturen und Katalysatoren notwendig sind. Dies erschwert die Realisierung im technischen Maßstab, die eine aufwendige und kostspielige Verfahrenstechnik erfordert. Die großtechnische Anwendung von Hydrolyseverfahren ist nicht bekannt.

14.4 Alkoholyse

14.4.1 Alkoholyse von Polyestern

Polyester sind in vielfältiger Art und Weise im Einsatz. Abgesehen von Polyethylentherephtalat (PET) sind sie selten sortenrein und einheitlicher Struktur.

PET ist, faßt man Synthesefasern, Filme und Kunststoffe zusammen, mengen- und wertmäßig ein bedeutendes Polymer. Recycling hat bei PET aufgrund seiner hohen Wertigkeit einen entsprechenden Stellenwert. Als Thermoplast liegt der Schwerpunkt beim stofflichen Recycling, insbesondere dann, wenn sortenreines PET zur Verfügung steht. Bei geschädigtem oder schwer zu reinigendem Abfall-PET kann rohstoffliches Recycling der günstigere Weg sein.

Der Modellfall sind PET-Getränkeflaschen, die wenig in Deutschland, mehr in den USA und Großbritannien auf dem Markt sind. Sollte sich PET in Europa für Mehrwegflaschen durchsetzen können, wird auch für das rohstoffliche Recycling durch Alkoholyse der Durchbruch kommen. Mehrfach benutztes Material ist wohl so stark geschädigt, daß durch bloßes Umschmelzen keine ausreichenden Materialeigenschaften mehr zu erwarten sind. Die heute bekannten Verfahren zur Alkoholyse von PET kehren den heute üblichen Syntheseweg um, indem die sich bei der Kondensationspolymerisation bildenden Alkohole Methanol und Ethylenglykol zur Abbaureaktion verwendet werden.

Glykol hat den Vorteil, daß es einen höheren Siedepunkt und für PET eine bessere Lösekraft besitzt, so daß der erste Behandlungsschritt von zerkleinerten und gereinigten PET-Abfällen mit Glykol (Glykose) erfolgt.

Wie in Abbildung 14.3 dargestellt, entstehen flüssige viskose Glykolterephtalate, die entweder nach erneuter Reinigung direkt einer Kondensationspolymerisation unterzogen werden oder mit Methanol zu Dimethylterephtalat und Glykol umgewandelt werden.

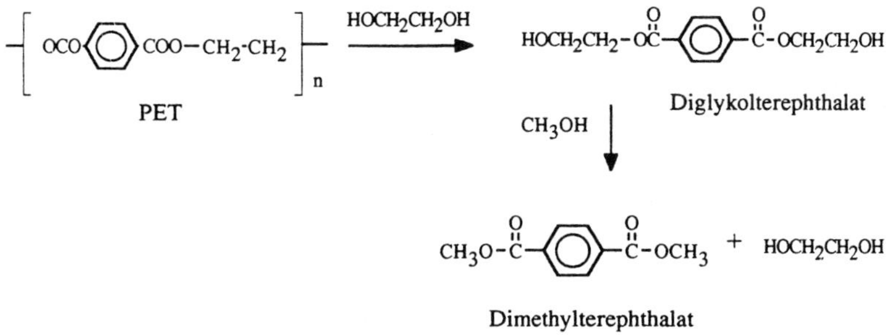

Abb. 14.3. Formelschema der Alkoholyse von Polyethylenterephtalat

Ob die einfachere Glykolyse oder die aufwendigere Methanolyse bevorzugt wird, hängt von der Reinheit der PET-Abfälle ab. Farblos sortenreines PET, z. B. aus Produktionsabfällen oder gereinigten Einwegflaschen, kann mit Hilfe der Glykolyse wieder zu einem PET recycliert werden, welches nur geringfügig niedrigere Qualität (höhere Gelbzahl, etwas höherer Diglykolgehalt) aufweist. Die Firma Goodyear, USA, [5], hat auf dieser Basis ein Verfahren vorgestellt. Die Hoechst AG beabsichtigt, in Offenbach eine Glykolyseanlage mit einer Kapazität von 4.000 t/a zu erstellen.

Zur Gewinnung von hochreinem PET durch Methanolyse, welches erneut im Lebensmittelsektor verwendbar ist, haben Hoechst Celannese und Coca-Cola Company in den USA je eine Produktionsanlage in Betrieb genommen, die jeweils eine Kapazität von 70.000 t/a erreichen soll [6,7].

Bereits seit Jahren wird in den USA von mehreren Produzenten, u. a. von Mohay, Pittsburg, von sortenreinen PET-Abfällen aus Getränkeflaschen einerseits und Röntgenfilmen andererseits durch Glykose ein gut standardisierter Rohstoff für Polyurethan-Hartschaumstoffe hergestellt [8].

Dieses Regenerat-Polyol eignet sich aufgrund seines aromatischen Esterpolyolanteils für Isolierschaumstoffe mit bestimmten Brandschutzanforderungen. In den USA werden heute auf diese Art ca. 27.000 t/a Polyol hergestellt, wobei davon ausgegangen wird, daß dieser Bereich ca. 10 % des gesamten PET-Abfalles der USA aufzunehmen vermag.

In Deutschland sind ebenfalls preiswerte Polyesterpolyole ähnlicher Zusammensetzung auf dem Markt, ihr Herkunftsort liegt vermutlich im Osten Europas.

Gegenüber der bisher beschriebenen Glykolyse von PET besteht kein prinzipieller Unterschied. Anstelle von Ethylenglykol werden andere Glykole oder Glykolgemische in Kombination mit mehrwertigen Alkoholen verwendet. Durch geeignete Kombinationen und Reaktionsbedingungen lassen sich damit in bezug auf Viskosität, Hydroxylzahl und Funktionalität Polyoleigenschaften für bestimmte Anwendungszwecke maßschneidern.

Eine weitere von Vaidya und Nadkarni beschriebene Variante der Glykolyse von PET ist die Weiterreaktion der bihydroxyl-funktionellen Abbauprodukte mit Adipinsäure. Das dadurch modifizierte Esterpolyol soll sowohl für die Herstellung von Elastomeren als auch von Hartschaumstoffen geeignet sein [9]. Schließlich ist in analoger Weise die Umsetzung der Glykolyseprodukte mit Maleinsäureanhydrid zur Herstellung ungesättigter Polyesterharze möglich [10,11].

14.4.2 Alkoholyse von Polyurethanen

Polyurethane, hergestellt aus Isocyanaten und Polyolen, zeichnen sich aufgrund der großen Variabilität der Rohstoffe durch ein vielfältiges Eigenschaftsspektrum aus.

Zu über 90 % hat PUR einen Netzwerkaufbau, ob Elastomer, Beschichtung, Werkstoff, Weich- oder Hartschaumstoff. Für über 90 % dieser Polyurethananwendungen entfällt daher ein stoffliches Recycling durch Umschmelzen.

Aufgrund des hohen Wertniveaus von PUR hat rohstoffliches Recycling gegenüber der energetischen Restenergienutzung Priorität, wobei die Hydrolyse aus chemischen und verfahrenstechnischen Gründen in den nächsten Jahren keine Realisierungschance besitzt. Die Alkoholyse von PUR ist dagegen auf einem Entwicklungsstand, der eine technische Umsetzung aussichtsreich erscheinen läßt.

Der molekulare Abbau von PUR mit Alkoholen erfolgt in analoger Weise zu dem von Polyestern. Bei Verwendung von mehrwertigen Alkoholen entsteht ein Gemisch aus ursprünglichem Polyol und Urethanen, die endständige, also isocyanatreaktive Hydroxylgruppen enthalten. Aufgrund der Tatsache, daß die notwendigen Diole und Polyole für die Alkoholysereaktion in einer Vielzahl preiswert zur Verfügung stehen, können im Gegensatz zur Hydrolyse bereits während des Abbauprozesses Eigenschaften des Recyclingspolyols gezielt variiert und den Erfordernissen angepaßt werden.

Durch Verwendung geeigneter Alkoholysereagenzien gelingt es auf diese Art, homogene Polyole herzustellen, die ohne weitere Aufarbeitung direkt wieder zur Herstellung neuer Polyurethane einsetzbar sind [12].

14.4.3 Alkoholyse von Schaumstoffen

Feingemahlene PUR-Hartschaumstoffe können in begrenztem Umfang als Füllstoffe weiterverwendet werden. Mit Hilfe der Glykolyse können PUR-Abfälle in Form von Regeneratpolyolen direkt in den Produktionsprozeß zurückgeführt werden. Die Alkoholyse von Polyurethanen wurde in der Praxis an Hartschaumstoffabfällen erprobt und zur Praxisreife entwickelt. Sowohl in den USA als auch in Frankreich sind Alkoholyse-Anlagen in Betrieb. Ein PUR-Hartschaumstoffhersteller in der BRD hat zur Alkoholyse seiner Produktionsabfälle eine Anlage für den diskontinuierlichen Batchbetrieb erstellt und in der Versuchsphase erfolgreich Polyol produziert, welchem in gewissen Anteilen Primärpolyol zugemischt und sodann wieder in der Produktion eingesetzt wird. Das diskontinuierliche Batchverfahren mit einem großvolumigen Reaktor hat den Vorteil, daß bei variierenden Abfallmengen und einem ein- oder zweischichtigen Arbeitsbetrieb Recyclingansätze nach Bedarf gefahren werden können. Kern der Anlage ist ein mit Trägeröl beheizter Doppelmantelreaktor, in welchem direkt aus einem Abfallsilo gemahlener PUR-Produktionsabfall in vorgelegtes Glykol eindosiert wird (Abbildung 14.4). Die Zudosierung wird so gesteuert, daß das Medium rührfähig und temperiert bleibt. Nach Beendigung der Reaktion wird noch heiß filtriert, abgekühlt und in einem Vorratstank für die Hartschaumstoff-Produktion vorgehalten.

Abb. 14.4. Alkoholyse - Anlage für Polyurethane der Firma Aprithan

Die Alkoholyse von Weichschaumstoffen ist aus chemischer und verfahrenstechnischer Sicht unproblematisch. Mit überschüssigem Glykol lassen sich mit einfachen Rührreaktoren im Salzbetrieb leicht Regeneratpolyole gewinnen.

Diese viskosen homogenen Flüssigkeiten sind allerdings aufgrund ihrer relativ hohen Hydroxyläquivalente nicht für den erneuten Einsatz auf dem Weichschaumstoffgebiet geeignet. Das bedeutet, daß in anderen PUR-Anwendungsbereichen ein Einlaß gefunden werden muß.

Auf dem PUR-Sektor wird in der Regel mit kompletten, vom Formulierer gelieferten PUR-Systemen, gearbeitet. Die Einbeziehung solcher Regeneratpolyole, z. B. in die Hartschaumstoff-Herstellung, erfordert die Mitwirkung von Systemhäusern, eine Vorstellung, die bisher nur wenig Anklang gefunden hat.

14.4.4 Alkoholyse von RRIM-Polyurethanen

Faserverstärkte Polyurethane, hergestellt nach dem RIM-Verfahren (PUR-RRIM), sind hochwertige Werkstoffe im Automobilbau, die aufgrund ihrer guten mechanischen Eigenschaften und Lackierbarkeit im Automobilaußenbereich eingesetzt werden. Gerade aus diesen Teilen lassen sich aufgrund guter Demontierbarkeit und Trennung für die Wiederverwertung sortenreine Abfallfraktionen gewinnen. Im Gegensatz zu vergleichbaren Teilen aus thermoplastischen Kunststoffen wie Polypropylen sind PUR-RRIM Teile grundsätzlich lackiert. Neben den Polymeren und den Glasfasern erschwert diese dritte Stoffgruppe die Wiederverwertung, da eine Stofftrennung nicht möglich ist. Es sind hier Recyclingmethoden anzuwenden, die alle Komponenten stofflich integrieren.

PUR-RRIM besteht chemisch gesehen aus einem komplex aufgebauten polymeren Netzwerk mit Ether-, Urethan- und Harnstoffgruppen. Heute übliches PUR-RRIM wird aus den Rohstoffkomponenten Polyethertriol, Diethyltoluylendiamin, Hilfsstoffen und Kurzglasfasern einerseits und Methylendiphenyldiisocyanat andererseits hergestellt. Durch chemischen Abbau von PUR-RRIM gelingt es nicht, auf direktem Wege diese Ausgangsstoffe zurückzugewinnen.

Um dem eigentlichen Ziel des Recycling nahezukommen, sollte das Glykolysepolyol zumindest in Mischung mit einem Primärpolyol in den RRIM-Prozeß zurückführbar sein.

Im Fall des PUR-RRIM hat sich gezeigt, daß bei geeigneter Reaktionsführung dreiphasig-disperse Produkte herstellbar sind, die keine Tendenz zur Sedimentation zeigen und mit Primärpolyolen beliebig verschneidbar sind.

Der Bau und Betrieb einer Technikumsanlage mit einer geplanten Umsatzleistung von 50 bis 100 kg/Stunde sollte klären, ob technische und wirtschaftliche Voraussetzungen für die Realisierung des Verfahrens in der industiellen Praxis gegeben sind [13]. Das Verfahrensfließbild der Anlage ist in Abbildung 14.5 dargestellt.

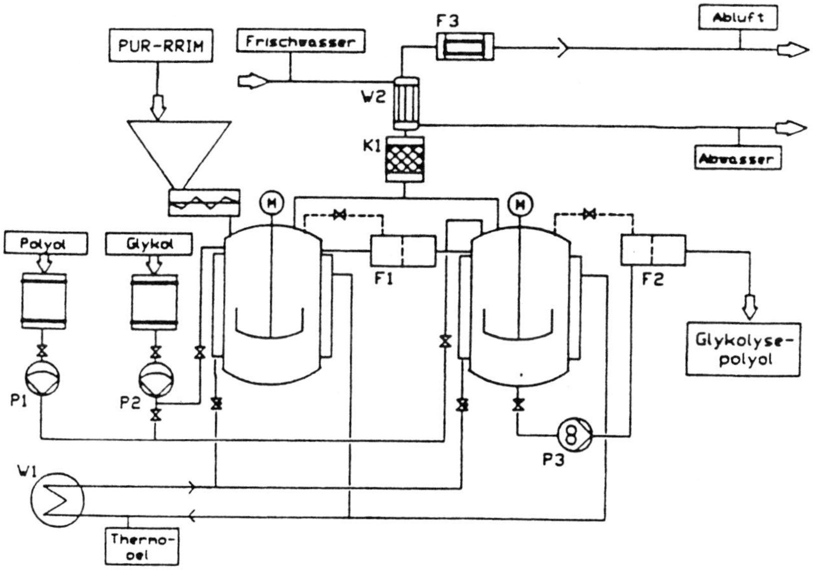

Abb. 14.5: Verfahrensschema und Technikumsversion einer kontinuierlichen Alkoholyse - Anlage für PUR - RRIM

Der kontinuierliche Prozeß hat den zusätzlichen Vorteil, daß in oder am Ende der zweiten Reaktionsstufe kontinuierlich Primärpolyole oder andere Komponenten zudosiert und dynamisch oder statisch vermischbar sind. Auf diese Weise kann das Glykolysepolyol auf die für den RRIM-Prozeß günstigen Eigenschaftsbilder eingestellt werden.

Eine auf diesem Verfahrensprinzip beruhende Anlage ist bei der Firma Pebra, Esslingen, in Betrieb gegangen, um produktionsbedingte PUR-RRIM-Abfälle zu recyclieren. Dies geschah aufgrund betriebswirtschaftlicher Kalkulationen, die bei einer Jahresproduktion von ca. 500 Tonnen ein positives wirtschaftliches Ergebnis aufweisen.

Typische anwendungstechnische Eigenschaften eines aus der Produktion stammenden Produktes sind in der folgenden Tabelle zusammengefaßt:

Tabelle 14.1. Eigenschaften eines PUR-RRIM-Recycling-Polyols, verglichen mit einem Standardpolyol

Eigenschaft	**Einheit**	**Recycling-Polyol**	**Standard-Polyol VPPU 0767 AX**
OH-Zah	$\frac{mg\ KOH}{g}$	176	198
Amin-Zahl	$\frac{mg\ KOH}{g}$	95	164
Wassergehalt	%	0,16	0,05
Glasgehalt	%	10,7	----
Dichte	g/cm^3	1,17	1,02
Viskosität / 20° C	mPas	16.500	1.300
Reaktivität	sec	4,2	4,2

Erste praxisnahe Versuche mit diesem Produkt zeigen, daß bei einem 20%igen Zusatz zum Primärpolyol RRIM-Teile herstellbar sind, die den auf diesem Gebiet gestellten Materialanforderungen genügen. Aufgrund der vielfältigen Möglichkeiten auf dem Polyurethansektor sollen weitere Einsatzgebiete für modifizierte Glykolysepolyole erschließbar sein.

14.5 Rohstoffliches Recycling von Elastomeren

Polyurethan hat aufgrund seiner günstigen Herstellungsverfahren und vorteilhaften Materialeigenschaften einen bedeutsamen Platz im Schuhsohlenbereich. Trotz rationeller und automatisierter Formenschäumtechnik ist mit Produktionsabfällen zu rechnen, die mengen- und wertmäßig ein Niveau erreichen, das ungeachtet von Entsorgungskosten ein Recycling lohnend erscheinen läßt. Die Abfälle einer PUR-Schuhsohlenfabrikation bestehen aus Ausschußsohlen, Angüssen und Randbeschnitten. Aufgrund des vernetzten elastomeren Charakters können diese Abfälle bisher nicht direkt in die Produktion zurückgeführt werden. Anderweitige Verwertungsmöglichkeiten sind nicht bekannt.

Die Übertragung des chemischen Abbaus durch Alkoholyse auf diese Gruppe von Polyurethanen ist prinzipiell möglich. Jedoch wird deren Anwendbarkeit und Praktikabilität entscheidend davon abhängen, ob es dabei gelingt, Produkteigenschaften zu erzielen, die einen Wiedereinsatz in die Schuhsohlenproduktion ohne Qualitätseinbußen erlauben.

Mit einem speziell für PUR-Schuhsohlenabfälle entwickelten neuen Verfahren gelingt es zum ersten Mal, Polyole zu erzeugen, die in ihrer chemischen Charakteristik den entsprechenden Urpolyolen sehr nahe kommen. Dies gelingt dadurch, daß durch geeignete Reaktionsführung mit nur geringen Anteilen von Fremdagentien eine vollständige Auflösung und Homogenisierung des PUR erfolgt. Technisch unterscheidet sich dieses Verfahren z. B. vom RRIM-Alkoholyseprozeß dadurch, daß diskontinuierlich im Batchbetrieb gearbeitet wird.

Das folgenden Schema (Abbildung 14.6) zeigt das Verfahrensfließbild einer Alkoholyseanlage für Schuhsohlenabfälle.

Die Firma Regra in Pirmasens hat diese Untersuchungen initiiert und mit Unterstützung des Landes Rheinland-Pfalz ein Entwicklungsvorhaben zur Wiederverwertung von Schuhsohlenabfällen finanziert. Die Ergebnisse der an der Fachhochschule Aalen durchgeführten Arbeiten ermutigten die Firma Regra, eine eigene Anlage zu planen und zu bauen. Dies wiederum erfolgte in Kooperation mit der BASF/Elastogran und einem namhaften PUR-Maschinenhersteller. Die Firma Regra kalkuliert auf der Basis dieses Anlagenkonzeptes die Kosten für das Recyclingpolyol deutlich niedriger als die Kosten eines Primärpolyols.

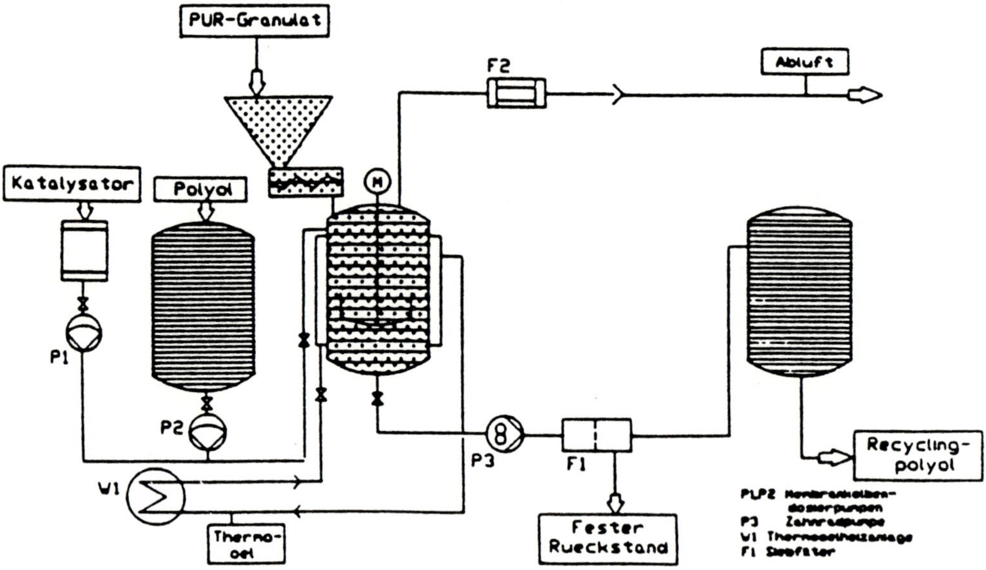

Abb. 14.6. Verfahrensschema einer Recycling - Anlage für Polyurethan -Schuhsohlenabfälle

Abb. 14.7. Recyclingsanlage für Polyurethanelastomere der Firma Regra Recycling

Die Firma Regra Recycling GmbH hat in der Zwischenzeit eine in Abbildung 14.7 gezeigte Anlage mit einer Chargenkapazität von einer Tonne in Betrieb genommen. 20 % des damit hergestellten Polyols werden in die Schuhsohlenproduktion zurückgeführt, wobei keine eigenschaftsmindernden Einflüsse festgestellt werden konnten. Einige relevante Stoffeigenschaften sind in Tabelle 14.2 vergleichend dargestellt:

Tabelle 14.2. Eigenschaften von Polyurethan-Schuhsohlenelastomeren unter Verwendung von Recyclingpolyol

	Systempolyol	**Systempolyol + 25 % Recyclat**
Zugfestigkeit DIN 53 504 [N/mm²]	4,1	5,2
Reißdehnung DIN 53 504 [%]	441	400
Shore A DIN 53 505	62	60
Weiterreißfestigkeit DIN 53 507 [N/mm]	7,7	8
Dauerbiegefestigkeit DIN 53 543 90.000 Biegungen	<6 mm	<1 mm
Antrieb DIN 53 516 [mg]	300	260

Die günstigen Ergebnisse und das erworbene Know-how veranlaßt die Firma Regra Recycling GmbH, die Entwicklung chemischer Recyclingverfahren auf andere Polyurethanabfälle auszudehnen. Das unternehmerische Ziel ist, Polyurethanabfälle im Auftrag in wiederverwertbare Polyole umzuwandeln bzw. dafür geeignete Anlagen und das dazugehörige Know-how zu vermarkten.

14.6 Literatur

[1] US - P, 3441616.

[2] US - P, 4316992.

[3] Grigat, E.: Kunststoffe 5, 281-284 (1978).

[4] Fleischer, D. et al.: Kunststoffe 9, 763-766 (1992).

[5] Richard, R. E.; Boon, H. W.; Martin-Shultz, M. L.; Sisson, E. A.: Polymer Preprints 32, 144-145 (1991).

[6] Bartham, V. F.: Packaging Technology (1991).

[7] Plastics Technology 4, 28 (1991).

[8] Vaidya, V. R., Nadkarni, V. M.: Proceedings of the ACS Division of Polymeric Materials Science and Engineering 68, Fall Meeting,Washington, D. C, 1928 (1990).

[9] Schneider, J. B. et. al.: Society of Plastics Engineers Meeting, 7. - 11.05.1990. Dallas, TX.

[10] D. J, D. W. K. S. Rebeiz Fowler R. Pual: Polymer Preprints 21, 142-143 (1991).

[11] US - P 3937151.

[12] Bauer, G.: Kunststoffe, 301-305 (1991).

[13] Bauer, G. et al.: Kunststoffe 4, 265-269 (1993).

15 Hydrierung von Kunststoffen: Stand der Technik, Wirtschaftlichkeit

15.1 Einleitung

Die in der Bundesrepublik Deutschland gültige Verpackungsverordnung schreibt ab 01.07.1995 die Verwertung von 64 % der jährlich anfallenden Verpackungskunststoffe vor. Zur Zeit gilt noch eine geringere Verwertungsrate von 9 %

Als Verwertung werden vom Gesetzgeber im wesentlichen zwei Routen anerkannt:

- Werkstoffliches Recycling, d. h. Umformung von gebrauchten Kunststoffverpackungen zu neuen Verpackungen bzw. zu Ersatzprodukten wie Behälter, Abwasserrohre, etc.
- Rohstoffliches Recycling, d. h. Gewinnung von Vorprodukten zur Kunststoffherstellung, die zur Schonung der Rohstoffressource Rohöl betragen, das in der BRD und den meisten Industriestaaten importiert werden muß.

Dem werkstofflichen Recycling sind aus Akzeptanz- und Qualitätsgründen enge Grenzen gesetzt. So ist ein Wiedereinsatz von Verpackungskunststoff-Recyclaten im hygienischen Bereich ausgeschlossen und nur auf geringerwertige Kunststoffprodukte beschränkt. Hinzu kommt noch, daß der hierfür erforderliche Sortieraufwand, der weitgehend nur manuell bewältigt werden kann, zu unvertretbar hohen Kosten führen würde, wollte man den derzeit möglichen Rückführgrad auf über 15 % steigern. Das werkstoffliche Recycling wird sich daher überwiegend auf die Verwertung von sauberen, sortenreinen Produktionsabfällen konzentrieren.

Für das rohstoffliche Recycling hingegen gelten diese Bedenken nicht. Es werden unabhängig vom Verfahren Rohstoffe zurückgewonnen, die mit den originär eingesetzten identisch sind, die gleichen Eigenschaften haben und in den vorhandenen Verarbeitungsstrukturen eingesetzt werden können.

Von den in Frage kommenden Verfahren Vergasung, Pyrolyse, Hydrolyse, Glykolyse und Hydrierung ist letzteres am weitesten entwickelt und steht großtechnisch erprobt in der Kohleöl-Anlage Bottrop mit einer Kapazität von 40.000 t/Jahr zur Verfügung.

Damit schließt die Kohleöl-Anlage Bottrop mit der Hydrierung die Kette Rohölverarbeitung - Kunststofferzeugung - Kunststoffverarbeitung - Verwendung - Sammlung zu einem Wertstoff-Kreislauf zusammen (Abbildung 15.1).

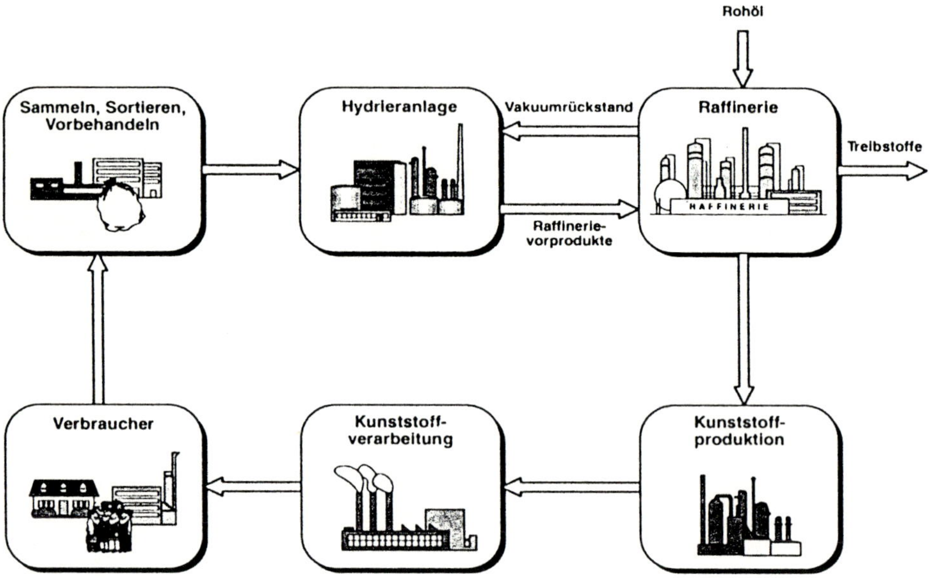

Abb. 15.1. Wertstoffkreislauf

Hierbei ist die Hydrierung nicht auf die Verwertung von Verpackungskunststoffen beschränkt. Vielmehr können nahezu alle Kunststoffe aus sonstigen Bereichen wie Automobilbau, Baustoffsektor und Gebrauchsgüterbereich nach entsprechender Vorbehandlung wie Shreddern und Mahlung eingesetzt werden.

Die Hydrierung von Kunststoffen unterliegt - wie auch die von Kohle und Raffinerierückständen - den gleichen Reaktionsmechanismen. So werden die Kunststoffmoleküle bei erhöhten Temperaturen (450-490° C) thermisch gespalten und die radikalischen Bruchstücke mittels Wasserstoff bei 300 bar abgesättigt. Dabei entstehen stabile Produkte in Form von Kohlenwasserstoffen, wie sie aus Rohöl gewonnen werden (Abbildung 15.2).

Gleichzeitig werden die Heteroatome Sauerstoff, Stickstoff und Chlor abgespalten, die einerseits in vielen Kunststoffen notwendige Bestandteile darstellen, andererseits einer direkten Wiederverwertung von gemischten Kunststoffen im Wege stehen.

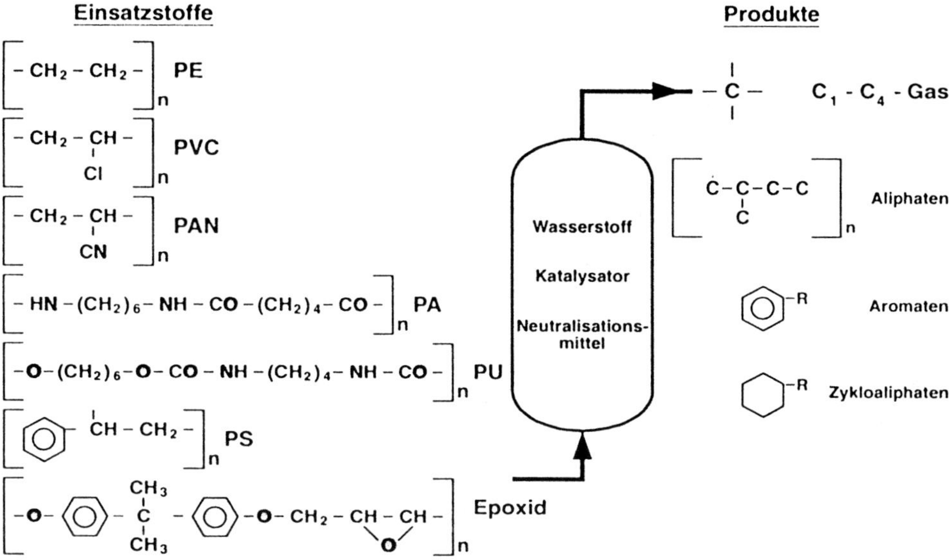

Abb. 15.2. Kunststoffhydrierung

15.2 Untersuchungen im Technikumsmaßstab

Zur Ermittlung von Produktausbeute und -verteilung bei der Hydrierung von Kunststoffen wurden im Labor- und Technikumsmaßstab umfangreiche Versuche an verschiedenen Kunststoffen allein und als Substratfahrweise gemeinsam mit Kohle oder Vakuumrückstand durchgeführt [1].

Hierbei zeigt sich, daß z. B. Styropor/Polystyrol bei einem H_2/Verbrauch von 7 Gew.-% nahezu vollständig (97 %) zu Leicht- (75 %) und Mittelöl (22 %) sowie Kohlenwasserstoffgasen (10 %) abgebaut wird (Abbildung 15.3).

Die Analyse des Leichtöls bestätigt, daß hochwertige Chemierohstoffe entstehen, nicht jedoch Benzol, das heute ein ungewünschtes Produkt darstellt. Das anfallende Mittelöl kann als Heizöl EL/Dieselkraftstoff eingesetzt werden oder in einer Raffinerie ebenfalls zu Chemierohstoffen weiterverarbeitet werden.

Bei der Verarbeitung von Phenolharzen, z. B. aus Trabantkarosserien, geht die Ausbeute an verwertbaren Rohstoffen als Folge des hohen Sauerstoffgehaltes, der zu einer Wasserbildung von 34 % führt, auf 54 % zurück (Tabelle 15.1).

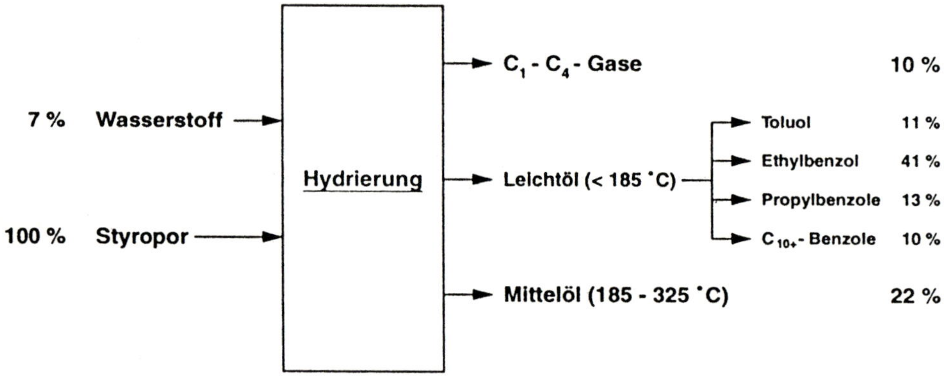

Abb. 15.3. Hydrierung von Styropor / Polystyrol

Tabelle 15.1. Hydrierung von Phenolharzen - Ausbeuten

Ausbeuten (Gew.-%)	**Gew.-%**
C_1 - C_4-Gase	3
Destillatöl (C_{5+} - 325° C)	51
Bildungswasser	34
Hydrierrückstand	24

Bei der Hydrierung von PVC liegt die Ausbeute wegen des hohen Chlor-Anteils weit unter 50 %, überwiegend in Form von C-Gasen neben erheblichen Anteilen an Koks.

Nachdem die Eignung der Hydrierung für jeden beliebigen Kunststoff nachgewiesen werden konnte, wurde der Schwerpunkt der Untersuchungen auf spezielle Anwendungsfälle gelegt wie z. B. auf Kunststoffe von Pflanzenschutzmittelbehältern, die aufgrund der migrierten Wirkstoffe für eine werkstoffliche Verwertung nicht in Frage kommen. Gleiches gilt für Kunststoffe aus dem Elektro-/Elektronik-Bereich, bei denen eine Regranulierung und Umformung aus Gründen des Arbeitsschutzes wegen der Flammschutzmittel, mit deren Materialien ausgerüstet sind, als problematisch angesehen wird.

Nach Voruntersuchungen an den Reinsubstanzen unter Hydrierbedingungen, die den vollständigen Abbau bestätigen, wurden mit den kontaminierten Kunststoffen Hydrierversuche in einer kontinuierlichen Technikumsanlage mit 150 kg/d durchgeführt. Die analytischen Begleituntersuchungen bestätigen in allen Fällen eine Zerstörung der Schadstoffe.

Einschränkungen bezüglich der Hydrierbarkeit müssen lediglich bei Fluor-Kunststoffen und bei glasfaserverstärkten Platinen oder sonstigen glasarmierten Materialien gemacht werden.

Die Fluorkunststoffe sind zwar grundsätzlich hydrierbar, jedoch führt die entstehende Flußsäure zu Korrosionsproblemen, die im Hochdruckbereich nur unter unvertretbar hohem Aufwand lösbar sind.

Die GFK-Materialien, die bis zu ca. 80 % aus Glasfaser bestehen, überwiegen - neben technischen Problemen, die jedoch lösbar sind - wirtschaftliche Nachteile, da der Ölgewinn gering ist und zusätzlich Öl beim Ausschleusen der Inertstoffe aus dem Prozeß verloren geht.

15.3 Entwicklungen in der Kohleöl-Anlage Bottrop

Die Kohleöl-Anlage Bottop wurde von 1979 bis 1981 zur Demonstration des von Ruhrkohle AG und VEBA OEL AG weiterentwickelten Verfahrens zur Kohlehydrierung errichtet. Nach erfolgreichem Abschluß eines 5 1/2jährigen Kohlebetriebes wurde die Anlage auf die Verarbeitung von Vakuumrückstand aus Erdöl (VCC-Verfahren) umgestellt und im Januar 1988 wieder in Betrieb genommen. Ab Januar 1989 wurden dann zusätzlich industrielle Reststoffe verarbeitet [2]. Im April 1991 wurde, nach einem 8monatigen Versuchsbetrieb mit PCB-haltigen Ölen, die Genehmigung für die dauerhafte Verwertung dieser Stoffe erteilt.

Insgesamt hat die Kohleöl-Anlage in 35.000 h aus 600.000 t Vakuumrückstand, 35.000 t Sondereinsatzstoffen, 7.500 t PCB und 5.000 t Altkunststoffen ca. 500.000 t Syncrude erzeugt.

Die Hydrierung von Altkunststoffen in der Kohleöl-Anlage Bottrop wurde in mehreren Stufen realisiert (Abbildung 15.4).

Nach Versuchen im Labor- und Technikumsmaßstab bei VEBA OEL AG und bei der Gesellschaft für Forschung und Prüfung mbH (DMT) wurde im Februar 1992 ein Vorversuch in der Kohleöl-Anlage Bottrop mit 5 t PE/PP-Produktionsabfällen durchgeführt. Dazu wurde der Kunststoff als Staub dem Vakuumrückstand zugemischt und gemeinsam mit diesem hydriert.

Der positive Ausgang des Vorversuches führte dazu, im April einen Großversuch in Zusammenarbeit mit der VGK durchzuführen. Es wurden ca. 60 t gemahlene Kunststoffe (< 1 mm) über den vorhandenen „Feststoffweg“ in die Anlage eingeschleust und verarbeitet.

Trotz des relativ hohen PVC-Gehaltes von ca. 10 % (5,9 % Chlor) kam es in der Anlage zu keinen Störungen. Die erzeugten Produkte Entspannungsgas, Syncrude und Hydrierbitumen sind frei von Organochlorverbindungen.

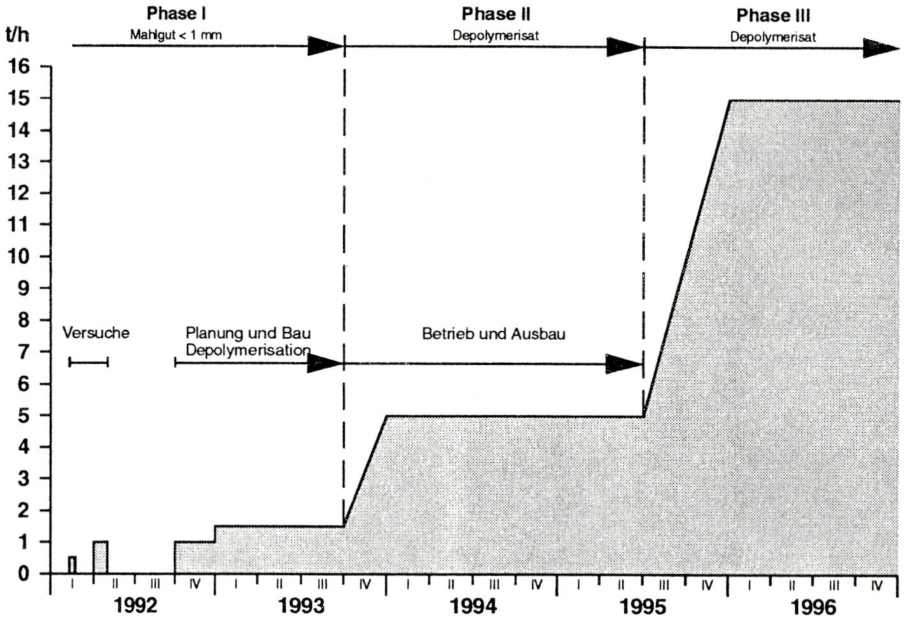

Abb. 15.4. Hydrierung von Altkunststoffen in der Kohleöl - Anlage Bottrop

Die Materialvorbereitung und der Betriebsablauf zeigten jedoch einige Schwachstellen bei der Verarbeitung fester Kunststoffe auf:

- Der Aufwand für die Erzeugung von Mahlgut ist zu hoch.
- Die Mahlleistung ist zu gering. Aus diesem Grunde konnte VGK statt der angestrebten 100 t nur 60 t bereitstellen.
- Der Durchsatz ließ sich in der Anlage nicht über 1 - 1,5 t/h steigern, weil die mit der Auflösung der Kunststoffe verbundene Viskositätssteigerung zu einer Erhöhung des Druckverlustes über der Anlage und damit zu einer Verringerung der Leistung des Wärmerückgewinnungssystems der Anlage führte. Der zusätzliche Wärmebedarf für die Aufschmelzung belastete darüber hinaus die Vorheizer der Anlage bis an ihre Grenze.

Aus diesen Gründen wurde ein geändertes Konzept verfolgt, das vorsieht, die Kunststoffe in einer Vorschaltanlage aufzuschmelzen und soweit abzubauen, daß sie sich wie normaler Vakuumrückstand verhalten. In Technikumsversuchen wurden anschließend die Planungsdaten für die Vorschaltanlage zur Depolymerisation erarbeitet [3].

Bereits während der Planungszeit wurde ab IV. Quartal 1992 die kontinuierliche Verarbeitung von ca. 1 t/h festen Kunststoffen aufgenommen, um zusätzliche Verfahrensdaten und Erfahrungen für den zukünftigen Betrieb zu erhalten.

Nach Abschluß der Bauarbeiten wurde die Depolymerisationsanlage, die mit einem finanziellen Aufwand von ca. 20 Mio. DM errichtet wurde, im September 1993 probeweise in Betrieb genommen. Bereits zum Jahresende 1993 wurde der Normdurchsatz von 5 t/h erreicht.

Zur Zeit wird die Erweiterung der Anlage auf einen Durchsatz von 15 t/h - entsprechend einer Kapazität von 120.000 t/a - geplant. Es wird davon ausgegangen, daß eine Realisierung bis Mitte 1995 erreicht werden kann.

Darüber hinaus bietet die Anlage ein Erweiterungspotential auf eine Verarbeitungskapazität von über 300.000 t/a.

15.4 Anlagen-/Verfahrensbeschreibung

Die Kohleöl-Anlage Bottrop wird im Verbund mit mehreren Anlagen betrieben, die die Versorgung mit Betriebsmitteln und Einsatzstoffen sowie die Aufarbeitung und Verwertung der Nebenprodukte sicherstellen (Abbildung 15.5).

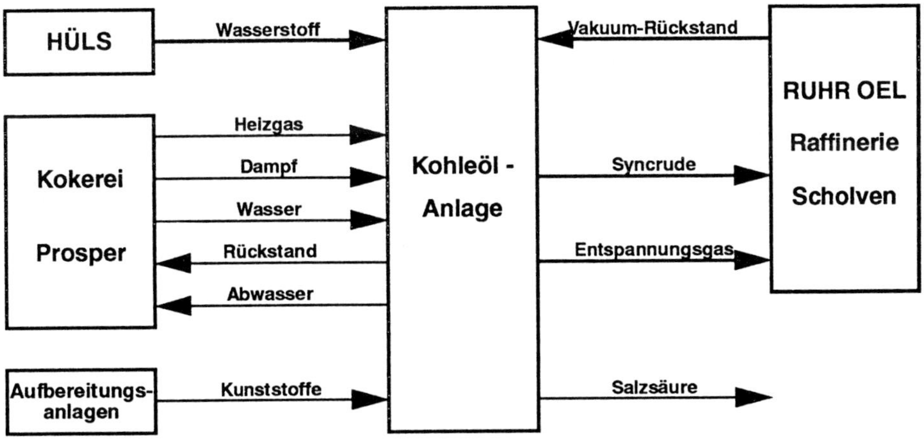

Abb. 15.5. Verwertungsverbund Kohleöl - Anlage Bottrop

Mit Ausnahme der Kunststoffe, die über Großraumsilofahrzeuge angeliefert werden und der Hydrierrückstandsabgabe per Band an die Kokereien, werden die übrigen Ströme per Pipeline bzw. Rohrleitung transportiert.

Der Altkunststoff wird in dem Depolymerisationsreaktor aufgeschmolzen und vorabgebaut. Dabei wird das bei der Spaltung von PVC anfallende HCl-Gas gemeinsam mit leichten Spaltprodukten über Kopf abgezogen. Die Salzsäure wird mittels Wasserwäsche entfernt und als wäßrige Salzsäure zur Weiterverwendung abgegeben.

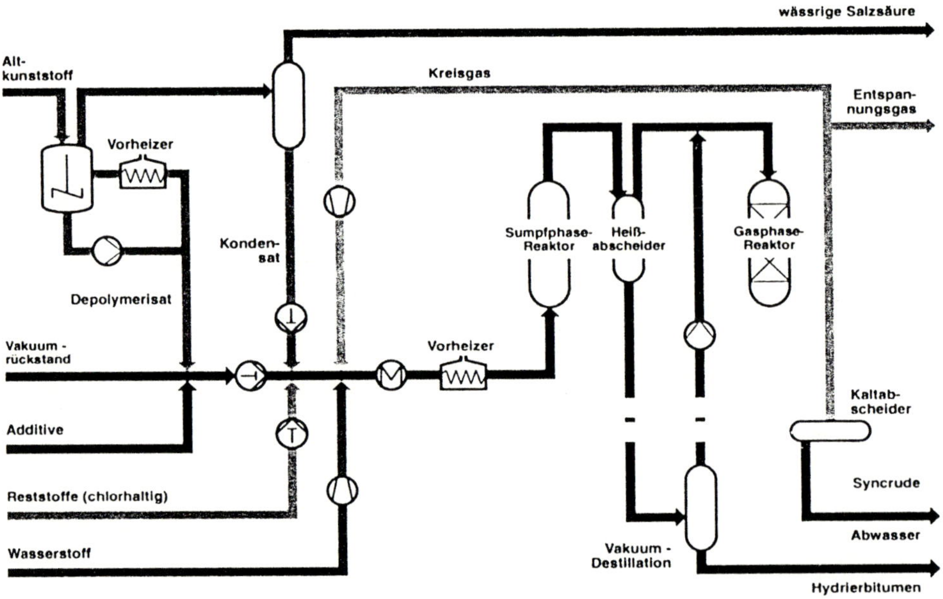

Abb. 15.6. Vereinfachtes Verfahrensfließbild der Kohleöl - Anlage Bottrop

Das Kunststoff-Depolymerisat wird gemeinsam mit dem Vakuumrückstand und Additiven über Hochdruckpumpen in den Prozeß eingespeist. Das Kondensat und die mitzuverarbeitenden Reststoffe werden über eigene Hochdruckpumpen zugespeist. Nach Zugabe von Hydriergas (Wasserstoff + Kreislaufgas) wird der Einsatzstrom zunächst durch Wärmetauscher vorgewärmt und anschließend in einem Vorheizer auf Anspringtemperatur aufgeheizt.

In den Sumpfphasenreaktoren läuft der eigentliche Hydrierprozeß unter Wärmeerzeugung ab. Die Reaktionstemperatur wird durch Kaltgasquench in mehreren Ebenen geregelt.

Die erzeugten - zunächst dampfförmigen Produkte - gelangen in den Heißabscheider, in dem nicht umgesetztes Material abgetrennt wird. Aus diesem werden in einer Vakuumdestillation noch restliche Ölbestandteile zurückgewonnen. Übrig bleibt Hydrierbitumen, das auf einem Kühlband verfestigt wird.

Der dampfförmige Produktstrom wird gemeinsam mit dem Ölstrom aus der Vakuumdestillation in einem Gasphasenreaktor raffiniert. Bei dieser Behandlung werden die noch verbliebenen Heteroatome (Sauerstoff, Schwefel, Stickstoff und ggf. auch Chlor) abgespalten. Nach Abkühlung und Abtrennung von Wasser und Gasen wird das Syncrude erhalten, das nach Stabilisierung als hochwertiges Zwischenprodukt in der Raffinerie eingesetzt wird.

15.5 Ergebnisse

Die gemeinsame Verarbeitung von Altkunststoffen aus DSD-Sammlungen mit Vakuumrückstand im Verhältnis 1 : 3 beeinflußt die Syncrude-Ausbeute insgesamt nicht. So wird nach wie vor Syncrude mit einer Ausbeute von > 80 % erzeugt (Abbildung 15.7), das aus den Einzelfraktionen Leichtöl (34 %) und Vakuumgasöl (24 %) besteht. Durch die Mitverarbeitung tritt jedoch eine Erhöhung der Leichtölausbeute ein. Dieser Effekt ist durchaus erwünscht, da die Leichtölfraktion die Ressource für Chemierohstoffe darstellt. Durch Verschärfung der Betriebsbedingungen des Depolymerisationsreaktors kann die Ausbeute noch weiter in Richtung Leichtsieder verschoben werden, allerdings muß dann eine erhöhte Gasbildung in Kauf genommen werden.

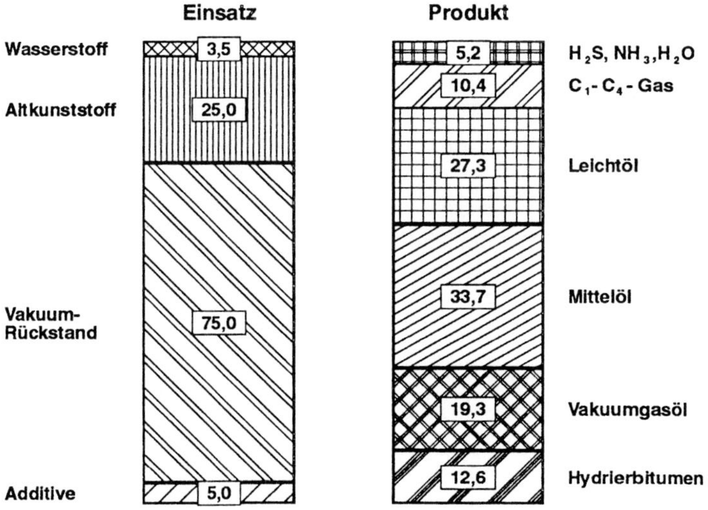

Abb. 15.7. Produktausbeuten

Die analytische Überwachung der Produktströme bestätigt den vollständigen Abbau chlororganischer Verbindungen in der Hydrierung. Das erzeugte Syncrude erfüllt somit die Eingangsspezifikation der Raffinerie bezüglich des Chlorgehalts von < 1 ppm.

Im Dauerbetrieb konnte somit bestätigt werden, daß die Hydrierung großtechnisch in der Lage ist, Altkunststoffe mit hohen Ausbeuten in wertvolle Rohstoffe umzuwandeln.

So resultiert nach einem Auftrag der TÜV-ARGE-DSD gegebenen Gutachten [4] für die gemeinsame Hydrierung von Altkunststoffen / Vakuumrückstand ein thermischer Wirkungsgrad von ca. 86 % (Abbildung 15.8).

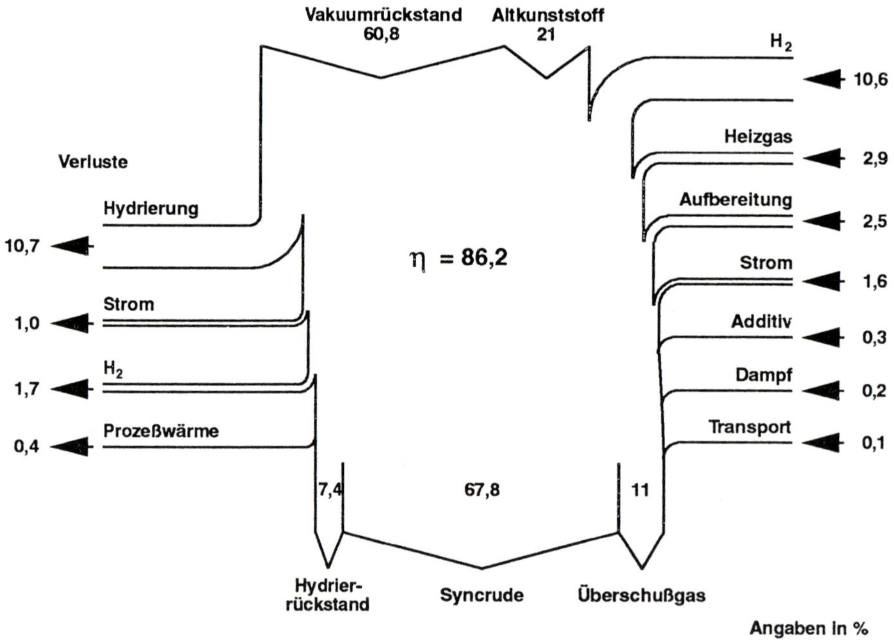

Abb. 15.8. Thermischer Wirkungsgrad

Der ermittelte Wirkungsgrad berücksichtigt den Energieaufwand vom „Gelben Ballen" bis zum Syncrude, d. h. er umfaßt die Verfahrensschritte Aufbereitung - Transport - Betriebsmittelerzeugung - Hydrierung.

Ein Vergleich mit den Wirkungsgraden von Pyrolyse [5] und Vergasung [4] weist für den 1. Verfahrensschritt Vorteile für die Hydrierung von 6 bzw. 10 Punkten auf (Abbildung 15.9).

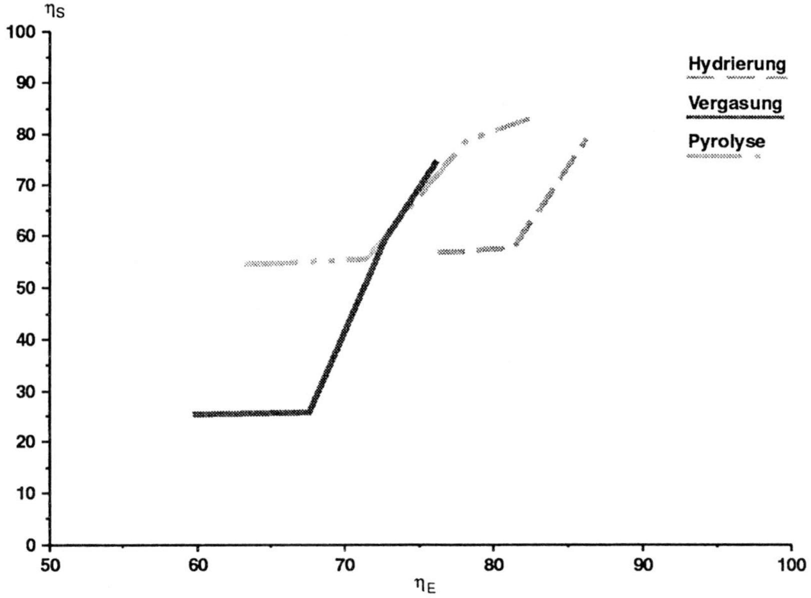

Abb. 15.9. Verfahrensvergleich

Einschränkend muß gesagt werden, daß ein direkter Vergleich der Wirkungsgrade nicht sinnvoll ist, da nur Hydrierung und Pyrolyse in dieser Stufe vergleichbare Produkte (Gas + Öle) liefern, bei der Vergasung jedoch lediglich Synthesegas erzeugt wird. Werden die 3 Verfahrenslinien bis zum Rohstoff Olefine fortgeführt, so ergeben sich folgende thermische Wirkungsgrade:

- Hydrierung: 81,3 %,
- Pyrolyse: 71,5 %,
- Vergasung: 67,6 %.

Damit verbessert sich der Vorteil für die Hydrierung weiter, während der Abstand zwischen Pyrolyse und Hydrierung praktisch gleich bleibt.

Wird jedoch die Betrachtung auf einen Vergleich der stofflichen Wirkungsgrade (erzeugte Olefinmenge bezogen auf Altkunststoffmenge) ausgedehnt, so resultieren für Hydrierung und Pyrolyse Rohstoffrückgewinnungsgrade, die den der Vergasung um mehr als das doppelte übersteigt, mit geringen Vorteilen für die Hydrierung.

Diese Überlegungen haben die Kohleöl-Anlage Bottrop GmbH und die Gesellschafter veranlaßt, einen weiteren Ausbau der Anlage auf 120.000 t/a zu planen und DKR ein entsprechendes Angebot vorzulegen.

Die Planungen sehen vor, jährlich 120.000 t Altkunststoffe zu verwerten. Dabei wird die Depolymerisationsanlage als Vorschaltanlage betrieben (Abbildung 15.10).

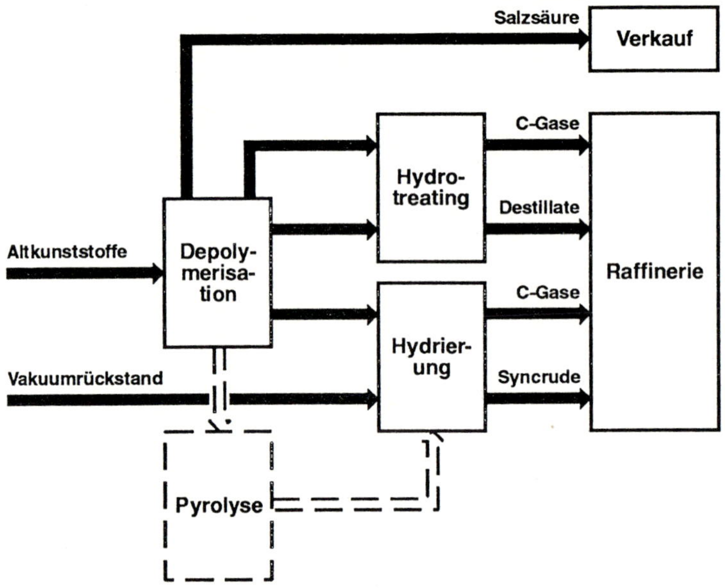

Abb. 15.10. Verarbeitungskonzept

Die Altkunststoffe werden in der Vorschaltstufe in Gas, Kondensat und Depolymerisat gespalten. Die entstehende Salzsäure wird abgetrennt und zur Wiederverwertung abgegeben. Da die 3 Produktströme noch nicht frei von Organochlorverbindungen sind, müssen sie hydriert und raffineriert werden. Das Depolymerisat wird wie bisher gemeinsam mit Vakuumrückstand in der Hydrieranlage verarbeitet. Das Gas und das Kondensat werden in einem separaten vorhandenen Gasphasenreaktor (Hydrotreater) raffiniert. Die Produktströme aus beiden Anlagen sind organochlorfrei und werden in der Raffinerie zu Chemierohstoffen und Treibstoffen aufgearbeitet.

Zusammenfassend resultieren für die hydrierende Verwertung von Altkunststoffen und für die Kohleöl-Anlage Bottrop eine Reihe von Vorteilen gegenüber alternativen Verwertungslinien.

Zusammenfassend resultieren für die hydrierende Verwertung von Altkunststoffen und für die Kohleöl-Anlage Bottrop eine Reihe von Vorteilen gegenüber alternativen Verwertungslinien.

Im einzelnen sind zu nennen:

- Sortenreinheit wie für direktes Recycling nicht erforderlich.
- Hoher thermischer Wirkungsgrad.
- Hohe Ausbeute an synthetischem Rohöl.
- Direkte Verwendung der Konversionsprodukte in der Raffinerie der Ruhroel GmbH.
- Keine Akzeptanzprobleme gegenüber „second hand" Kunststoffen, da ausschließlich Rohstoffe zurückgewonnen werden.
- Erfahrung mit Depolymerisation und Hydrierung.
- Verarbeitungskapazität von 40.000 t/a steht bereits heute zur Verfügung und wird genutzt.
- Erweiterung auf 120.000 t/a im Rahmen der bestehenden BImSchG-Genehmigung kurzfristig möglich.

15.6 Literatur

[1] Prof. Dr. Bernd Wurster: Abbau industrieller Schadstoffe, Verlag TÜV Rheinland, ISBN 3-8249-0124-2.

[2] Dr. rer. nat. K. Niemann; Dr.-Ing. K. D. Dohms: Hydrierende Verwertung industrieller Reststoffe in der Kohleöl - Anlage Bottrop, VDI Jahrbuch 1993.

[3] Dr. R. Holighaus: Rohstoffliche Verwertung von Altkunststoffen, Hydrierung / Pyrolyse / Vergasung, Forum Kunststoff - Recycling, TÜV Rheinland.

[4] Prof. Dr.-Ing. habil. F. Ebert: Energetische Bewertung von Verfahren zur rohstofflichen Verwertung von Altkunststoffen, Gutachten im Auftrag der TÜV - ARGE - DSD.

[5] Interne Planungsdaten Ruhrkohle Oel und Gas GmbH.

16 Thermische Verwertung von Altreifen - derzeitiger Stand und zukünftige Entwicklung

16.1 Einleitung

In der Bundesrepublik Deutschland fallen pro Jahr etwa 1 Million Tonnen Altgummi an, von denen mehr als die Hälfte, etwa 600.000 Tonnen, in Form von Reifen eine weitgehend homogene Gesamtheit darstellen.

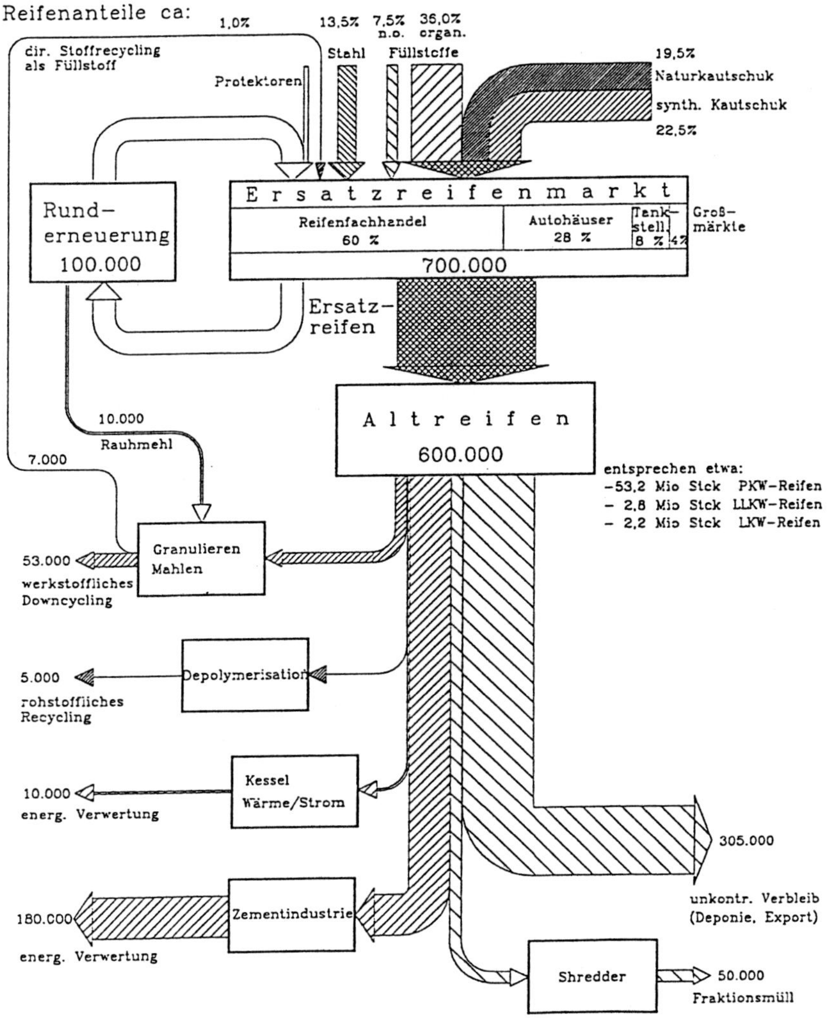

Abb. 16.1. Ersatzreifenmarkt und Altreifenverbleib in der BRD 1993

Die BRD hat mit der Heute schon zum erheblichen Teil auf die Verbrennung von Altreifen eingerichteten Zementindustrie eine hervorragende Infrastruktur zur Bewältigung der Entsorgungsaufgabe, zumal die Beseitigung und die Verwertung bzw. der Verbleib der Altreifen mittlerweile im öffentlichen Interesse steht. Tabelle 16.1 gibt einen Überblick über das Altreifenaufkommen in Europa.

Tabelle 16.1. Altreifenaufkommen in Europa

country	tonnes	year
Germany	600.000	(1990) CECRA
France	362.000	(1989) BLIC
United Kingdom	292.000	(1987) RAPRA
Italy	320.000	(1989) BLIC
Netherlands	65.000	(1986) RIVM
Belgium	70.600	(1989) CLEDIPA
Denmark	26.200	(1986) GENAN
Ireland	19.000	(1990) ENV. IRL
Spain	139.000	(1988) SEDICA
Greece	27.000	(1988) SEDICA
Portugal	30.000	(1988) SEDICA
Luxembourg	4.000 estimation	
Total EC	1.955.000	

Gummi für Reifen ist chemisch sehr einheitlich aufgebaut - auch über den Wettbewerb hinweg - die chemische Elementaranalyse von Reifen zeigt weltweit nur geringe Schwankungen bei verschiedenen Fabrikaten.

Tabelle 16.2. Durchschnittsanalyse - Kenndaten der Reifen

	PKW-Reifen			**LKW-Reifen**		
	von	bis	durchschn.	von	bis	durchschn.
Stückgewicht (kg)			7			60
Abmessungen						
Äußerer Durchmesser (mm)		850	520		1600	1070
Innerer Durchmesser (mm)			300			550
Breite (mm)			140			300
Analyse Gew. %						
C	70,0	83,00	76,50			
H	5,0	7,50	6,80			
O	5,0	3,80	4,73			
N	0,3	0,50	0,40			
S	1,2	1,80	1,50	siehe links		
CI	0,06	0,08	0,07			
ZnO	1,2	2,70	2,50			
Fe	5,0	15,00	5,00			
Asche	2,0	3,00	2,50			
Unterer Heizwert kJ/kg			31,500			

16.2 Thermische Verwertung von Altreifen

Die Ganzreifenverbrennungstechnologie zur Energieerzeugung ist seit langem erprobt. Bereits 1973 wurde bei GUMMI-MEYER in Landau die erste Altreifenverbrennungsanlage in Betrieb gesetzt. 1983 folgte dann die zweite Anlage mit etwa doppelter Verbrennungsleistung.

Seitdem benutzt GUMMI-MEYER unzerteilte Altreifen als Primärbrennstoff und produziert Prozeßdampf sowie elektrische Energie.

Beide Anlagen wurden mit STANDARDKESSELN und LAMBION Vorschubrostfeuerungen ausgerüstet.

Die Investitionen für beide Anlagen waren in kürzester Zeit durch die Einsparungen im Energie- und Wärmebezug durch die Eigenerzeugung von Prozeßdampf und Strom amortisiert.

Anlagen mit dieser relativ kleinen Verbrennungsleistung lassen sich heute aufgrund der hohen Investitionen wirtschaftlich nicht darstellen.

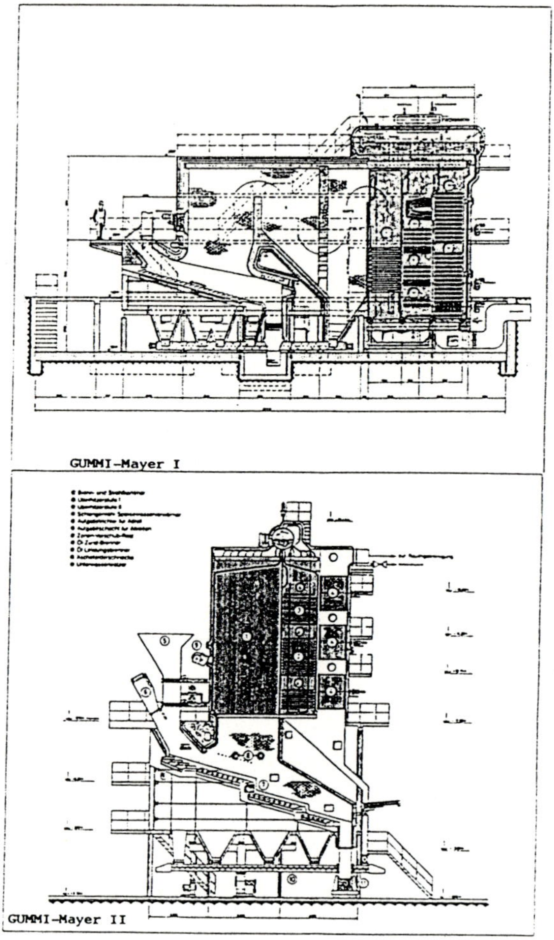

Abb. 16.2. Anlagen 1 + 2, GUMMI - MEYER, Landau

Die Anlage GM 1 besteht aus dem Verbrennungsrost, dem gemauerten Rauchgaszug und einem Abhitzekessel. Die Altreifenaufgabe erfolgt manuell durch eine Doppelklappenschurre (ca. 120 bis 140 Stück Altreifen / Stunde).

Bei der Anlage GM 2 wurde der gemauerte Rauchgaszug verlassen und ein konventioneller Wasserrohrkessel oberhalb des Rostes angeordnet.

Diese Anlage wird halbautomatisch beschickt, d. h. ebenerdig, manuelle Bereitstellung der Altreifenmenge (170 bis 200 Stück Altreifen / Stunde), mechanischer Transport zur Aufgabenebene des Verbrennungsrostes, Eintrag in die Feuerung durch eine Doppelklappenschleuse. Die Rauchgase beider Anlagen werden in ei-

Tabelle 16.3. Auflistung der Altreifenverbrennungsanlagen - Technische Daten

INSTALLATION		GM 1	GM 2	REIFEN IHLE	MODESTO CA	STERLING CT
YEAR OF COMMISSIONING		1973	1983	1979	1987	1991
KIND OF BOILER		WHRB	WT	ST	WT	WT
NO OF BOILERS		1	1	1	2	2
ALL FOLLOWING DATA PER INCINERATOR / BOILER						
MCR BOILER	T/HR	8	12	5	30	54
S.H. STEAM PRESSURE	BAR	59	56	10	67	79
S.H. STEAM TEMPERATURE	°C	510	490	SAT	500	500
FEEDWATER TEMPERATURE	°C	104	104	105	152	150
BOILER EFFICIENCY (DIN 1942)	%	80	82	78	84	84
EL. OUTPUT	MWnet	- 2 -		PROC. STEAM	14	26
IGN & AUX FUEL		# 2 OIL		# 2 OIL	N GAS	N GAS
GRATE LANES		1	1	1	2	3
GRATE ZONES		3	4	3	4	4
GRATE LENGTH	M	5,7	8,8	4,5	8,95	8,2
GRATE WIDTH	M	1,8	2,1	1,5	2 x 1,95	3 x 2,6
GRATE AREA	M2	10,3	18,5	6,75	35	64
AIR ZONES		3	4	3	5	5
FUEL FLOW (WHOLE TIRES)	KG/HR	1.000	1.400	490	3.200	5.950
(SHREDDED TIRES)	KG/HR					max. 1,200

nem Elektrofilter abgereinigt und verlassen die Anlage durch einen gemeinsamen Kamin.

Basierend auf den Erfahrungen beim Bau und Betrieb dieser Anlagen wurden die Altreifenverbrennungskraftwerke MODESTO und STERLING in USA konzipiert. Beide Altreifenkraftwerke bestehen aus je zwei Verbrennungsstraßen / Kesselanlagen, in der unzerkleinerte Altreifen verbrannt werden.

Die Reifen werden über Förderanlagen zugeführt und auf einem hydraulisch angetriebenen Vorschubrost verbrannt.

Die dabei entstehenden heißen Rauchgase strömen durch das Rohrsystem des Kessels und geben ihre Wärme ab. Der hierbei erzeugte hochgespannte Heißdampf wird in einer Kondensationsturbine entspannt.

Die Turbine treibt über ein Getriebe den Generator und erzeugt elektrische Energie, die ins öffentliche Netz eingespeist wird.

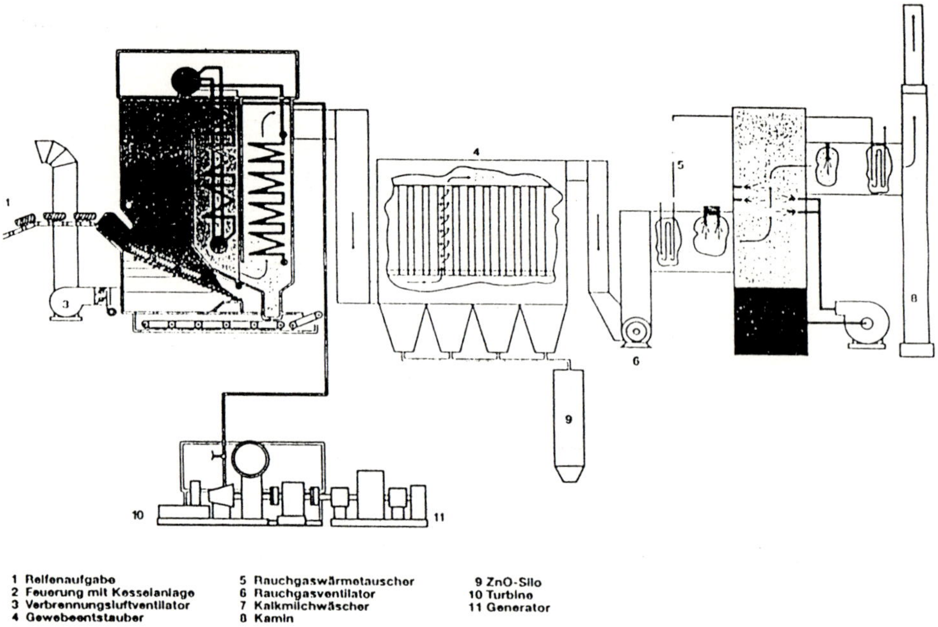

Abb. 16.3. Anlagenschema

In den Seitenwänden des Rostgehäuses befinden sich die Zündbrenner für den Start der Anlage, die nach Erreichen der erforderlichen Temperatur für die Aufgabe der Reifen abgeschaltet werden.

Zusätzliche Vollastbrenner wurden im oberen Feuerraum angebaut, die bei eventuellen Störungen im Reifenzuführungssystem die nötige Feuerleistung bereitstellen und somit die Anlage nicht abgeschaltet werden muß.

Die beiden Altreifenkraftwerke in USA unterscheiden sich nur in ihrer Verbrennungsleistung,

- MODESTO, CA - ca. 5 Mio. Altreifen/Jahr, 2 x 30 t/h Dampf, ca. 14 MWel,
- STERLING, CA - ca. 10 Mio. Altreifen/Jahr, 2 x 54 t/h Dampf, ca. 26 MWel.

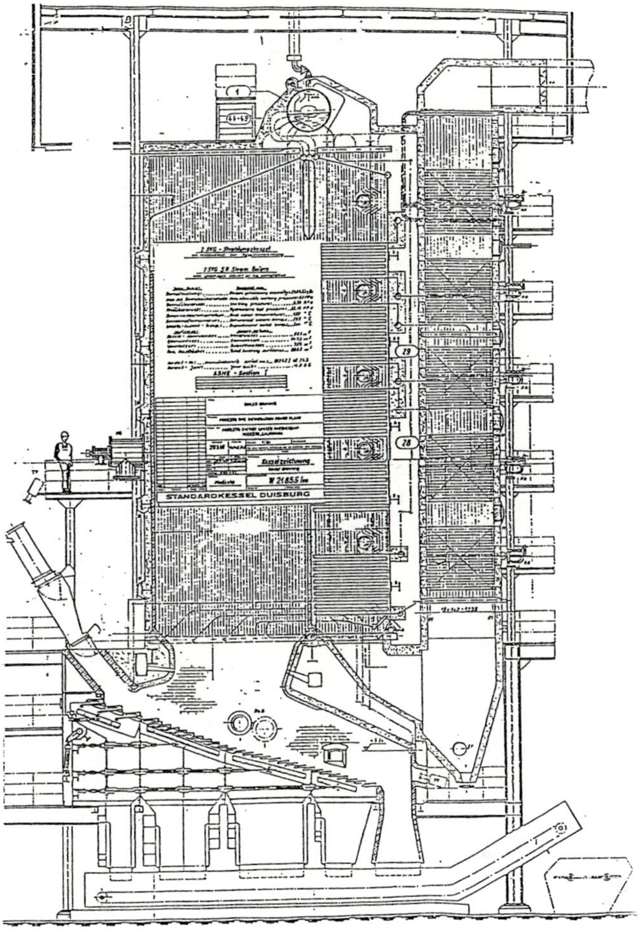

Abb. 16.4. Kesselschnittbild MODESTO

In der Anlage MODESTO werden nur Ganzreifen verbrannt. An der Anlage STERLING wurde die Möglichkeit vorgesehen, bis zu einer anteiligen Leistung von 20 % Reifenschnitzel zu verbrennen. Diese werden auf dem Betriebsgelände in einem mobilen Shredder hergestellt. Hierbei handelt es sich um Altreifen, die vom Fördersystem nicht akzeptiert und abgeworfen werden, d. h. Reifen mit Übergröße, deformierte Reifen oder Reifen die sich noch auf Felgen befinden. Für diese Schnitzel wurde eine separate Aufgabeschurre am Rost vorgesehen.

Die den Kesselanlagen nachgeschalteten Rauchgasreinigungsanlagen sind bei beiden Anlagen einstraßig und bestehen im wesentlichen aus einer Filteranlage für die Flugstaubabscheidung und einem Naßwäscher zur Entschwefelung.

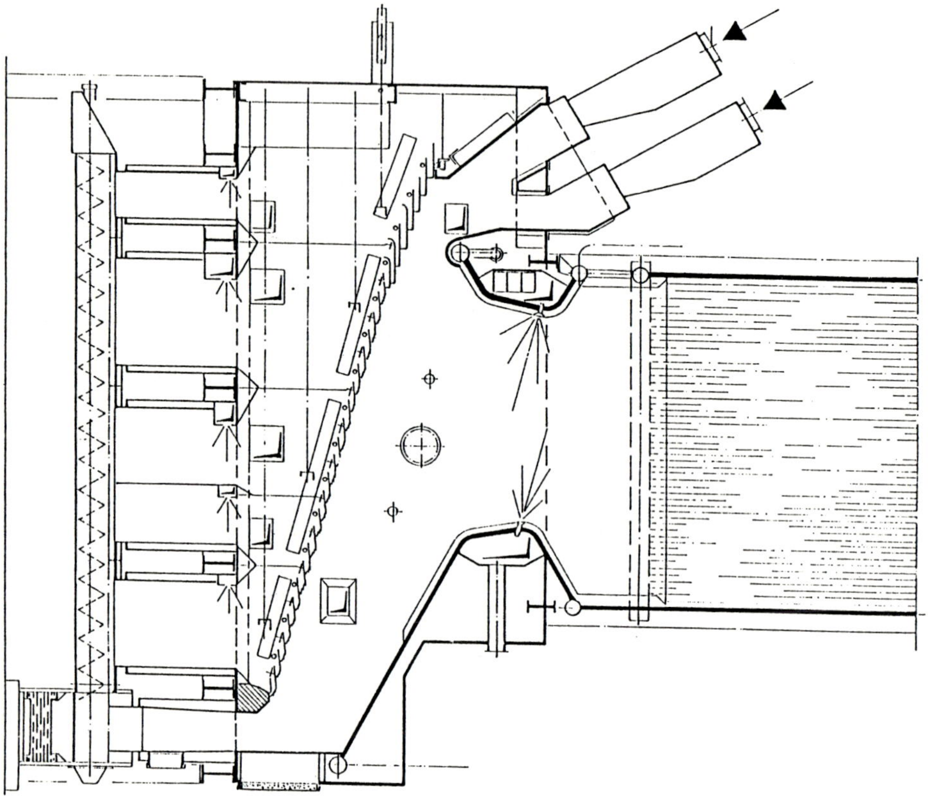

Abb. 16.5. Kesselschnitt STERLING

Für die Entstickung wurde eine Eindüsung im oberen Strahlraum der Kessel eingebaut.

In Tabelle 16.4 sind die Anlagengenehmigungswerte und Meßwerte aufgelistet und als Vergleich hierzu die Tagesmittelwerte der 17. BImSchV.

Die Meßwerte zeigen deutlich, daß die behördlichen Auflagen an beiden Anlagen sicher eingehalten werden.

Die Anlagen sind für Grundlastbetrieb ausgelegt. Kein Zusatzbrennstoff, außer für den Start der Anlage, wird benötigt. Beide Anlagen werden „abwasserfrei" betrieben, d. h. alle Betriebswässer werden aufbereitet und im Kreislauf gefahren.

Tabelle 16.4. Emissionswerte - MODESTO / STERLING

	Modesto Genehmigungs-werte	Modesto gemessene Werte	Exeter, Sterling Genehmigungs-werte	Exeter, Sterling gemessene Werte	17. BImSchV
Staub	23	5,2	28	5,13	10
$SO_2(SO_2 + SO_3)$	50	16,6	103	73,43	50
$NO_2(NO + NO_2)$	101	68,4	114	89,3	200
CO	71	44,7	157	39,7	50
anorg. CL (HCI)	*	4,3	64	1,28	10
anorg. F (HF)	*	*	*	*	1
org. Stoffe (C)	22	0,1	15	< 0,48	10
Dioxine + Furane		0,0085ng/m³	0,09ng/m³	0,000246ng/m³	0,1ng/m³
Cd		0,00036		0,00011	0,05
Tl		*		*	
Hg		< 0,0000065		0,00000604	0,05
Sb		*		*	0,5
As		0,00053		0,00018	
Pb		0,0053		0,00049	
Cr		0,00023		0,00073	
Co		*		*	
Cu		0,003		0,00059	
Mn		*		*	
Ni		*		0,00092	
V		*		*	
Sn		*		*	
Zn		1,6		0,0227	

*= keine Meßwerte vorhanden

Bei der Verbrennung von Altreifen fallen drei verschiedene Reststoffe an:

- ROSTASCHE - die am Ende des Verbrennungsrostes anfallende Asche beinhaltet den hochwertigen Stahl aus den Einlagen der Altreifen. Sie kann metallurgisch aufbereitet und bei der Eisen- und Stahlherstellung eingesetzt werden.

- FLUGSTAUB - der im Rauchgasfilter abgeschiedene zinkhaltige Flugstaub kann ebenfalls metallurgisch aufbereitet und in der Zink- oder Farbindustrie als Rohstoff wieder eingesetzt werden.
- GIPS - der bei der Rauchgaswäsche in geringen Mengen anfallende Gips läßt sich in der Baustoffindustrie problemlos einsetzen.

Tabelle 16.5. Reststoffe der Reifenverbrennungsanlage MODESTO

	Eco Ash	Fly Ash	Gummi Mayer Filter-asche		Bottom Ash	Gummi Mayer 1	Gummi Mayer 2		Gypsum	Forde-rung der Gips-Indus-trie
Zn %	25,6	23,5	41,4	Fe %	66,4	67,5	78,7	H_2O %	18,4	< 10
Fe %	17	13,1	4,4	C %	2,2	0,05	0,21	MgO %	0,22	< 0,1
C %	3,2	21,7	32,3	Al %	0,92	0,09	0,23	Na_2O %	0,20	< 0,06
SiO_2 %	9,3	10,7	6,9	Na %	0,12	0,6	0,57	SO_2 %	2,9	< 0,25
Al %	1,7	1,9	0,4	Zn %	0,23	0,0037	0,13	Ca %	27,5	> 22,1
Pb %	0,15	0,08	0,2	Mn %	0,35	0,37	0,25	Cd ppm	< 1	
Cu %	0,10	0,07	0,4	Cr %	0,04	0,69	0,055	Ci ppm	390	< 100
Na %	0,67	0,56	< 0,01	Pb %	0,01	<0,001	0,001	Hg ppm	< 1	
As ppm	125	77	151	As ppm	19	16	2	As-ppm	1,1	
Cd ppm	98	45	438	Cd ppm	< 1	< 10	< 10	Se ppm	< 1	
Hg ppm	< 1	< 1		Hg ppm	< 1					

Inzwischen sind auch in der BRD Altreifenkraftwerke in der Planungsphase, insgesamt mit einer Verbrennungsleistung von etwa 250.000 t Altreifen pro Jahr.

Tabelle 16.6. Projektliste

INSTALLATION		MOAPA NV	(ALTERN)	CHEWTON GLEN,IL	SACHTLEBEN	(ALTERN.)	DUNLOP	BITTERFELD
YEAR OF COMMISSIONING		PROJ.	PROJ.	PROJ.	PROJ.	PROJ.	PROJ.	PROJ.
KING OF BOILER		WT	WT	WT	WT	WT	WT	WT
NO OF BOILER		3	2	1	1	1	1	2
All following Data per Inc./Boiler								
MCR BOILER	T/HR	68	106,5	80	55	100	30	75
S.H.STEAM PRESSURE	BAR	105	105	105	93	93	67	96
S.H.STEAM TEMPERATURE	°C	515	515	512	535	535	500	530
FEEDWATER TEMPERATURE	°C	130	175	143	104	104	105	105
BOILER EFFICIENCY (DIN 1942)	%	85	88,5	88	87,5	87,5	88	88
EL. OUTPUT; Plant	MW net	45	50	20	15	25	7,7	33
IGN & AUX FUEL		# 2 OIL	N GAS	N GAS	# 2 OIL	# 2 OIL	N GAS	N GAS
GRATE LANES		4	2 x 4	4	3	4	2	3
GRATE ZONES		4	2 x 4	4	4	4	4	4
GRATE LENGTH	M	8,75	2 x 8,2	8,2	8,2	8,2	8,2	8,2
GRATE WIDTH	M	4 x 2,15	2x4x2,0	4 x 1,85	3 x 2,65	4 x 2,6	2 x 2,0	3 x 2,6
GRATE AREA	M2	75	2 x 64	62	65	86,5	35,7	62,5
AIR ZONES		5	2 x 5	5	5	5	5	5
FUEL FLOW (WHOLE TIRES)	KG/HR	7.210	10.165		64.400	11.670	3.280	
(SHREDDED TIRES)	KG/HR			7.510				8.600

17 Verwertung von Starterbatterien mit Hilfe der Hochtemperatur-Sauerstoff-Verbrennung

17.1 Einleitung und Überblick

Die Anwendung von reinem Sauerstoff für thermische Prozesse ist in der Metallurgie bereits weit verbreitet. Stahlerzeugung ohne Sauerstoffanwendung ist heute weltweit schon nicht mehr vorstellbar. Größere Sauerstoffverbraucher sind an Sauerstoffpipelines angeschlossen.

Auch in der NE-Metallindustrie wird Sauerstoff immer mehr angewendet. Sei es für die Sauerstoffanreicherung von Gebläsewind bei Schachtöfen oder die Verwendung von Brennstoff-Sauerstoff - Brennern für Schmelzvorgänge.

Die Anwendung von Sauerstoff bei der Gewinnung von NE-Metallen ist von Paschen [1] zusammenfassend dargestellt worden.
Über den Betrieb von Flammöfen mit Sauerstoff angereicherter Verbrennungsluft ist insbesondere im Rahmen der Fachausschüsse der GDMB schon öfter berichtet worden z. B. von Deininger [2].
Lamm [3] hat über die Anwendung von Sauerstoffbrennern im Kurztrommelofen beim Einschmelzen von Akkuschrott, d. h. der metallischen und metallhaltigen Fraktion von Akkubatterien nach Entfernung der Kunststoffanteile, referiert.

Anfänglich stand bei vielen dieser Verfahren die mögliche Brennstoffeinsparung im Vordergrund, die die Anwendung des verhältnismäßig teuren Sauerstoffs interessant erscheinen ließ. Mehr und mehr sind es aber heutzutage verfahrenstechnische Vorteile, die die Anwendung rechtfertigen.

So wurde bereits in den 80er Jahren in der Metallhütte Schumacher ein Verfahren entwickelt, welches die neuen Blei-Starterbatterietypen ökonomischer und ökologischer aufarbeiten läßt.

Starterbatterien früherer Generationen wurden aus hoch antimonhaltigem Gittermetall, einer antimonfreien Feinbleipaste (Oxyde) und Kunststoffe wie PVC, Ebonit und Bakelit hergestellt. Somit waren Verfahren erforderlich, Batterien so aufzuarbeiten, daß die einzelnen Fraktionen getrennt weiterverarbeitet werden konnten [4].

Mit Ausnahme des Vartaverfahrens werden bei allen anderen Verfahren die bleihaltigen Vorstoffe der Batterien im Trommelofen reduzierend eingeschmolzen.

In Deutschland gab es im Jahre 1993 etwa 31 Millionen Kraftfahrzeuge und 3,5 Millionen LKW`s. Rechnet man mit einer durchschnittlichen Lebensdauer der Autobatterie von 3,5 Jahren, einem Batteriegewicht von 15 kg, dann fallen jährlich

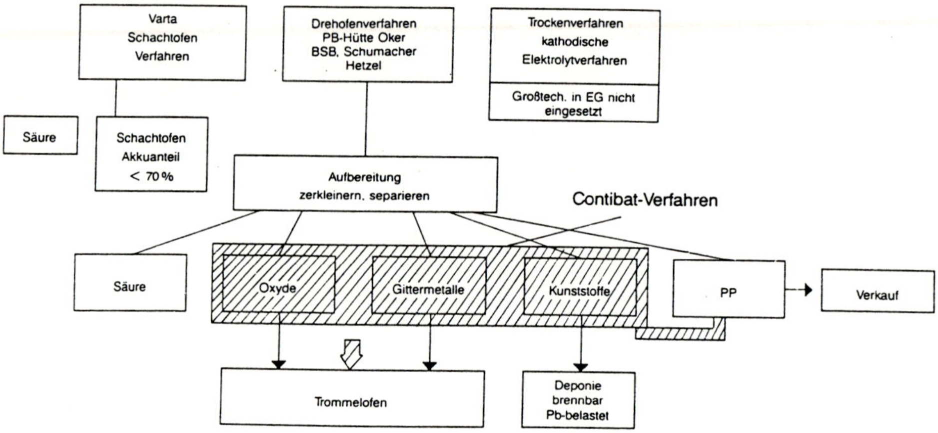

Abb. 17.1. Verfahren zur Aufbereitung von Alt - Akkus

ca. 150.000 t Altbatterien an. Bei ca. 55 % gewinnbarem Blei-Inhalt können daraus ca. 90.000 t Blei pro Jahr erzeugt werden.

Durch die Wiederaufbereitung wird diese Bleimenge im Kreislauf gehalten und belastet daher nicht die Umwelt.

Alte verbrauchte Starterbatterien enthalten etwa 18 % Säure, 16 % PP, 2 % PE / /PVC, der Rest (64 %) sind Blei und Bleiverbindungen. Sie werden überwiegend einer mechanischen Aufbereitung unterzogen [5], bevor sie thermisch aufgearbeitet werden.

Alle bisherigen Aufbereitungsverfahren haben gemeinsam:

- Oxide und Gittermetall werden getrennt gewonnen,
- Kunststoff fällt in zwei bzw. drei Fraktionen an,
- Polypropylen wird einer Wiederverwendung zugeführt, wobei die Aufbereitung des zurückgewonnenen Polypropylens zu einer verkaufsfähigen Ware in einer besonderen Anlage durchgeführt wird.

Nachteil dieser Anlagen sind:

- Durch hohe Investitionskosten ist ein Durchsatz von mindestens 40.000 J/t nötig, um wirtschaftlich zu arbeiten,
- Alle Kunststoffe, außer PP, werden als Abfall deponiert.

17.2 Verfahrensbeschreibung

Über Starterbatterien, die im Trommelofen nach dem Contibat-Verfahren mit Hilfe der Hochtemperatur-Sauerstoffverbrennung verarbeitet werden, soll nun berichtet werden.

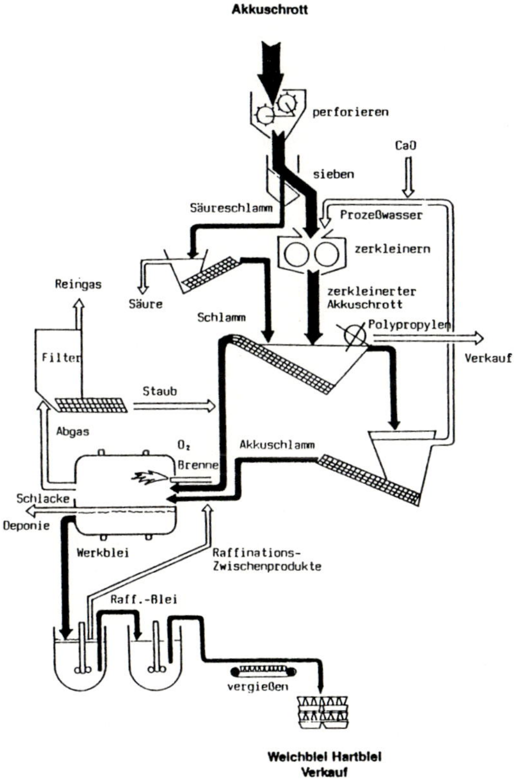

Abb. 17.2. Contibat - Verfahren

Die Handhabung von flüssigem Sauerstoff ist inzwischen in der Praxis weit verbreitet, so daß hier nur ganz kurz darauf eingegangen werden soll.

Sauerstoff wird flüssig in Tankwagen angeliefert und in Tanks gelagert. In atmosphärischen Verdampfern wird er verdampft und dann als Gas der Verwendung zugeführt.
Die Handhabung von Sauerstoff in der Tank- und Verdampferanlage ist sicherer als die in Hüttenbetrieben übliche Verwendung von Sauerstoff in Flaschen, wo es nicht auszuschließen ist, daß z. B. beim Aufbrennen von Abstichöffnungen von Öfen ohne Druckminderventil gearbeitet wird.

Während bei der Anreicherung der Verbrennungsluft mit Sauerstoff, z. B. auf 24 - 28 % O_2-Gehalt, die üblichen Ölbrenner weiter verwendet werden können, handelt es sich bei Sauerstoffbrennern um Spezialkonstruktionen.

Das Brennerrohr, das in den Ofen hineinragt, ist wassergekühlt. Das leichte Heizöl wird mit Preßluft und nicht durch den Öldruck zerstäubt. Das hat den Vorteil, daß die Zerstäubung unabhängig ist von der durchgesetzten Ölmenge; die Zerstäuberkräfte können durch die zugeführte Preßluft konstant gehalten werden, so daß Laständerungen sich nicht auf die Zerstäuberungsqualität auswirken.

Brennstoffnebel und Sauerstoff werden erst im Ofen vermischt und nicht in einer im Brenner befindlichen Vormischkammer. Damit wird eine mögliche Explosionsgefahr entscheidend vermindert. Durch eine derartige Konstruktion ist ein Sauerstoffbrenner auch entscheidend sicherer als ein Brenner mit Sauerstoff angereicherter Verbrennungsluft, bei dem Sauerstoff im allgemeinen vor dem Luftgebläse eingeführt wird und so die Möglichkeit nicht auszuschließen ist, daß es mit Schmieröl oder Fett des Gebläses in Berührung kommt, was zu Verpuffungen führen kann.

Um einen Sauerstoffbrenner problemlos betreiben zu können, ist ein größerer Aufwand an Kontrolle und Regeleinrichtungen, verglichen mit einem normalen Ölbrenner, erforderlich. Der Preis für eine Sauerstoffbrenneranlage ist deshalb auch ca. 2 - 3 mal so hoch wie für einen Normalbrenner.

Für die Verbrennung von 1 kg Heizöl extra leicht werden 11,05 Kubikmeter Luft benötigt. Luft enthält 21 % Sauerstoff, so daß sich daraus 2,32 Kubikmeter Sauerstoff ergeben bzw. ca. 2 Kubikmeter je Liter leichtes Heizöl.

Für eine vollständige Verbrennung von Öl und Luft in technischen Feuerungen wird im allgemeinen mit einer Luftüberschußzahl = 1,1 - 1,2 gefahren.

Beim Sauerstoffbrenner ist jedoch für die Verbrennung ein Sauerstoffüberschuß nicht erforderlich. Es kann mit dem Sauerstoffbrenner eine Ofenatmosphäre oxydierend bzw. reduzierend eingestellt werden.

Die Rauchgasmenge (feucht) beträgt bei der Verbrennung mit Luft ca. 12 Kubikmeter pro kg Öl, bei der Verbrennung mit Sauerstoff ca. 3,2 Kubikmeter pro kg Öl.

Die Flammentemperatur liegt bei der Verbrennung mit Luft bei ca. 1.650-1.700 °C, bei Sauerstoff bei ca. 2.200° C. Während bei der Verbrennung mit der Luft der Wärmeübergang innerhalb des Ofens hauptsächlich durch Konvektion erfolgt, wird beim Sauerstoffbrenner die Wärme hauptsächlich durch Strahlung übertragen. Die Verweilzeit der Rauchgase im Ofen steigt beim Sauerstoffbrenner erheblich, und zwar umgekehrt proportional zu der Rauchgasmenge, gegenüber der Verbrennung mit der Luft an.

Die verbrennungstechnischen Vorteile und die dadurch ermöglichte Einsparung von Öl allein rechtfertigen den Einsatz von Sauerstoffbrennern nur bei einer Preisrelation von 1 Kubikmeter Sauerstoff zu 1 kg Öl von 1 : 2.

Daneben treten aber eine ganze Reihe weiterer Vorteile in metallurgischer und verfahrenstechnischer Hinsicht auf, die den Einsatz von Sauerstoffbrennern zur Erzeugung von NE-Metallen im Trommelofen vorteilhaft machen.

Es seien beispielsweise genannt:

- Verkürzung der Chargenzeit und damit Leistungssteigerung.
- Möglichkeit der Leistungssteigerung ohne Vergrößerung der nachgeschalteten Filter wegen der Verminderung der Rauchgasmenge.
- Verringerung des Flugstaubanfalls und damit höheres direktes Metallausbringen.
- Bei gleicher Leistung Verringerung der Emissionen durch Verringerung der Abgasmenge.
- Damit auch Verringerung des Kraftbedarfs am Ventilator.

Aufgrund der günstigen Verbrennungsvorgänge mit dem Sauerstoffbrenner am Trommelofen zeigt sich, daß die Kunststoffe mit Sauerstoff sehr gut verbrennen, wobei die längere Verweilzeit der Rauchgase im Ofen das Ihre dazu beiträgt.

Bei dem Verfahren zum Schmelzen von Säureentleerten Autobatterien mit Sauerstoff wird wie folgt verfahren:

Die zerkleinerten oder geöffneten Batterien werden mit einer Aufgabenvorrichtung, das kann eine Viborrinne oder eine Schnecke sein, in den Ofen langsamer als sonst üblich aufgegeben. Dabei rotiert der Ofen langsam, kontinuierlich oder intermittierend, und der Brenner ist in Betrieb.

Die Ölzugabe ist verringert und die Sauerstoffzugabe erhöht.

Durch das verzögerte Aufgeben und sofortige Zünden und Verbrennen der Kunststoffe wird verhindert, daß eine unkontrollierte plötzliche Vergasung der flüchtigen Anteile der Kunststoffe und eine unvollständige Verbrennung eintritt, wie sie kaum zu vermeiden ist, wenn der mit kunststoffhaltigen Batterien chargierte, volle Ofen gezündet und gedreht wird.

Das Verhältnis von Aufgabe zu Sauerstoffangebot, und damit Kunststoffverbrennungsleistung des Ofens, läßt sich so steuern, daß eine einwandfreie, rußfreie Verbrennung der Kunststoffe erfolgt. Ist die Chargierung und Kunststoffverbrennung beendet, wird die Ölzugabe erhöht und die Charge eingeschmolzen.

Je Tonne Batterien werden ca. 40 kg Öl und 100 Kubikmeter Sauerstoff verbraucht.

Vergleicht man diese Werte mit den von Lamm und Melin [5] veröffentlichten Zahlen über den Verbrauch an Brennstoff beim normalen Akkuschrott - Schmelzen im Trommelofen kann festgestellt werden, daß der Ölverbrauch bei dem hier geschilderten Verfahren auf die Hälfte zurückgegangen ist.

Die Schmelzanlage besteht aus einer Aufgabenvorrichtung, einem Trommelofen von 3 m Durchmesser, einem Sauerstoffbrenner mit einer Leistung von 20 - 150 kg/h Öl und 50 - 300 Kubikmeter/h Sauerstoff, einem Abhitzekessel mit einer Heizfläche von 45 m^2 zur Rauchgaskühlung und einem nachgeschalteten Gewebefilter, in dem Rauchgase zusammen mit der Abluft der Haubenabsaugung von Öfen und Schmelzkesseln entstaubt werden.

Der Abhitzekessel wurde zur Rauchgaskühlung anstelle der sonst üblichen Luftkühler eingesetzt. Er hat diesen gegenüber folgende Vorteile:

Die Rauchgaseintrittstemperatur kann höher liegen als bei einem Luftkühler, der aus Werkstoffgründen nur eine Eintrittstemperatur von max. 400° C zuläßt. Die Rauchgase müssen deshalb vor dem Eintritt in den Kühler durch vermischen mit anderer Entstaubungs- oder Frischluft heruntergekühlt werden. Durch die dadurch bedingt große Gasmenge und das geringe Temperaturgefälle sind große Wärmetauscherflächen nötig.

Beim Abhitzekessel können Rauchgase mit 1.000-800° C aus dem Trommelofen unmittelbar in den Kessel eintreten.

Die Kühlmitteltemperatur, d. h. der Dampf, kann mit einer solchen Temperatur gewählt werden, daß die Unterschreitung des Taupunktes der Rauchgase vermieden wird. Dadurch wird eine Korrosion des Kühlers verhindert.

Der anfallende Dampf kann für viele Zwecke besser verwendet werden, als die aufgewärmte Luft eines Luftkühlers, für die beim Betrieb eines Sauerstoffbrenners überhaupt keine Verwendung vorhanden ist.

Bei diesem Verfahren fällt kein Abwasser an.

17.3 Schlußbemerkung

Moderne Technologien, die zu einer vollständigen Rückgewinnung der Wertträger, zur Energieeinsparung und zur Abfallvermeidung beitragen, sind vorhanden.

Noch fehlen geeignete Strukturen der Erfassung, für ein nahezu vollständiges Recycling. Obwohl das Blei noch die höchste Recyclingquote (ca. 60 %) aufweist, besteht die Gefahr - besonders bei niedrigen Bleipreisen - daß Altakkus unkontrolliert in die Umwelt gelangen. Damit diese Schwachstelle im Bleirecycling eliminiert wird, muß möglichst bald ein Zwangsrückführsystem, das in Ländern wie Schweden und Italien funktioniert, eingeführt werden.

Beim Kauf neuer Akkus muß der Nachweis der ordnungsgemäßen Entsorgung erbracht werden. Nur so ist es den Bleihütten möglich, bei ständig steigenden Kosten und fallenden Rohstoffen den Kreis eines umwelterträglichen Produkts zu schließen.

17.4 Literatur

[1] Paschen P.: Sauerstoffanwendung in der Pyrometallurgie. Erzmetall 33, 617 (1980) u. 34, 97 (1981).

[2] Deininger: Einsatz von Sauerstoffbrennern im Drehtrommel- und Raffinieröfen. GDMB Bleifachausschuß (1984).

[3] Lamm, K. F.: Einsatz von Sauerstoffbrennern am Kurztrommelofen. GDMB Bleifachausschuß (1985).

[4] Rousseau, M.; Boeger, K.; Processing of complex N_F secondaries in rotary furnaces: A review in 5th Int. Recycling Congress, Berlin, Oct. 1986.

[5] Capetti, R.; Lamm, K. F.; Pfaff, R.: Abtrennung von Kunststoffabfällen bei Recycling von Bleiakkumulatoren. Recycling International, EF - Verlag.

Autorenverzeichnis

Kapitel 1:	**Dr.-Ing. R. Steinhilper** **Dipl.-Ing. A. Friedel** Fraunhofer - Institut für Produktionstechnik und Automatisierung Stuttgart
Kapitel 2:	**Prof. Dr.-Ing. J. Schmidt** Institut für Recycling Fachhochschule Braunschweig / Wolfenbüttel Wolfenbüttel und Deutsche Automobilgesellschaft mbH (DAUG) Braunschweig
Kapitel 3:	**Prof. Dr. tech. R. Leithner** Institut für Wärme- und Brennstofftechnik Technische Universität Braunschweig Braunschweig
Kapitel 4:	**Dipl.-Ing. B. Schumacher** EVT Energie- und Verfahrenstechnik GmbH Stuttgart
Kapitel 5:	**Dipl.-Ing. U. Nagel** **Dr.-Ing. W. Blümel** VW Kraftwerk GmbH Wolfsburg
Kapitel 6:	**Dr.-Ing- J. Demmich** Gesellschaft für die Aufbereitung und Verwertung von Reststoffen mbH (GFR) Würzburg
Kapitel 7:	**Dr.-Ing. Th. Kolb** BASF AG Abt. DUR/FRR Ludwigshafen

Kapitel 8: **Dipl.-Ing. A. Schmitz**
Prof. Dr.-Ing. R. Kopp
Institut für Bildsame Formgebung
RWTH Aachen
Aachen

Kapitel 9: **Prof. Dr.-Ing. A. Schmiemann**
Institut für Recycling
Fachhochschule Braunschweig / Wolfenbüttel
Wolfenbüttel

Dr.-Ing. P. Tappe
Dr. rer. nat. P. Orth
Bayer AG
Leverkusen

Kapitel 10: **Dr.-Ing. H. Kohler**
Mercedes Benz AG
Stuttgart

Kapitel 11: **Dr.-Ing. D. Goldmann**
Preussag Recycling GmbH
Hannover

Kapitel 12: **Dipl.Ing. E. Redmann,**
Dr. R. Ahrens - Botzong,
Siemens AG Energieerzeugung (KWU)
Offenbach am Main

Kapitel 13: **Dr. W. Seiffert**
Dr. B. Buttker
Dipl.-Ing. J. Schneider
Lausitzer Braunkohle AG (LAUBAG)
Schwarze Pumpe

Kapitel 14: **Prof. Dr. rer. nat. G. Bauer**
Fachbereich Chemie
Fachhochschule Aalen
Aalen

Kapitel 15: **Dr. K. Dohms**
ROeG Umwelttechnologie GmbH
Bottrop

Kapitel 16: **Dipl.-Ing. S. Schleuter**
Standard - Kessel - Gesellschaft
Lentjes - Fasel GmbH & KG
Duisburg

Kapitel 17: **Dipl.-Ing. F. Meuerer**
Metallhütten- und Recyclinggesellschaft
Schumacher mbH & Co
Rommerskirchen / Köln

Druck: Mercedesdruck, Berlin
Verarbeitung: Buchbinderei Lüderitz & Bauer, Berlin